今日から使える

MacBook
Air & Pro

OS X El Capitan対応

小枝 祐基、古作 光徳、岡安 学／著

JN243441

ソシム

はじめに

　本書をお手に取って頂き、ありがとうございます。本書は、2015年10月1日に正式リリースされたMac OS Xの最新バージョンである、Mac OS X El Capitan対応のMacBookシリーズについて書かれた解説書です。

　通例通り、今回も1年間隔での登場となったOS X El Capitanですが、2014年にリリースされたOS X Yosemiteに比べると地味、という声もちらほらと囁かれています。しかし、PCは常日頃使う道具として考えると、派手な機能追加よりも、今備えている機能のブラッシュアップの方が、ユーザーにとっては安心できる面もあります。

　今回のアップデートでそれを感じさせるのが、日本語機能の強化です。新たに追加された4つの日本語書体、文字を打つごとに自動で変換動作を行ってくれるライブ変換など、劇的な最新機能ではありませんが、使ってみると十分に満足できるものになっています。
ほかにもWebブラウザであるSafariや、メールアプリ、メモアプリなども細かな点が改善されました。これまでのフルスクリーンから2画面表示ができるようになったSplit Viewなども、使い勝手に貢献する機能といえます。

　ソフト面では落ち着いた雰囲気のある一方で、2015年はハード面で意欲的な製品が登場しています。5Kディスプレイ搭載のiMacしかり、これから登場するiPad Proしかり。シリーズ史上最軽量となるRetinaディスプレイ搭載のMacBookも、性能や質感ともに魅力的なモデルとなっています。

　もちろん従来モデルであるMacBook Pro、MacBook Airも、その完成度の高いデザインは変わらず、性能面では進化を続けています。本書ではこの魅力的なMacBookシリーズをさらに使いこなしてもらえるよう、最新機能はもとより、従来から搭載される定番の機能までもじっくりと解説をさせて頂きました。

　Macというと難しそう…と思う方も多いと思いますが、触れてみたらMacほど使いやすいマシンはないと思うかもしれません。
　本書が、皆様のMacライフの一助になれば幸いです。

2015年10月吉日 著者を代表して 小枝 祐基

本書の読み方

本書は、MacBook、MacBook Air & Proの使い方を目的別に見出しを立てて解説しています。それぞれの項目では、操作方法や知っておくべき知識などを、ステップバイステップで解説しています。ここでは、本書のページの構成を紹介しています。

≫ 本書のページ構成

操作の目的別見出し
このページで紹介している機能がわかるような見出しを大きくつけています。ページをめくりながら、気になる項目を見つけられます。

目的別見出しの概要
この見出し内で解説している内容の概要です。ここを読むことで、操作の目的や機能の概要がわかるので、以下の具体的な操作解説が理解しやすくなります。

ステップごとの操作手順
実際に行う操作について、画面上に番号と操作解説をおいてあります。この番号どおりに操作することで、迷うことなく目的の機能が利用できます。

---

chapter 8
06

音楽を楽しもう

iCloudで曲を管理しよう

Apple Musicを開始するとiCloudミュージックライブラリという機能が利用できます。同一アカウントを利用している3台までのMacやiPhone・iPadなどのデバイスと楽曲を共有できる機能で、CDから取り込んだ楽曲も対象。iTunesで購入した曲や取り扱っていない曲でも共有が可能です。

知ろう iCloud に PC の音楽ライブラリを保管できる

iCloud ミュージックライブラリを使用すると、同一の Apple ID を利用中の端末間で CD から取り込んだ音楽などの共有が行えるようになります。

Macで取り込んだ曲をクラウドに保存

iCloud ミュージック ライブラリ

曲をiPhoneやほかのMacなどと共有

メインの Mac で取り込んだ音楽データを含むライブラリを iCloud 上に転送します。マッチングという作業が行われ、iTunes Store で取り扱っている曲は、高音質のデータに置き換えられます。

Mac と同じ Apple ID を使用している端末なら、iCloud から音楽のストリーミング再生や、曲ファイルのダウンロードが行えます。ただし DRM 保護が付加されます。

使おう Mac で iCloud ミュージックライブラリをオンにする

iCloud ミュージックライブラリを利用するには、あらかじめ設定が必要です。機能をオンにすると、あとは自動的に iCloud 上に CD 音源を含む楽曲が追加されます。

1 [iTunes] をクリック

2 [環境設定] をクリック

3 [一般] タブをクリック

4 [iCloud ミュージックライブラリ] にチェックを入れる

176

本文ページの表記について

» 本書は、OS X El Capitanをインストールした MacBook Air等の画面で解説しています。
» iOSデバイスの操作を含む解説の場合は、iOS 9.1をインストールしたiPhoneを用いて解説しています。

» 画面内のメニューやボタン、アイコン、アプリなどの名称は [ ] で囲んで表記してあります。
» メニューやボタンの遷移の説明については、「→」でつないで前後の操作を結びつけている箇所があります。

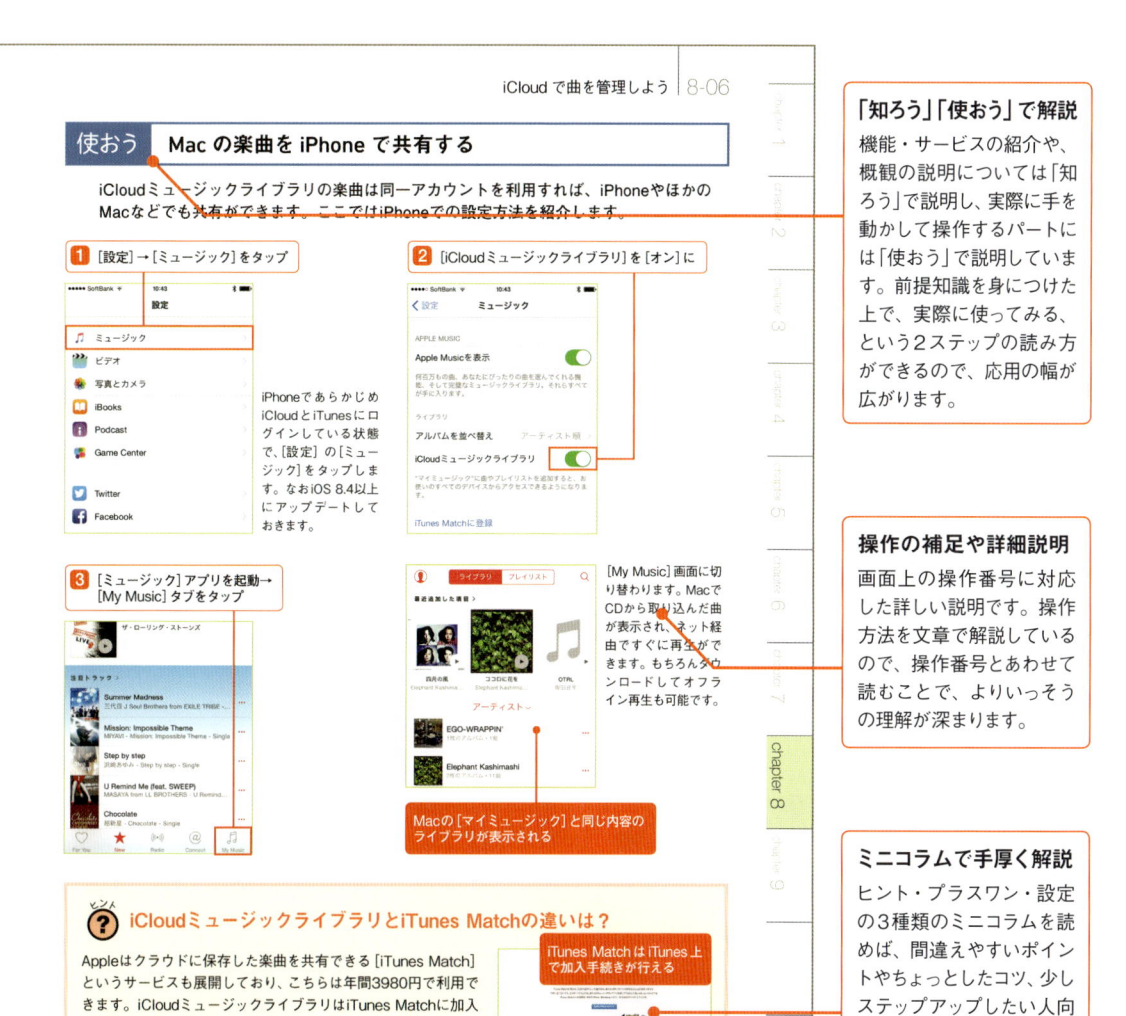

iCloud で曲を管理しよう | 8-06

使おう　Mac の楽曲を iPhone で共有する

iCloudミュージックライブラリの楽曲は同一アカウントを利用すれば、iPhoneやほかのMacなどでも共有ができます。ここではiPhoneでの設定方法を紹介します。

1 [設定]→[ミュージック]をタップ

iPhoneであらかじめiCloudとiTunesにログインしている状態で、[設定] の [ミュージック] をタップします。なおiOS 8.4以上にアップデートしておきます。

2 [iCloudミュージックライブラリ]を[オン]に

3 [ミュージック]アプリを起動→[My Music]タブをタップ

[My Music] 画面に切り替わります。MacでCDから取り込んだ曲が表示され、ネット経由ですぐに再生ができます。もちろんダウンロードしてオフライン再生も可能です。

Macの[マイミュージック]と同じ内容のライブラリが表示される

「知ろう」「使おう」で解説

機能・サービスの紹介や、概観の説明については「知ろう」で説明し、実際に手を動かして操作するパートには「使おう」で説明しています。前提知識を身につけた上で、実際に使ってみる、という2ステップの読み方ができるので、応用の幅が広がります。

操作の補足や詳細説明

画面上の操作番号に対応した詳しい説明です。操作方法を文章で解説しているので、操作番号とあわせて読むことで、よりいっそうの理解が深まります。

ミニコラムで手厚く解説

ヒント・プラスワン・設定の3種類のミニコラムを読めば、間違えやすいポイントやちょっとしたコツ、少しステップアップしたい人向けの操作など、より豊富な知識やテクニックが身につきます。

? ヒント iCloudミュージックライブラリとiTunes Matchの違いは？

Appleはクラウドに保存した楽曲を共有できる [iTunes Match] というサービスも展開しており、こちらは年間3980円で利用できます。iCloudミュージックライブラリはiTunes Matchに加入していると、すべての楽曲がDRMフリーとなり、iTunes以外のアプリでも再生が可能です。またiTunes Matchにはマッチングされずデータをアップした曲でも、2万5000曲まで保存可能。ライブラリの曲数が多いユーザーにおすすめのサービスです。

iTunes Match は iTunes 上で加入手続きが行える

177

スタイルも機能も
MacBookの

Macって何ができるのと思っている人へ
新機能も定番機能も、MacBookに欠かせない
注目箇所をピンポイントでご紹介。
とにかくMacに触りたい、楽しみたいという人も、
今すぐ機能紹介ページへGO！
Macってほんとに何でもできちゃうんです！

2画面でスッキリ「Split View」

2画面で作業効率アップ！

P.39

Webブラウザ「Safari」

よくみるサイトをピン留め

P.89

検索が進化!「Spotlight」

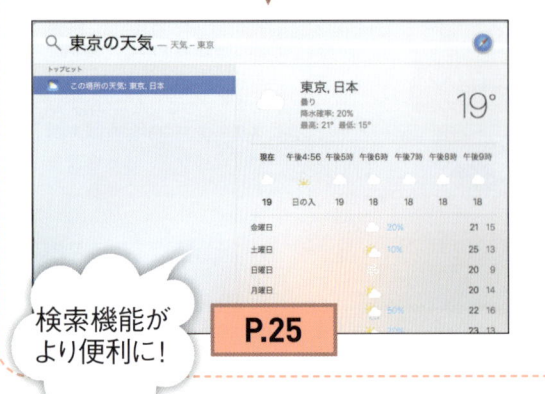

検索機能がより便利に！

P.25

賢くなった日本語入力

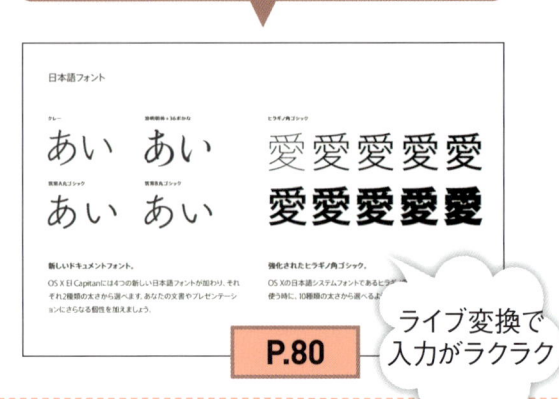

ライブ変換で入力がラクラク

P.80

ますます洗練された
魅力を紹介!!

編集もできる「写真」アプリ

P.133

他社の機能
とも連携する!

iPhone & iPad連携

iOSとの
相性抜群!

P.186

交通情報も!「マップ」

経路も
調べられる

P.199

人とつながる「SNS」

インスタも
Macでチェック

P.271

豊富に揃う「App Store」

P.214

アプリで
Macを強化

定額サービス「Apple Music」

P.174

音楽が最高
に楽しくなる

Contents

目次

chapter
1
新しいMac OSを
はじめよう………21

chapter
5
メール機能を
使いこなそう ⋯⋯⋯101

chapter 6 写真を楽しもう ・・・・・・・ 115

chapter 7 動画を楽しもう ・・・・・・・ 137

chapter
8　音楽を楽しもう ········157

chapter
9

iPhone・iPadと つなげよう ･･･････179

chapter 10　マップを活用する……195

chapter
13 FaceTimeやLINEで 無料通話＆メッセージを楽しもう ········241

chapter
14
TwitterやFacebookで SNSを楽しむ・・・・・・・257

chapter
15
Officeアプリを 使ってみよう・・・・・・・273

chapter 16 アプリの管理方法を覚えよう……283

chapter 17 MacBookをカスタマイズする……289

Appendix 付録

Index 索引

chapter 1

chapter 2

chapter 3

chapter 4

chapter 5

chapter 6

chapter 7

chapter 8

chapter 9

Appendix

chapter

1

新しいMac OSを
はじめよう

01

新しいMac OSをはじめよう

MacBookシリーズの違いを知る

Appleの提供するノートPCがMacBookです。安心して使える高性能と、はじめての人にも馴染みやすいユーザーインターフェイス、人気のiPhoneやiPadなどほかのAppleデバイスの親和性の高さなど、大きな魅力を秘めています。まずはどのようなラインナップがあるのかを見ていきましょう。

知ろう　MacBookの現行ラインナップ

MacBookとひとくちにいっても、大きく3つのタイプが販売されています。それぞれに特徴を持っており、携帯性重視ならMacBookやMacBook Air、さらに高性能を求めるならMacBook Proなど、その人にあったモデルが選べるようになっています。

≫ 持ち運べる高性能 ［MacBook Air］

サイズは11インチと13インチの2つのタイプを用意。軽量でモバイルに特化するため、Proに比べると性能は抑えめですが、Apple Storeでの購入なら、さらに高性能な仕様にカスタマイズができる点も魅力です。

≫ 圧巻の高解像とパフォーマンス ［MacBook Pro］

13インチと15インチの2つのタイプをラインナップ。高精細なRetinaディスプレイを備えており、本体性能の高さも相まって、映像編集や音楽制作などクリエイティブな作業もこなせます。

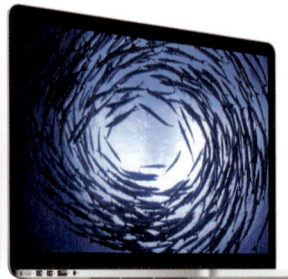

≫ コンパクトでも高画質 ［MacBook］

2015年の4月に登場した、史上もっとも薄くて軽いMacBook。2304×1440ピクセルの12インチRetinaディスプレイを搭載し、高画質をモバイルできるのが魅力です。次世代のインターフェイス「USB-Cポート」搭載など、見た目も構成もAppleらしいチャレンジ精神の詰まったモデルです。

知ろう　MacBookのおもな特徴

MacBookの使いやすさは、買ってすぐに使える豊富なアプリ、欲しい音楽や見たい動画がすぐに購入できるストアなど、提供されるコンテンツの豊富さも大きなポイントです。また対象となるマシンでは、最新のOSに無料で更新できるなどの特徴もあります。

≫ 最新の OS が無料で提供される

≫ Apple 製品との高い親和性

≫ 買ってすぐに使える内蔵アプリ

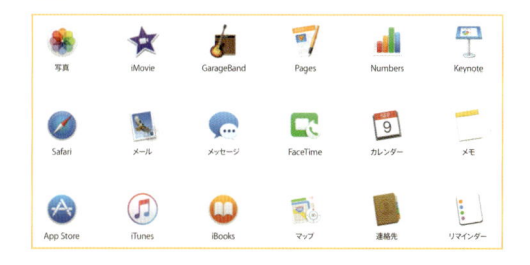

≫ Store で扱う豊富なコンテンツ

≫ 店頭販売向けモデルのスペック（256GB モデル）

モデル	MacBook Air		MacBook Pro		MacBook
	11inch	13inch	13inch	15inch	12inch
CPU	Core i5 1.6GHz（デュアルコア）	Core i5 1.6GHz（デュアルコア）	Core i5 2.7GHz（デュアルコア）	Core i7 2.2GHz（クアッドコア）	Core M 1.1GHz（デュアルコア）
メモリ	4GB	4GB	8GB	16GB	8GB
解像度	1366×768ピクセル	1440×900ピクセル	2560×1600ピクセル	2880×1800ピクセル	2304×1440ピクセル
バッテリー持続時間	9時間	12時間	10時間	9時間	9時間
サイズ（W×H×D）	300×17×192mm	325×17×227mm	314×18×219mm	358.9×18×247.1mm	280.5×13.1×196.5mm
質量	1.08 kg	1.35 kg	1.58 kg	2.04 kg	0.92 kg

新しいMac OSをはじめよう

OS X El Capitanの進化ポイント

OS X El CapitanではYosemiteのような劇的な進化というよりは、これまでの機能を補い、使いやすさを向上させる機能が多く採用されています。Safariやメール、Spotlightといったおなじみの機能も細かな点が変化をしていますので、ぜひ、その進化を体験してみてください。

知ろう　画面をスマートに分割するSplit View

OS X El Capitanでは全画面表示だけでなく、画面の2分割表示に対応。スッキリと操作できるように進化しました。左にブラウザを表示させ、右に表示させたテキストエディットで書類を作成するなど、仕事にも効率よく利用することができます。

2種類のアプリを分割表示

バーを動かして画面の比率を変えられる

≫ Split View の起動方法

1 ウィンドウの緑のボタンを長押し

2画面表示をさせたいウィンドウをひとつ選び **1** 緑の[全画面] ボタンを長押しします。

2 もう片方の画面に表示するウィンドウを選択

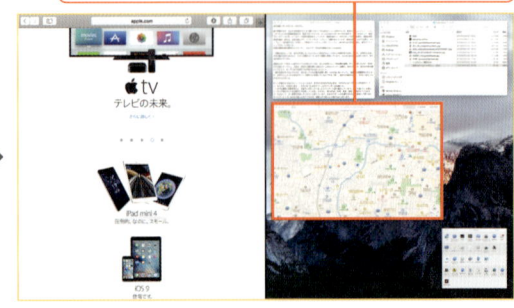

先ほど選んだウィンドウが画面の片側に表示されます。**2** もう片方に表示させるウィンドウを選択します。

OS X El Capitanの進化ポイント | 1-02

chapter 1
chapter 2
chapter 3
chapter 4
chapter 5
chapter 6
chapter 7
chapter 8
chapter 9
Appendix

知ろう より検索の幅が広がったSpotlight

Macの中にあるファイルの検索などに便利なSpotlightですが、OS X El Capitanではさらに検索の幅が広がり使いやすく進化しました。口語検索などの一部機能は英語のみ対応ですが、検索対象に天気や株価などが追加されています。

天気や株価なども検索対象に追加された

Spotlight検索では、従来までのファイル検索やアプリ、Web検索に加えて、天気や株価、スポーツの結果やネット上のビデオ、交通機関なども検索対象に広がりました。

知ろう 日本語の自動変換とフォントの追加

OS X El Capitanでは日本語機能も強化されています。特徴のひとつが日本語変換時にスペースキーを押さずに自動変換を行ってくれるライブ変換。もうひとつの特徴が日本語フォントの充実です。いずれも文書の作成などに大きく貢献する進化です。

≫ 4つの新しい日本語書体とウェイトが豊富なシステムフォント

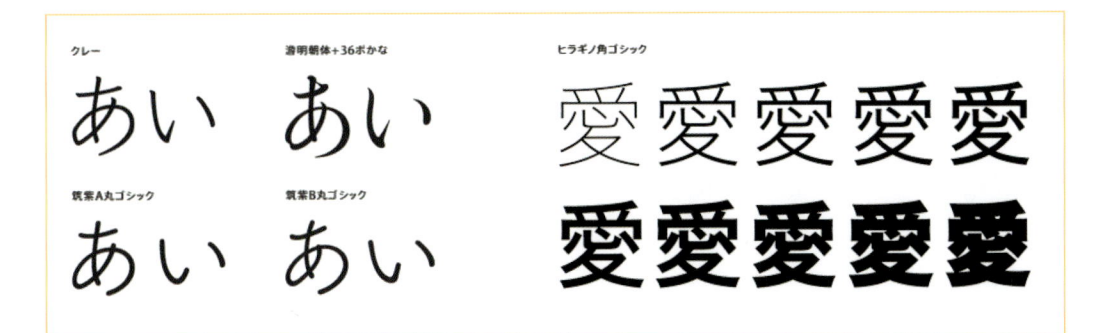

新たに追加された4つの日本語フォント。それぞれ2種類の太さが用意されているので、日本語文書の作成にも幅が広がりました。

OS Xのシステムフォントであるヒラギノ角ゴシックには10種類のウェイトが用意あされ、太さを選べるようになっています。

知ろう　Safariに待望のピン機能が追加！

Safariではピン留め機能が追加されました。Web閲覧中に毎回表示させるページをいちいち開き直さず、アイコン化し固定しておけるため、タブ周りもスッキリと改善されています。

常に開いておきたいページをピン留めしておける

タブの固定は、開いているページのタブ上で右クリックメニューから選択ができます。一度固定したページはSafariを終了後も維持され、次回起動時にもそのままの状態で使用ができます。

右クリックで追加できる

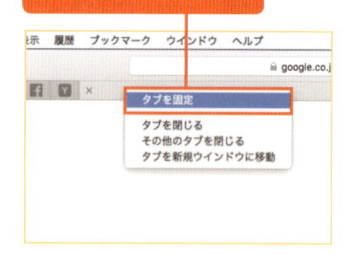

知ろう　アプリとの連携で写真アプリが強化

写真アプリはより多機能に進化。ひとつはiOS 9にも搭載されたLive Photosへの対応。iPhoneで撮影した動く写真をMacでも再生ができるようになっています。またサードパーティ製アプリの機能を写真アプリ上で利用できるようになりました。

サイドバーでライブラリを表示　　編集メニューも見やすく配置

写真アプリの目玉機能ともいえるのが機能拡張。App Store取り扱いに限られますが、対応するサードパーティアプリの機能を写真アプリ上で手軽に呼び出して使用できます。

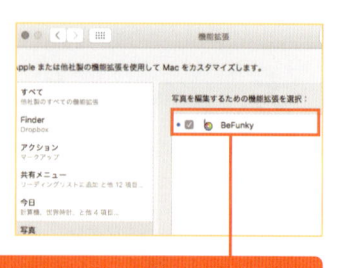

インターフェイスは従来の使いやすさを継承。さらにLive Photosへの対応などが追加されています。

サードパーティアプリの機能を追加

知ろう　強力に操作をサポートする新機能

ほかにも OS X El Capitanで搭載された新機能はまだまだあります。なかには日本では利用できないものもありますが、ここで紹介する機能はいずれも、すぐに利用できる便利なものばかり。ぜひチェックしてみまあしょう。

≫ メールは全画面表示が使いやすくなった

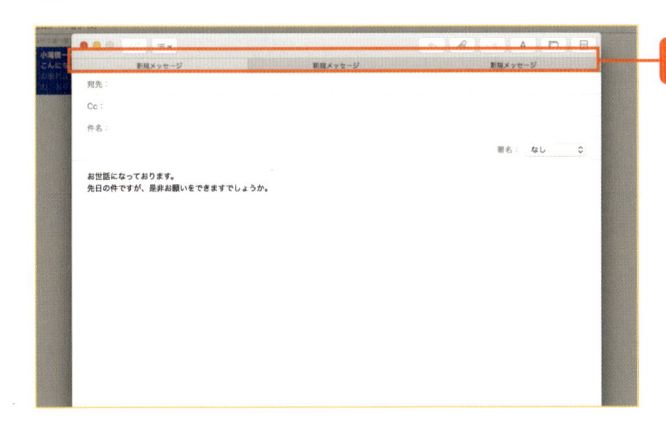

複数の新規メールがタブで切り替えられる

作成中のメールを最小化すると画面の下方に格納されるほか、複数のメールを作成中にはタブで切り替えられます。

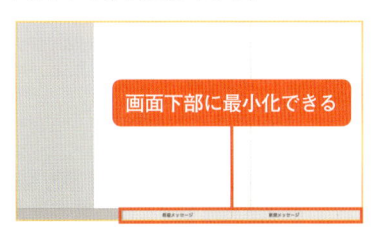

画面下部に最小化できる

≫ 見失ったマウスポインタをすぐに見つける

マウスポインタを揺らすと拡大表示に！

スリープ復帰時などマウスポインタを見失ったときに、マウスを揺らすと一時的にマウスポインタを拡大表示してくれます。

≫ 画像も貼れる進化したメモ機能

iPhoneなどのデバイスとメモを同期できる

メモ機能はテキストや画像、Wordファイルなどを添付しシームレスに他の機器と共有できるように進化しました。

03 MacBookの起動と終了を覚えよう

MacBookが手元に届いたら、まずは電源の入れ方から覚えましょう。MacBookを
起動させるには、キーボードの右上にある電源キーを使用します。電源キーを押すと
Mac独特の起動音が鳴り、Macが起ち上がります。使用するモデルにもよりますが、
電源キーを押してから1分もかからずにMacBookが使い始められます。

使おう　電源がオフの状態から起動する

Macを起動するには、キーボード右上にある [電源] キーを押す必要があります。起動後
は、システムを終了させたり、再度電源を入れ直すとき以外はほとんど触れることはあ
りません。

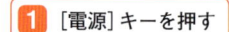

1 [電源] キーを押す

キーボードの右上にある **1** [電
源] キーを押します。

> **ヒント**
> **? Macが動かなく
> なったら？**
>
> MacBookを使っていて、
> 何かのはずみで画面が一
> 切動かなくなったときは、
> 電源キーを長押しすると
> MacBookを強制終了する
> ことができます。ただし
> 通常は正しい手順で終了
> させてください。

電源がオンになった　　**2** しばらく待つ

OSが起動した

電源がオンになると、起動音とともに [] マークが画面に表示
されます。最大で1分ほど待ちます。

Macに搭載されているオペレーティング・システムの [OS X
El Capitan] が起動して、利用可能な状態となりました。

chapter 1
chapter 2
chapter 3
chapter 4
chapter 5
chapter 6
chapter 7
chapter 8
chapter 9
Appendix

使おう 画面を閉じてスリープする

MacBookの画面を閉じると、ほとんど電力を消費しないスリープモードに移行します。スリープ状態では、作業中の状態をそのまま維持しており、画面を開くとスリープから復帰して作業を再開できます。携帯時など、こまめにMacBookを利用するときには、電源を落とさずスリープ状態で持ち運ぶ方が効率的です。

1 画面を閉じる

作業を中断するときは、**1** MacBookの画面を閉じます。

天板のロゴマークが消灯する

? ヒント スリープ復帰に時間がかかる

MacBookをしばらく使用していないと、ハイバネーションと呼ばれる超低電力状態に移行します。その場合は、復帰するまでに一定時間がかかり、画面には何も表示されません。スリープからすぐに復帰しないときは、焦らずに短く電源キーを押して、1分ほど待ってみましょう。

白色に点灯していた天板のロゴマークが消灯し、スリープモードに移行したことがわかります。

使おう 電源をオフにする

電源をオフにするには、[🍎]メニューからシステム終了を選択します。電源を落とす場合には通常、この方法を使用するようにしましょう。

1 [🍎]メニューをクリック

2 [システム終了]をクリック

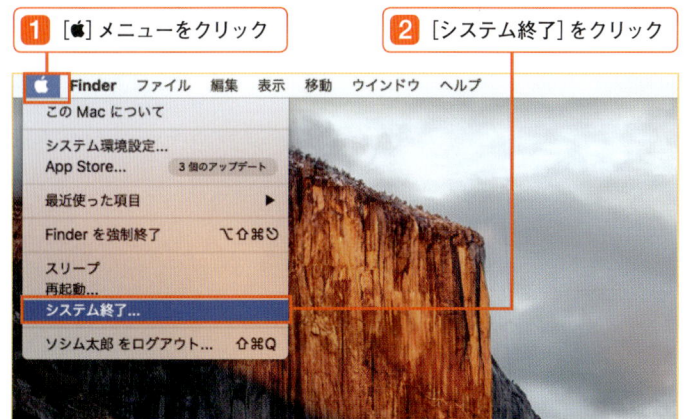

🍎　Finder　ファイル　編集　表示　移動　ウインドウ　ヘルプ

この Mac について

システム環境設定...
App Store...　　　　3個のアップデート

最近使った項目　　　　　　　　▶

Finder を強制終了　　　　⌥⇧⌘⎋

スリープ
再起動...
システム終了...
ソシム太郎 をログアウト...　　⇧⌘Q

画面左上の **1** [🍎]メニューをクリックして **2** [システム終了]を選択します。すると、起動中のアプリが終了して画面が暗転し、電源がオフになります。

💡 イラスト システムを再起動する

アプリのインストール後など、再起動を求められた場合には、[🍎]メニューから[再起動]をクリックします。

chapter 1

04

新しいMac OSをはじめよう

トラックパッドの基本操作

トラックパッドは、MacBookのキーボードの手前に配置されたマウスポインタを操作するための装置です。クリックやダブルクリックなど、マウスの代わりとして使うことができるだけでなく、独自のジェスチャー機能を備えており、MacBookの操作を強力にサポートしてくれます。

知ろう　トラックパッドの基本操作

MacBookは、ほかのコンピュータより大きく、なめらかに操作ができるトラックパッドが搭載されています。トラックパッドの上で指をすべらせるようになぞると、画面の上にあるマウスポインタが移動します。また一見するとボタンなどが見当たりませんが、全面がボタンの役割を果たしており、トラックパッドを押すと、カチッと押し込まれクリック操作が行えます。

≫ クリックする

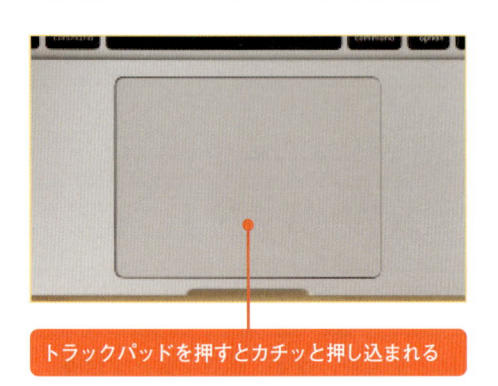

トラックパッドを押すとカチッと押し込まれる

メニューの選択やドックにあるアプリの起動、ファイルを選択するなど、PCの基本となる操作です。

≫ マウスポインタを動かす

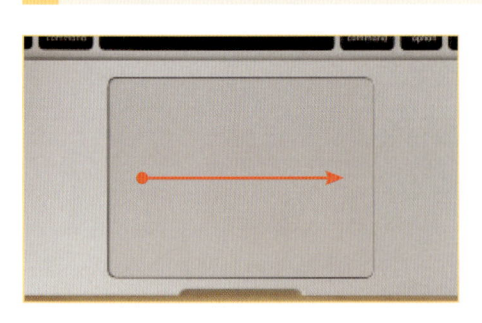

トラックパッドに指を置きすべるように移動

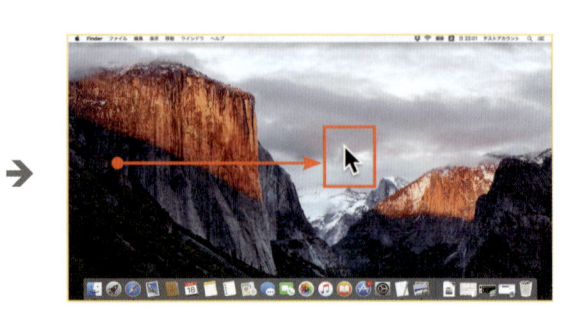

指をなぞった方向にマウスポインタが移動します。大きく移動するときには指を一度離し、同じようになぞります。

トラックパッドの基本操作 | 1-04

chapter 1
chapter 2
chapter 3
chapter 4
chapter 5
chapter 6
chapter 7
chapter 8
chapter 9
Appendix

知ろう　右クリックができるようにする

Windows PCを使っていた人にはおなじみの右クリックメニューですが、Macでも利用ができます。利用には下記の手順で右クリック機能をオンにする必要があります。

1 [🍎] メニューをクリック　　**2** [システム環境設定] をクリック

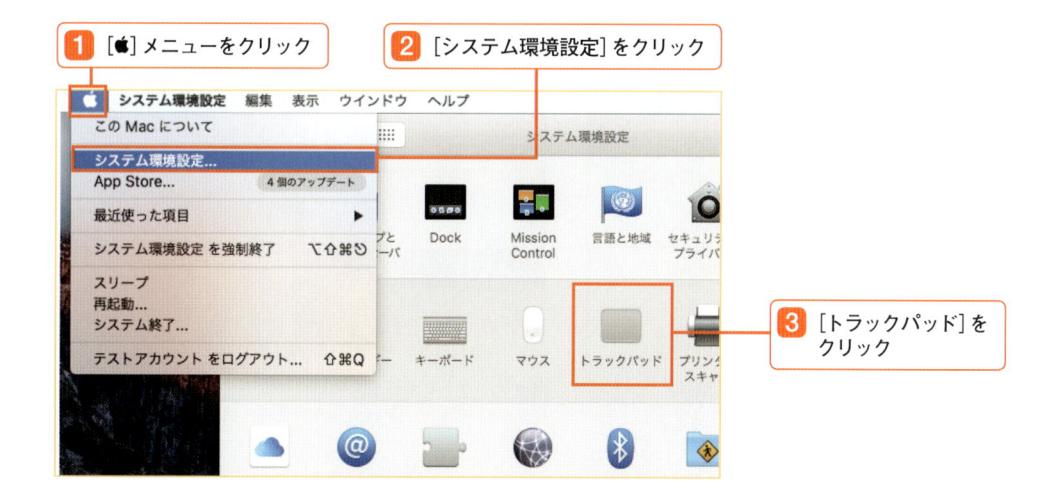

3 [トラックパッド] をクリック

4 [副ボタンのクリック] を選択

5 [右下隅をクリック] をクリック

右クリックができるようになった

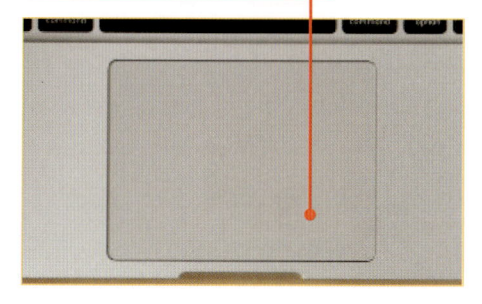

右下隅を押すと右クリックメニューが表示されるように変更。そのほかは通常のクリックとなります。

右下隅をクリックすると右クリックメニューが表示される

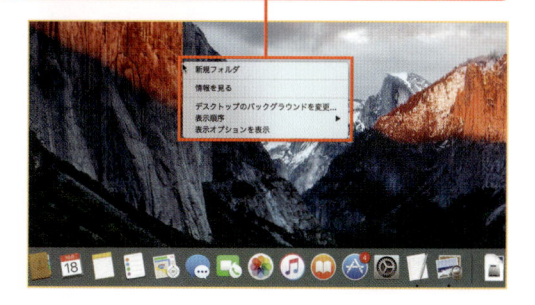

デスクトップ上で右クリックをすると、マウスポインターのある位置に右クリックメニューが表示されます。

トラックパッドにはほかにもタップやスワイプ、複数の指を使った操作などが用意されています。ここでは基本となる操作を紹介します。

＞＞ タップ

タッチパッドを1回トンッと軽く叩く操作です。クリックに該当し、ファイルやアイコンの選択などが行えます。

＞＞ ダブルタップ

タッチパッドをすばやく2回続けて叩く操作です。ダブルクリックに該当し、ファイルなどを開く場合に使います。

＞＞ ドラッグ＆ドロップ

ファイルの場所などを移動させるときに使用する操作です。まずはファイルをクリックしたまま長押しします。

クリックは維持したまま指をなぞるとファイルが動きます。指を離すと、その場所にファイルが移動します。

＞＞ スクロール

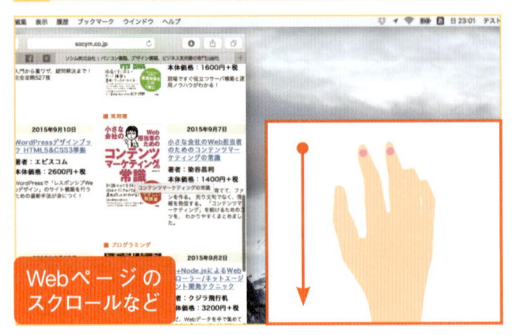

タッチパッドに2本の指をのせて、上下左右にスワイプさせる操作です。Webページのスクロールなどが行えます。

＞＞ ピンチイン／ピンチアウト

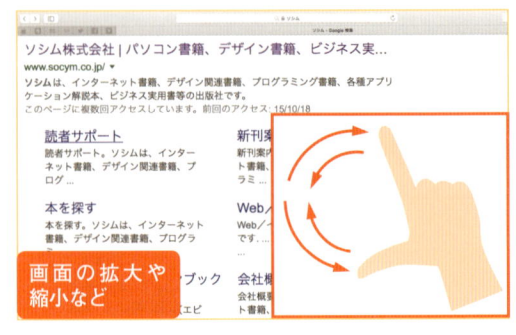

トラックパッドの上で2本の指を開いたり閉じたりすると、画面の拡大や縮小などの操作が行えます。

トラックパッドの基本操作 | 1-04

chapter 1

chapter 2

chapter 3

chapter 4

chapter 5

chapter 6

chapter 7

chapter 8

chapter 9

Appendix

知ろう　トラックパッドのジェスチャー操作

トラックパッドは複数の指を使ったジェスチャー操作も利用できます。最大4本指を使った操作まで対応しており、システム環境設定の［トラックパッド］項目で任意の操作を設定ができます。ここでは覚えておくと便利な操作の一例を紹介します。

» クイックルック

ファイルがプレビュー表示される

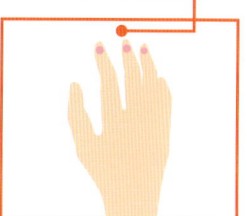

トンッ

タッチパッドに3本の指でタップするとクイックルックが起動。ファイルがプレビュー表示され、アプリでファイルを開かずに中身が確認できます。

» Mission Control

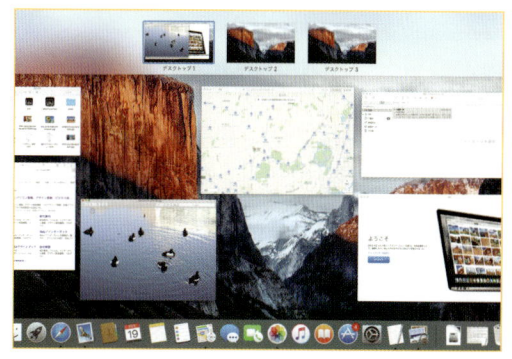

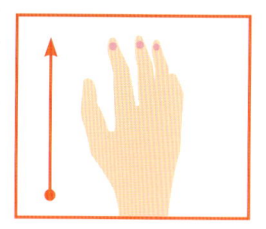

3本の指を上方向にスライドさせるとMission Control画面に切り替わり、デスクトップ上のウィンドウが一覧表示されます。新たに仮想デスクトップの作成もできます。

» アプリケーションExposé

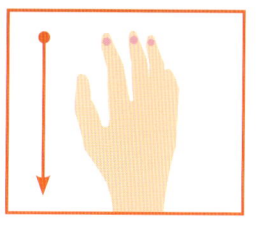

同一アプリ内で複数ウィンドウが開かれているときに、3本の指を下方向にスライドすると、展開中のウィンドウが一覧表示されます。

» デスクトップの移動

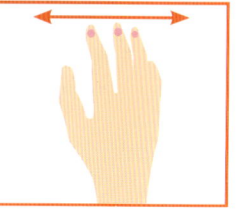

アプリの全画面表示中や複数デスクトップを作成しているときに、3本の指を左右にスワイプすると、デスクトップの切り替えが可能です。

新しいMac OSをはじめよう

MacBookでマウスを設定する

トラックパッドの操作に慣れないという人は、マウスを用意して慣れ親しんだPC操作を行うこともできます。Apple純正のMagic Mouseのほか、サードパーティ製品も利用できるので、USB接続やワイヤレス接続など、さまざまなマウスを利用することができます。ここでは純正のMagic Mouseを使って、設定の解説をしていきます。

知ろう　Apple純正のMagic Mouse

AppleからはBluetooth接続に対応する純正のMagic Mouseがリリースされています。純正なので設定が簡単であるのに加えて、マウスの前面がタッチパネルとなっており、スクロールやジェスチャーなどの操作も行うことができます。Bluetooth接続のためUSB端子をふさぐことなく、ワイヤレスで操作することができます。

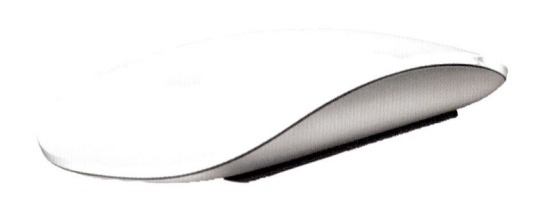

> イラスクン
> 💡 進化した最新の
> 　　Magic Mouse 2
>
> 新登場の純正 Magic Mouse 2は背面にLightningコネクタを搭載。リチウムイオン電池内臓の充電式に生まれ変わり、より利便性が向上しています。

使おう　Magic Mouseの設定を行う

Magic Mouseの設定は、システム環境設定から行います。MacのBluetooth機能をオンにし、マウス本体の電源を入れるとMacがマウスを検出。そのままガイダンスに沿って進めるだけで設定ができるはずです。

2 [Bluetooth]アイコンをクリック

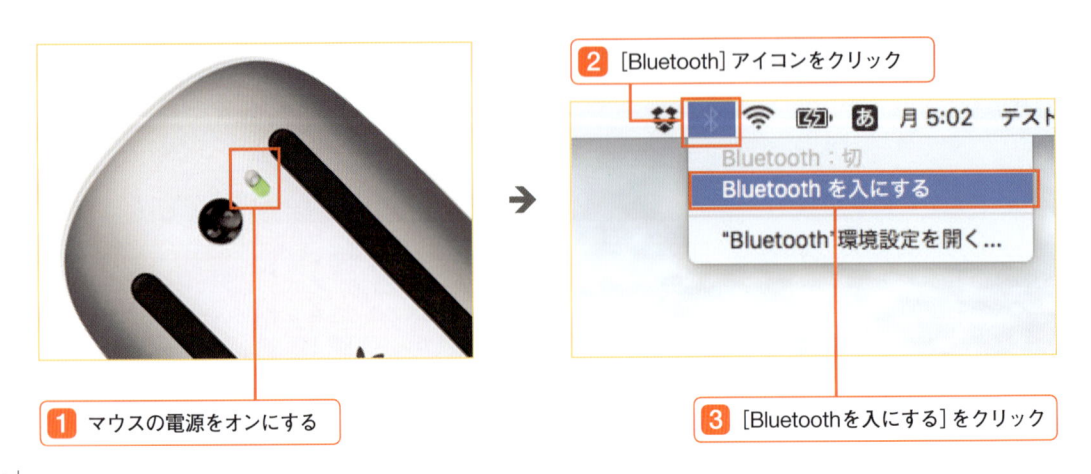

1 マウスの電源をオンにする

3 [Bluetoothを入にする]をクリック

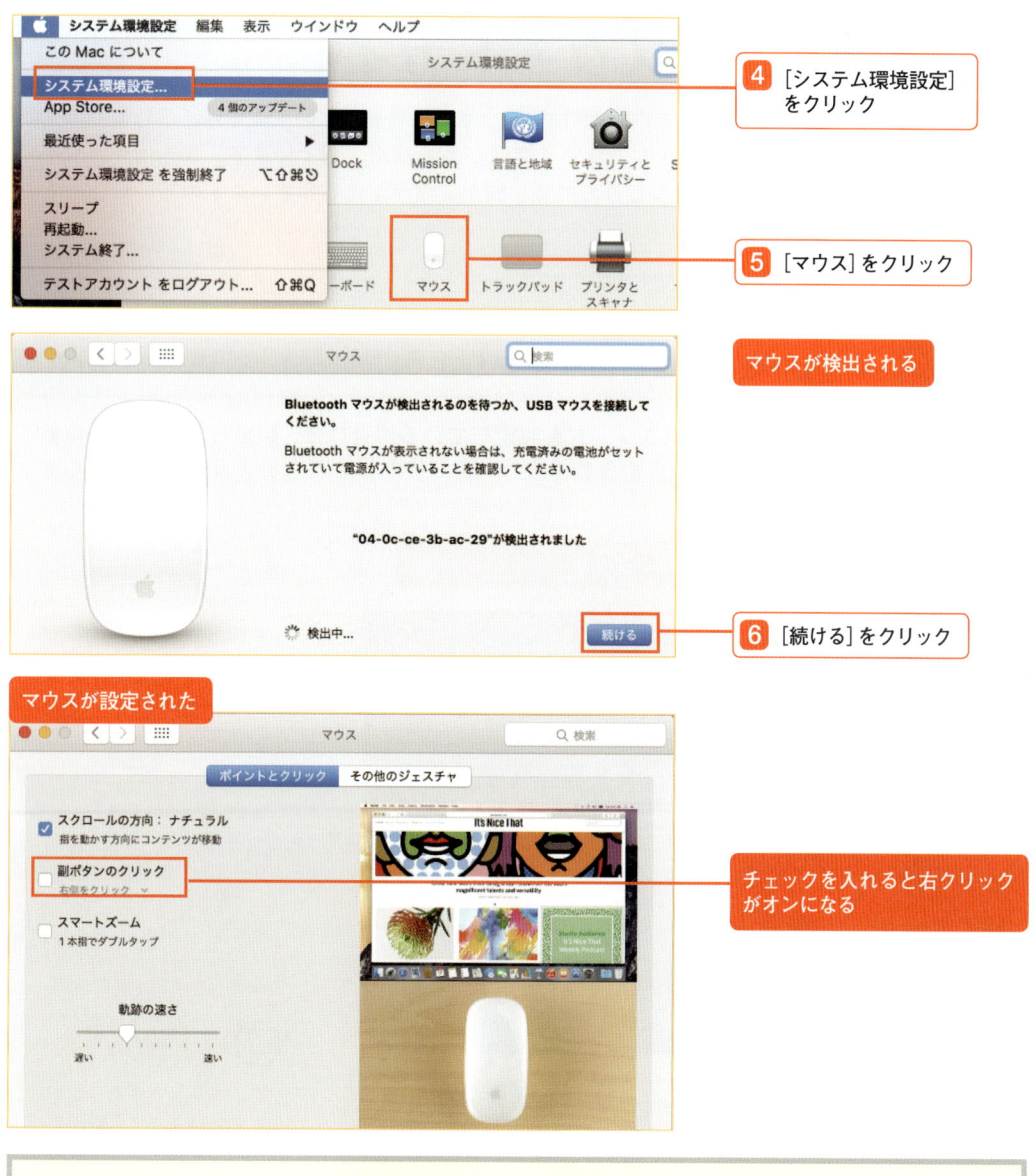

4 [システム環境設定]
をクリック

5 [マウス]をクリック

マウスが検出される

6 [続ける]をクリック

マウスが設定された

チェックを入れると右クリック
がオンになる

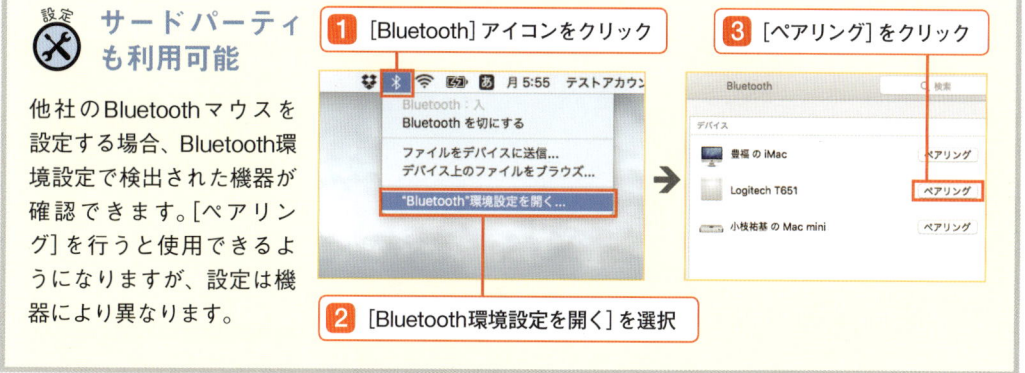

サードパーティも利用可能

他社のBluetoothマウスを設定する場合、Bluetooth環境設定で検出された機器が確認できます。[ペアリング]を行うと使用できるようになりますが、設定は機器により異なります。

1 [Bluetooth]アイコンをクリック

2 [Bluetooth環境設定を開く]を選択

3 [ペアリング]をクリック

新しいMac OSをはじめよう

クイックスタートガイド

OS X El CapitanではYosemiteのような劇的な進化というよりは、これまでの機能を補い、使いやすさを向上させる機能が多く採用されています。Safariやメール、Spotlightといったおなじみの機能も細かな点が変化をしていますので、ぜひ、その進化を体験してみて下さい。

知ろう　まずはMacBookにログインしよう

MacBookを設定するときにパスワードを設定している場合には、起動していちばん初めの画面でパスワードの入力が求められます。パスワードは忘れないように控えておくようにしましょう。

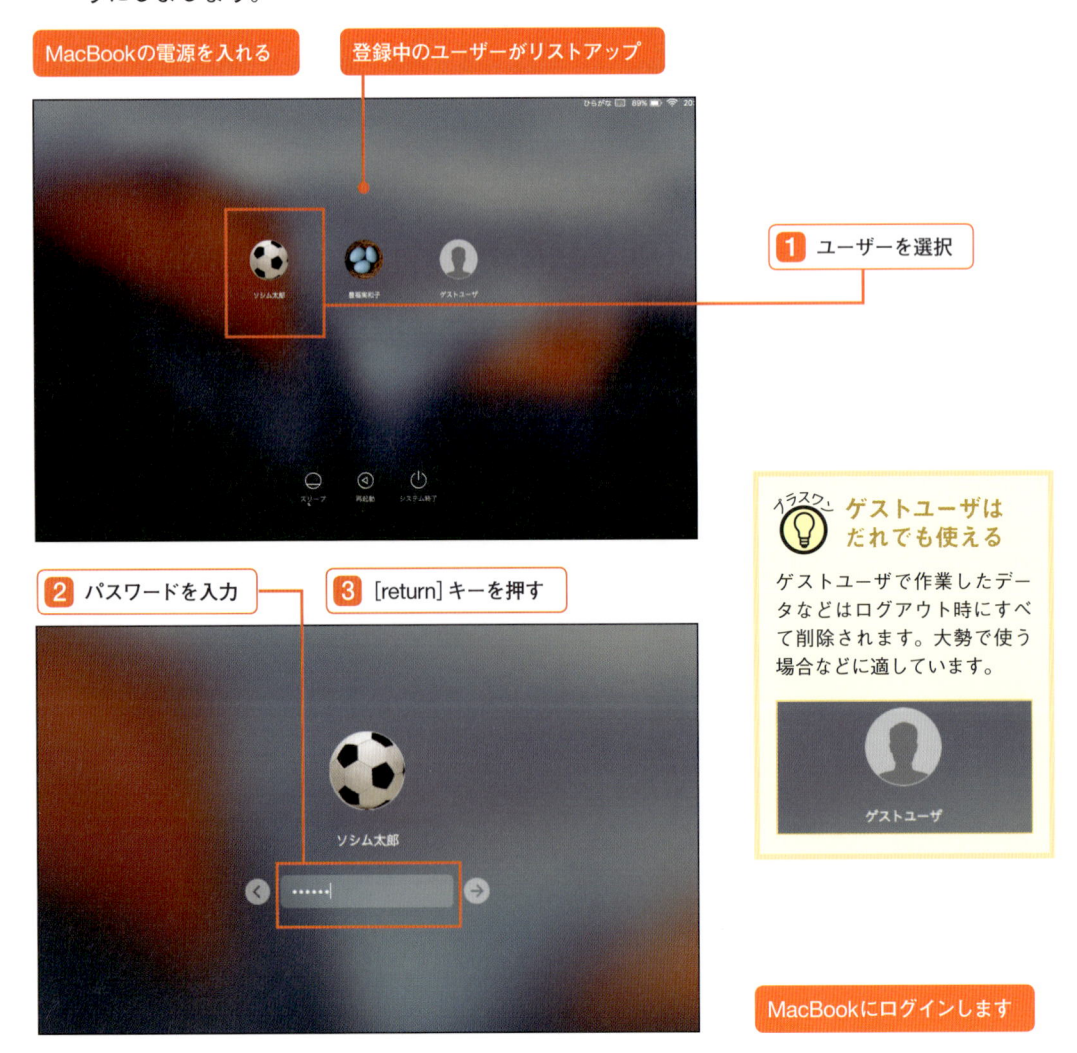

MacBookの電源を入れる

登録中のユーザーがリストアップ

1 ユーザーを選択

2 パスワードを入力

3 [return] キーを押す

💡 **ゲストユーザは だれでも使える**

ゲストユーザで作業したデータなどはログアウト時にすべて削除されます。大勢で使う場合などに適しています。

ゲストユーザ

MacBookにログインします

知ろう　デスクトップからアプリを呼び出そう

MacBookにログインして最初に表示される画面がデスクトップです。背景にはOS名の由来となるEl Capitanの写真が大きく表示されています。この画面から、インターネットやメールを行うためのアプリを簡単に呼び出せます。

デスクトップ画面

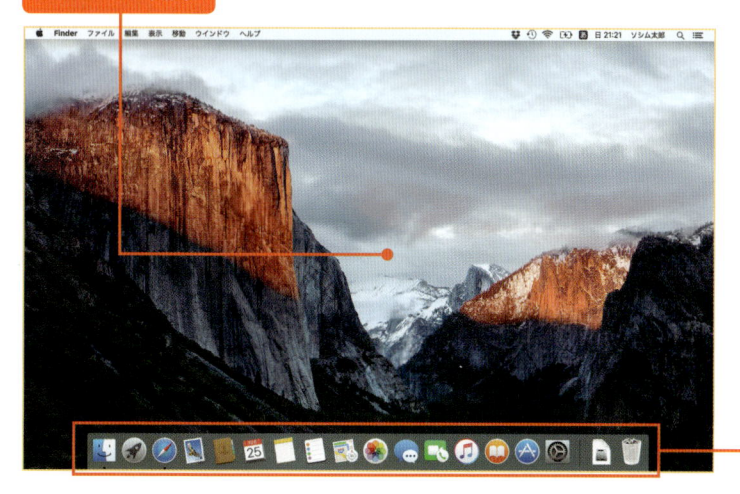

たくさんのアプリが並んでいる[Dock]

Dockはデスクトップからアプリなどを呼び出すための機能です。買ったときから必要なアプリの多くがここに用意されていて、アイコンをクリックしてすぐにアプリ使えます。

アプリアイコン

クリックするとアプリが起動します。

≫ Dock にある最初に覚えておきたいアプリと機能

iTunes

カレンダー

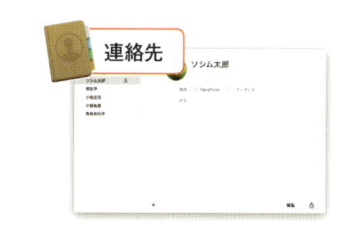
連絡先

Launchpad
Macの中のあらゆるアプリが呼び出せます。

メール
さまざまなメールアドレスが使えます。

写真
写真の表示や管理などが行えるアプリです。

App Store
アプリの購入や管理を行うためのアプリです

Finder
Macの操作の起点となるアプリです。

Safari
インターネットをするためのアプリです。

マップ
写真の表示や管理などが行えるアプリです。

システム環境設定
Macのシステムに関する設定を行います。

ウィンドウの基本を覚えよう

Macのウィンドウはさまざまな機能を持っていますが、最初はウィンドウの閉じ方やドックへのしまい方、フルスクリーン表示から覚えましょう。

デスクトップにはいろいろな種類のウィンドウが表示できる

 →

1 背面にあるウィンドウをクリック

選択したウィンドウが前面に表示される

≫ ウィンドウボタンの種類と働き

ウィンドウを閉じる

Dockにしまう

フルスクリーン

マウスポインタを上部にするとメニュー表示

特定のウィンドウを画面いっぱいに表示できるのがフルスクリーンです。戻すには画面の上にマウスポインタを合わせ、ウィンドウボタンがあらわれたらもう一度クリックします。

chapter 1
chapter 2
chapter 3
chapter 4
chapter 5
chapter 6
chapter 7
chapter 8
chapter 9
Appendix

知ろう　ウィンドウをもっと便利に使う

開いているウィンドウを一覧表示させたり、後ろに隠れているウィンドウを選択するには Mission Control機能が便利です。また OS X El Capitan では Split View という新たなウィンドウ機能も追加されています。

> **デスクトップ上のウィンドウを一覧表示できる**

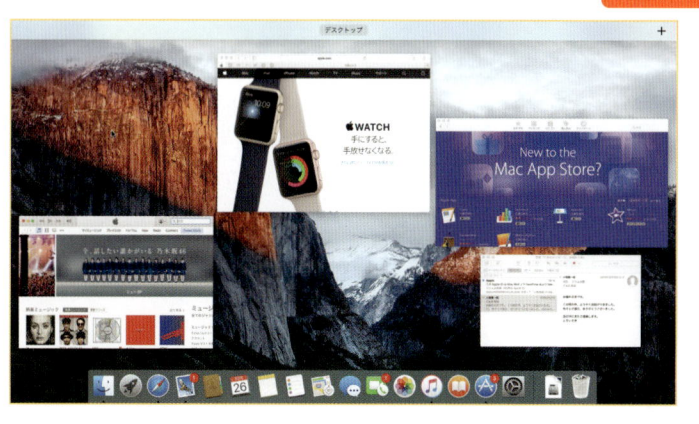

画面上の複数ウィンドウは Mission Control で一覧表示し目的のウィンドウにアクセスできます（Mission Control の詳細は P.298 を参照）。

» フルスクリーン表示のウィンドウを Split View で 2 分割にする

> **ブラウザをフルスクリーンにし Mission Control を開く**

> **2** フルスクリーンウィンドウにドラッグ

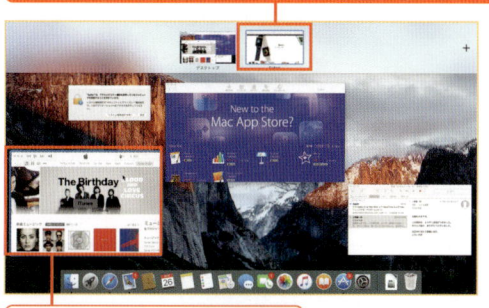

> **1** 任意のウィンドウを長押し

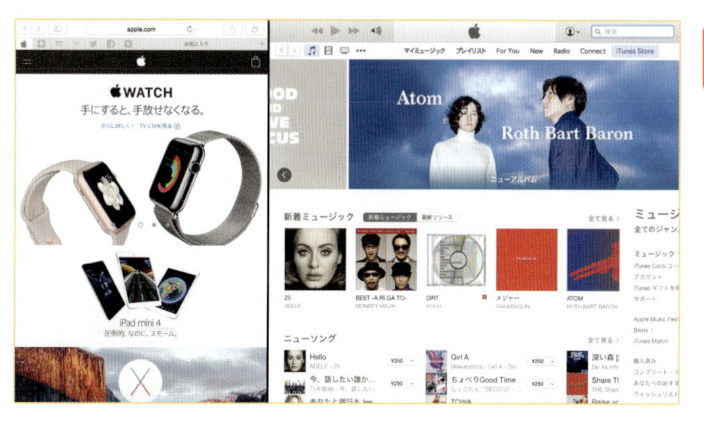

> **フルスクリーンウィンドウが Split View に切り替わった**

対応はアプリごとに若干異なる

余計なウィンドウを表示させず 2つのアプリを効率よく利用できる Split View。左右の画面比率を調節することも可能です。ただ Split View に対応しないアプリや、画面調節の幅などもアプリにより異なっています。

Macを使う上で必須となるのが、システム環境設定です。あらゆる設定はここから行います が、まずは操作になれる意味も込めて、壁紙の変更にチャレンジしてみましょう。 撮影した写真なども壁紙に選択できます。

メニューバーからシステム環境設定を呼び出す

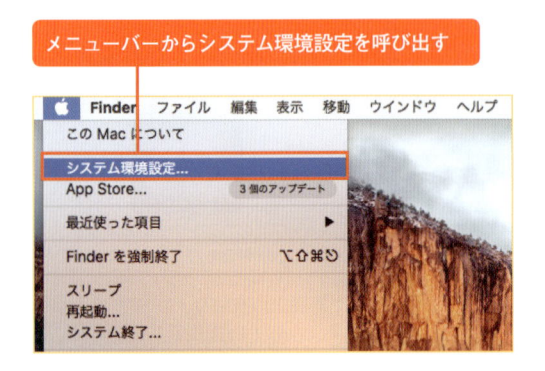

Dockからの起動も可能

1 [デスクトップとスクリーンセーバ] をクリック

システム環境設定

システム環境設定では画面や音、キ ーボードやマウスなどあらゆる設定 が行えます。本書でもたびたび出て くる機能なので覚えておきましょう。

初期設定ではエル・キャ ピタンが選ばれている

選択した写真が背景に設定された

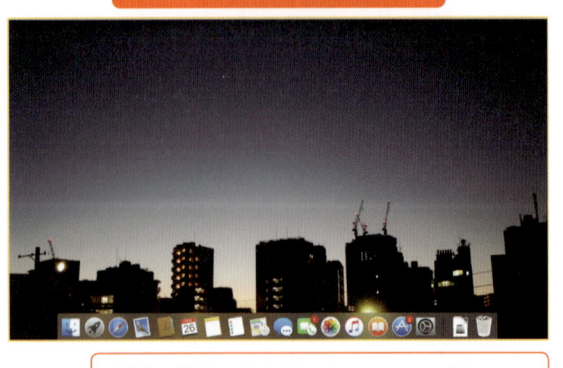

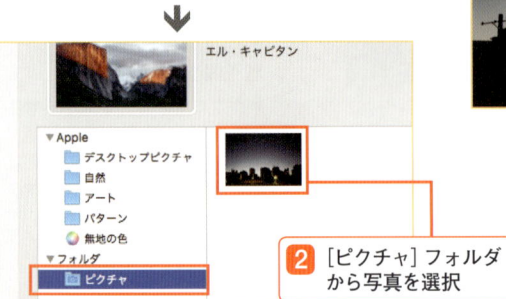

2 [ピクチャ] フォルダ から写真を選択

背景の設定は右クリックメニューが早い

ここではシステム環境設定から行う手順を紹介し ましたが、デスクトップ上で右クリックし [デスク トップのバックグラウンドを変更] メニューでも背 景変更画面が呼び出せます。

クイックスタートガイド | 1-06

chapter 1
chapter 2
chapter 3
chapter 4
chapter 5
chapter 6
chapter 7
chapter 8
chapter 9
Appendix

知ろう　Launchpadから簡単なテキストアプリを呼び出そう

MacBookにはテキストを作成するためのアプリが数多く用意されています。ただそこまで大げさなものではなく、メールの下書きや一時的なメモ書きなどをしたいというだけなら、テキストエディットというアプリが用意されています。

テキストエディットはDockではなくLaunchpadに入っている

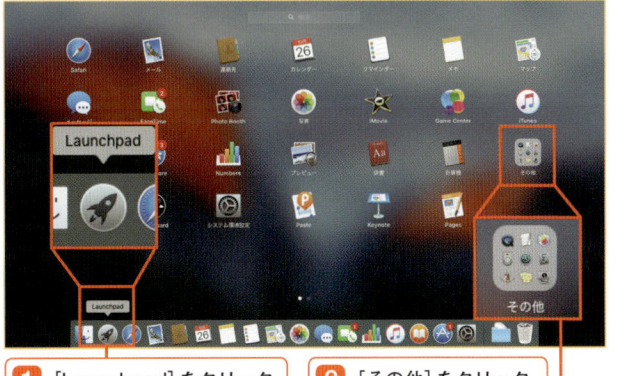 

1 [Launchpad] をクリック　　**2** [その他] をクリック　　**3** [テキストエディット] をクリック

≫ 日本語入力モードで文字を入力してみよう

1 [入力メニュー] をクリック

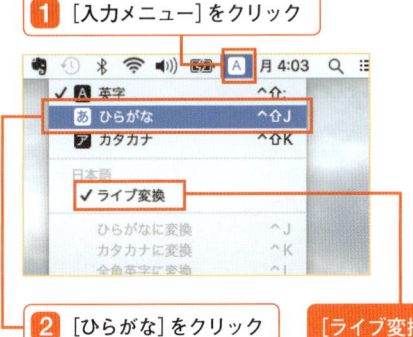 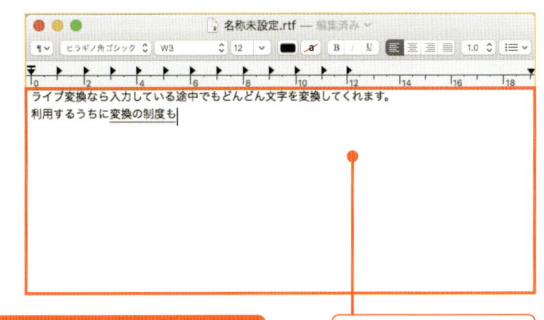

2 [ひらがな] をクリック

[ライブ変換] を選ぶと自動で変換を行ってくれる

3 文字を入力する

4 [ファイル] をクリック

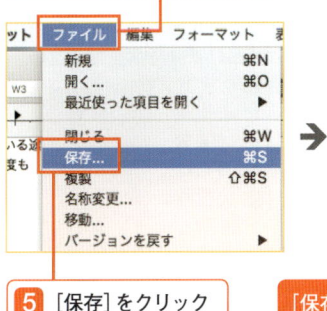 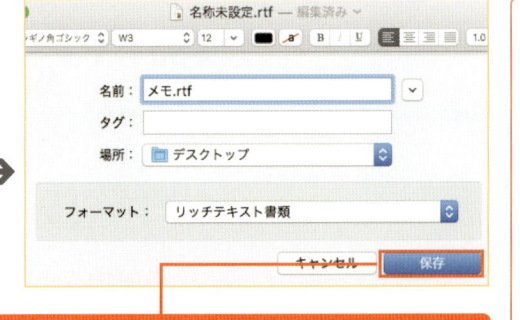

5 [保存] をクリック

[保存] をクリックすると指定した場所にファイルを作成

さまざまな形式に対応する

文字の入力から保存までの流れを紹介しました。[フォーマット] メニューで [標準テキストにする] を選んでおくと、Windowsマシンとの共有もしやすくなります。

使おう 無線LANを設定してワイヤレスでインターネットに接続する

自宅で無線LANを使っている場合は、MacBookでWi-Fiの設定を行いましょう。無線LAN ならタブレットなどワイヤレスで通信が行えるようになります。ここでは基本の設定方法を解説します。なお利用には別途、Wi-Fiルーターの設置が必要です。

≫ ステータスメニューからWi-Fiを設定する

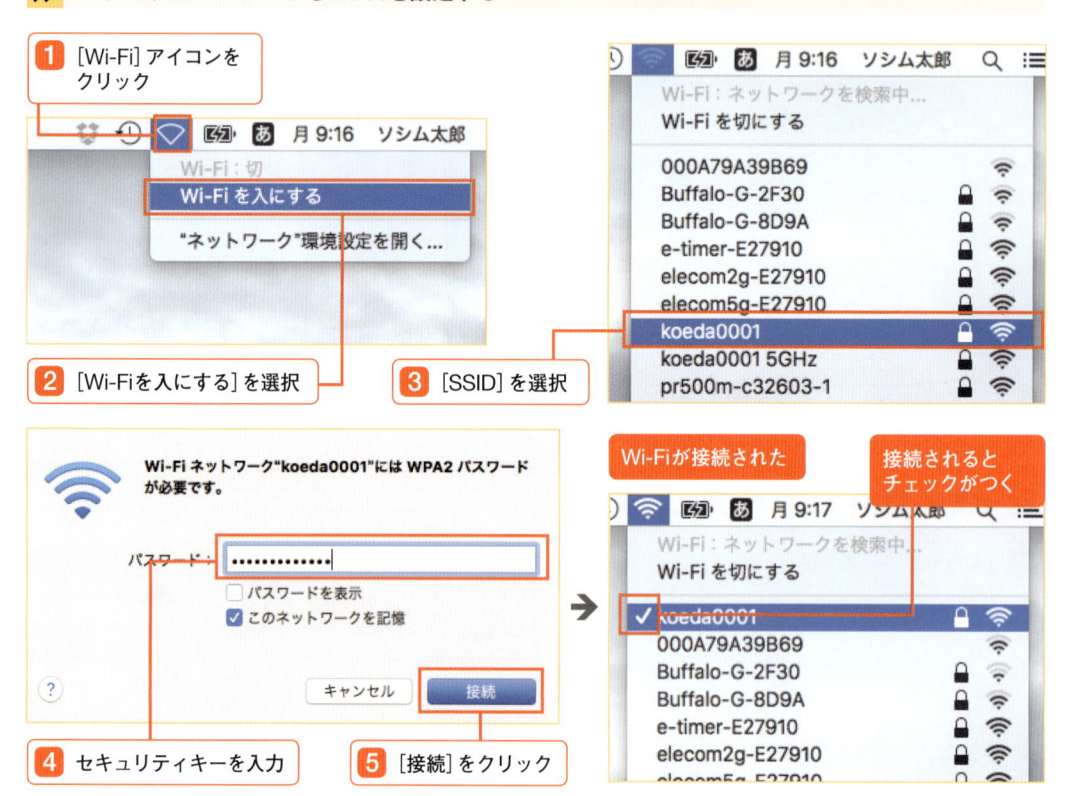

1 [Wi-Fi] アイコンをクリック

2 [Wi-Fiを入にする] を選択

3 [SSID] を選択

Wi-Fiが接続された

接続されるとチェックがつく

4 セキュリティキーを入力

5 [接続] をクリック

≫ システム環境設定の[ネットワーク]でも設定が可能

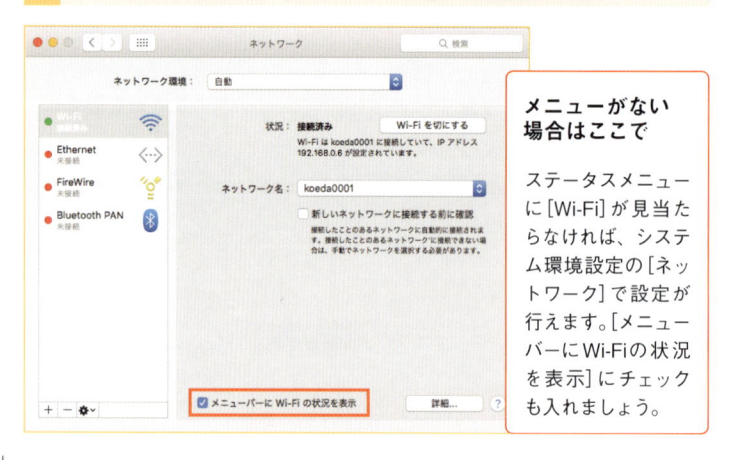

メニューがない場合はここで

ステータスメニューに [Wi-Fi] が見当たらなければ、システム環境設定の[ネットワーク]で設定が行えます。[メニューバーにWi-Fiの状況を表示]にチェックも入れましょう。

イラスト **Wi-Fiルーターはどれを選ぶ?**

無線LANを利用するには親機を購入し、PCがWi-Fi機能を備えているのが条件です。親機は製品により通信速度が違い最近は高速な11ac規格対応が主流です。PCの対応状況などを確認し購入を検討しましょう。

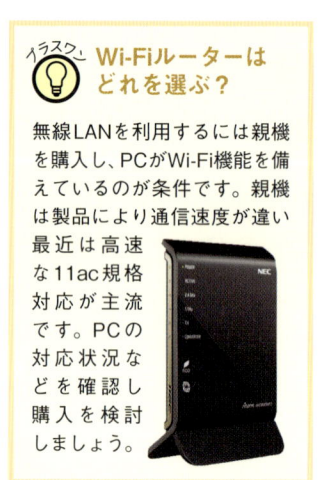

chapter 1

chapter 2

chapter 3

chapter 4

chapter 5

chapter 6

chapter 7

chapter 8

chapter 9

Appendix

使おう　インターネットでキーワードを検索してみよう

PCを設定したら、まずはインターネットにチャレンジしてみましょう。MacBookでは DockにWebブラウザであるSafariが用意されていますので、すぐにインターネットを開始することができます。

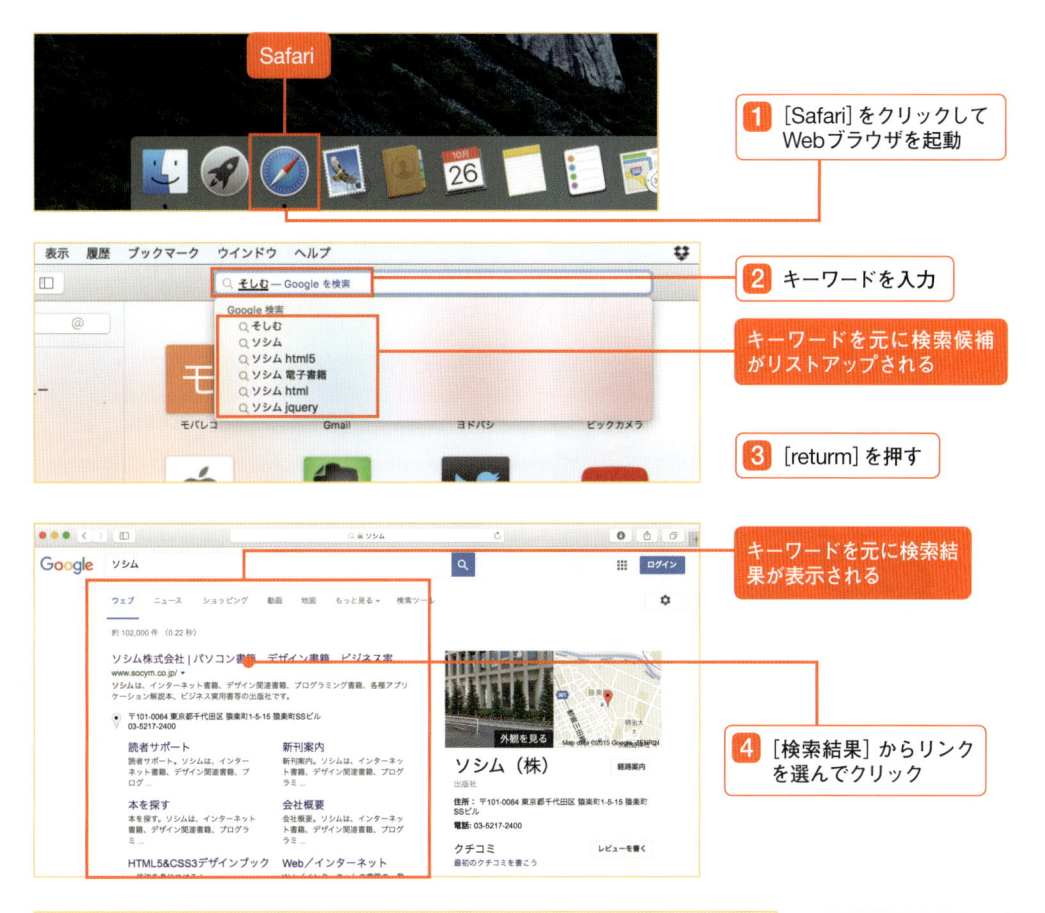

1 [Safari] をクリックして Webブラウザを起動

2 キーワードを入力

キーワードを元に検索候補がリストアップされる

3 [return] を押す

キーワードを元に検索結果が表示される

4 [検索結果] からリンクを選んでクリック

Webページが表示された

インターネット検索でもっとも使用するキーワード検索の簡単な方法を解説しましたが、ほかにもさまざまな検索方法があります（Safariの詳しい使い方はP.85-118を参照）。

column
外出先でインターネットを行うには

MacBookを外に持ち出したときにWebを行うためには、インターネット回線が必要です。手元にスマホがある人は、テザリングでスマホの回線を利用する方法もありますが、それ以外にも外出先で公共のWi-Fiを利用する方法もあります。

≫ 公衆Wi-Fiを利用する

最近ではコンビニをはじめさまざまな施設やお店で、無料のインターネットの回線が利用できるようになっています。例として下記のようなサービスがありますので、外でMacBookを利用する際の参考にしてみてください。

at_STARBUCKS_Wi2

Facebook や Twitter、Google、Yahoo! などのアカウントで利用できる無料 Wi-Fi サービス（http://starbucks.wi2.co.jp/pc/menu1_jp.html）。

Japan Connected-free Wi-Fi

都営地下鉄・東京メトロ の 143 駅などで利用可能 な Wi-Fi サービス（http://www.ntt-bp.net/jcfw/ja.html）。

セブンスポット

セブン & アイのお店で 1 回 60 分・1 日 3 回まで利用できる Wi-Fi サービス（http://webapp.7spot.jp/?tmst=1445843320）。

FREESPOT

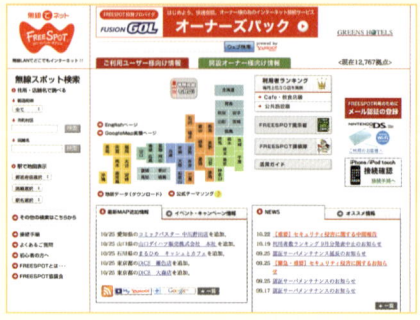

全国の飲食店や公共施設などに設置されたポイントで利用できる無料サービス（https://freespot.com）。

chapter

2

デスクトップ&
Finderの基本操作

chapter 1
chapter 2
chapter 3
chapter 4
chapter 5
chapter 6
chapter 7
chapter 8
chapter 9
Appendix

01 デスクトップ&Finderの基本操作
デスクトップ画面の使い方

MacBookを操作する上で起点となるのが、このデスクトップ画面です。画面の上部にはメニューバーが配置され、アプリの操作メニューやステータス、通知などが並びます。下部には登録したアプリなどを呼び出したりゴミ箱などの機能を格納したDockが配置。シンプルかつ機能的なデスクトップ構成となっています。

知ろう　デスクトップの基本画面

デスクトップ画面には操作を行いやすいように、画面上に各種機能が割り当てられています。ここではデスクトップの基本的な機能を紹介していきます。

メニューバー
Mac を操作するためのメニューやステータスの状態、通知などが表示されます（詳細は P.50 を参照）。

デスクトップアイコン
デスクトップ上にファイルやフォルダのアイコンを表示させられます。

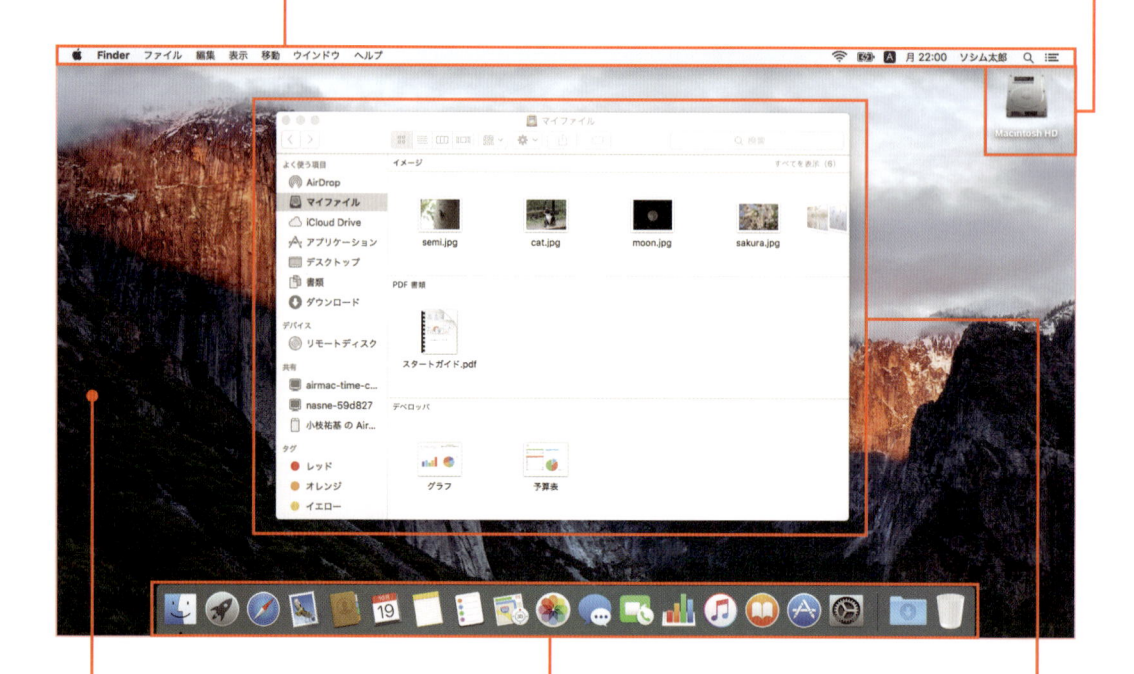

デスクトップ
ウィンドウやアイコンを並べておける作業スペースです。複数のデスクトップを作成することができます。

Dock
登録アプリをすばやく呼び出せるランチャー機能です。ゴミ箱やダウンロードフォルダなども配置され設定で隠すこともできます。

ウィンドウ
フォルダやアプリなどが開かれた状態がウィンドウ表示です。ウィンドウは複数を開くことができます。

使おう　ファイルやフォルダを開く

ファイルやフォルダを開くには、Finderウィンドウを利用します。Finderウィンドウは Dock内にある［Finder］をクリックして呼び出すことができます。ここでは、［書類］フォルダの中にあるファイルを開いてみます。

1 ［Finder］をクリック

2 ［書類］をクリック

3 ファイルをダブルクリック

ファイルが開いた

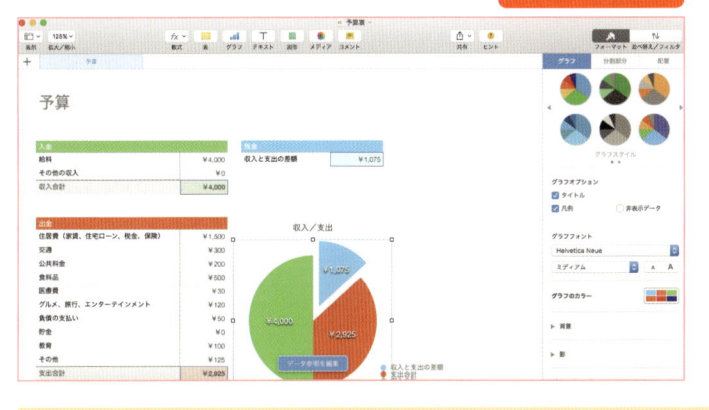

ヒント　あらかじめ用意されているフォルダ

［書類］［ダウンロード］など、いくつかのフォルダは最初から用意されています。また、フォルダは好きな場所に好きな名前で作成ができます。

イラスク　デスクトップアイコンを表示させる方法

デスクトップにディスクを表示するには、メニューバーの［Finder］から［環境設定］を開き、［一般］で表示させる項目を選びます。初期設定では本体のハードディスクや外部ディスク（SDカードなど）は非表示になっています。

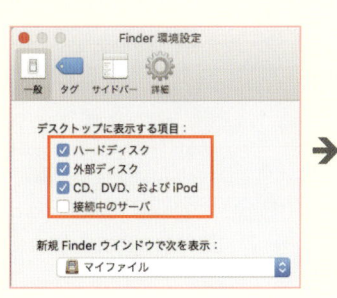

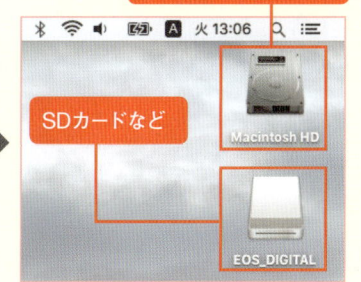

本体のハードディスク

SDカードなど

デスクトップに新しいアイコンを作成する

デスクトップ上の任意の場所に、ファイルなどを保管するフォルダの作成が行えます。
フォルダの作成はFinderメニューや右クリックメニューから行います。

1 [ファイル] メニューをクリック

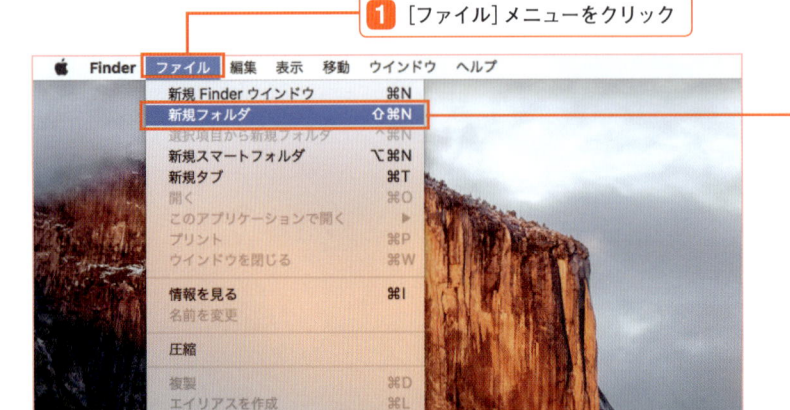

2 [新規フォルダ] を
クリック

新規フォルダが作成された

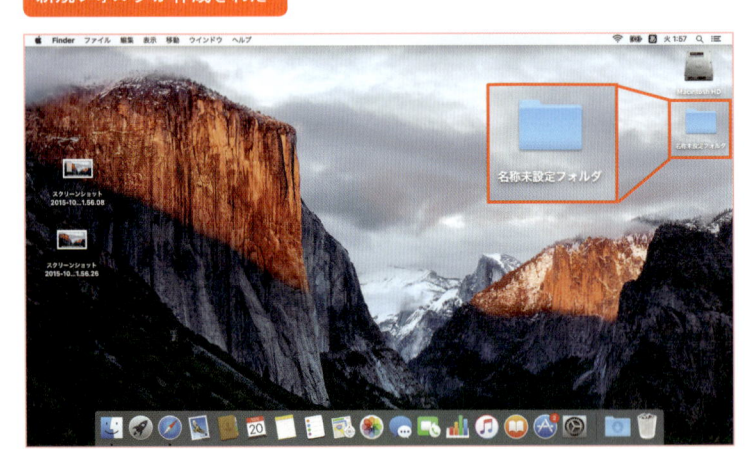

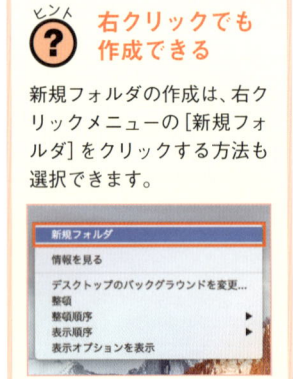

ヒント **?** **右クリックでも作成できる**

新規フォルダの作成は、右クリックメニューの [新規フォルダ] をクリックする方法も選択できます。

イラスク **フォルダの名前を変更する**

フォルダ名の変更するには、文字部分をクリックします。するとテキストが選択状態になりますので、任意の文字を入力してフォルダ名を変更することができます。

1 フォルダ名をクリック

2 フォルダ名を入力

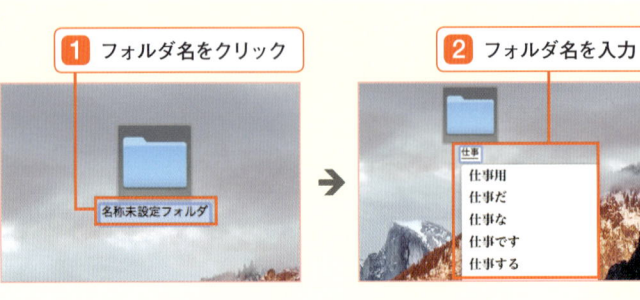

使おう　デスクトップのアイコンを移動する

デスクトップ上に配置されたファイルやフォルダなどのアイコンを選択し、ドラッグ操作を行えば、自由に位置を移動することができます。

1 アイコンにマウスポインタを合わせマウスの左ボタンを押したままの状態でドラッグ

2 アイコンを移動させたい位置でクリックしている指を離す

使おう　アイコンを並べ替えて整頓する

デスクトップ上に散らばったアイコンは、並べ替えてキレイに整頓をすることができます。たくさんあるアイコンを種類別に並べ替え、見つけやすくすることもできます。

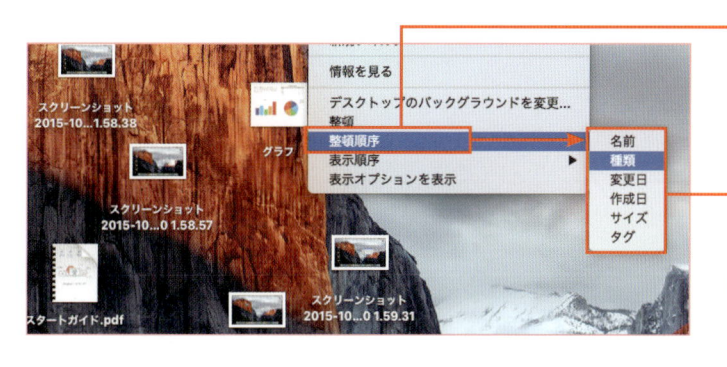

1 右クリックメニューで[整頓順序]をクリック

2 並べ替えの種別を選択

選んだ種別でデスクトップアイコンが並べ替えられた

デスクトップに無秩序に散らばっていたアイコンが、ファイルの種類別に並べ替えられました。ほかにも、ファイルやフォルダの容量サイズや、ファイル名、更新日時などの順番で並べ替えが行えます。

02

メニューバーの使い方

デスクトップ画面の上部にはメニューバーが配置されています。大きく2つのブロックに分かれ、左側にはFinderをはじめ各種アプリの操作メニューが配置。右側にはシステムのステータスをあらわすアイコンや、検索・通知などの機能を呼び出すアイコンが配置されています。

知ろう　メニューバーの機能

メニューバーは使用アプリやシステムの状態により表示が変わりますが、一番左にある [] （アップル）メニューと、一番右に配置された検索・通知アイコンは常に表示されます。

アプリケーションメニュー
各アプリのメニューや OS のメニューが呼び出せます。

ステータスメニュー
システムの状態や起動中アプリなどのアイコンが表示されます。

Spotlight & 通知センター
検索機能の Spotlight（左）と各種通知を行う通知センター（右）が並びます。

▶ 基本のメニューバー

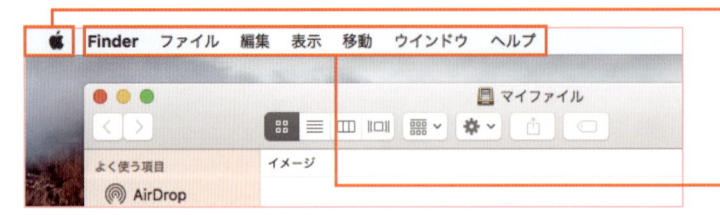

** （アップル）メニュー**
システムに関わるメニューが用意されます。アプリメニュー表示中も表示されます。

Finderメニュー
Finder を選択中は、Finder 操作を行うためのメニューが表示されます。

▶ アプリ利用時のメニューバー

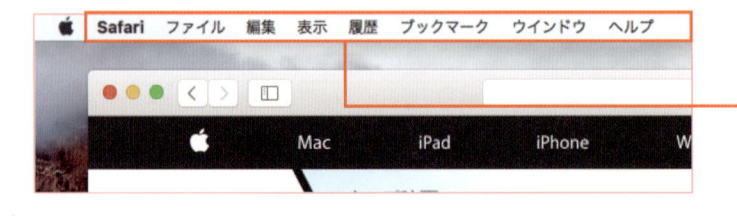

各アプリメニュー
使用中のアプリが持つメニューが表示されます。ここでは Safari を使用時のメニューが表示されています。

chapter 1

chapter 2

chapter 3

chapter 4

chapter 5

chapter 6

chapter 7

chapter 8

chapter 9

Appendix

知ろう　Finderの各種メニュー

メニューバーでは、メニュー名をクリックすると、詳細なメニューが表示されます。内容は使用するアプリにより異なりますが、基本のメニューは似通っているケースも多くあります。ここではFinderメニューを中心に、メニューの内容を紹介します。

≫ ［Finder］メニュー

環境設定など、おもにアプリの設定に関わるメニューが表示されます。通常はFinderと表示されますが、ほかのアプリを利用時には、そのアプリ名が表示されます。

≫ ［ファイル］メニュー

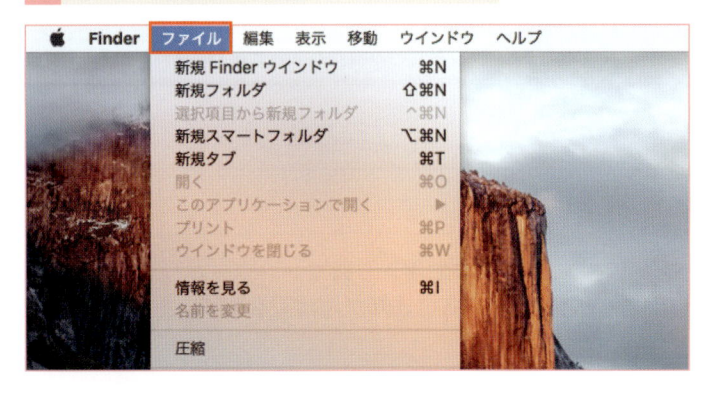

新規Finderウィンドウ新規フォルダの作成、情報を見る、プリントなどのメニューが用意されます。ほかのアプリを利用時には新規ファイルの作成、ファイルの保存といったメニューがここに用意されます。

≫ ［編集］メニュー

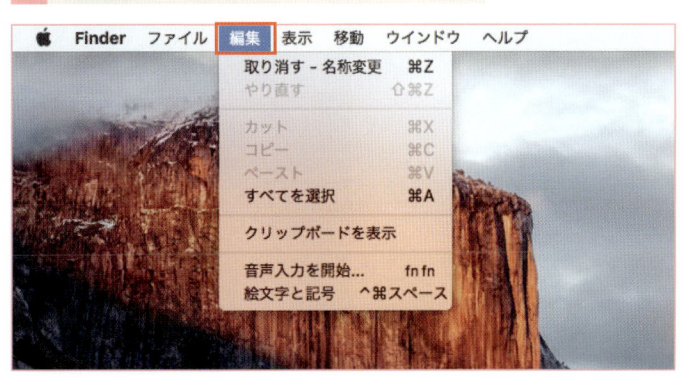

編集に必要なメニューが用意されています。Finderでは作業のやり直しや取り消しのメニュー、カット、コピー、ペースト、すべてを選択など、ファイルやフォルダに対して行う編集メニューが表示されます。

メニューバーの右側部分には、システムの状態をあらわすステータス領域と、通知などのメニューが見やすくアイコンで配置されます。それぞれアイコンをクリックすると詳細メニューが表示され設定の変更などが行えます。

サードパーティアプリのアイコン
Macにインストールしたアプリのうち、メニューバー表示に対応するアプリのアイコンが随時追加されます。

システム関連のアイコン
Wi-Fiなどの通信状態や音量、バッテリー残量などシステム関連のアイコンが表示されます。

システム時刻
曜日と時刻が表示されます。追加で日付を表示したり、アナログ時計への切り替えも可能です。

文字入力の状態（入力メニュー）
ひらがなを選択時には「あ」、英数入力では「A」、カタカナは「ア」などに切り替わります。

Spotlight検索
Mac内部のファイルやフォルダにくわえて対応アプリなどの検索が一括で行えます。

通知センター
メールやSNS、各種アプリのお知らせなどの通知が表示される通知センターを呼び出します。

使おう 通知センターを表示する

[通知センター]アイコンをクリックすると、画面の右端から通知センターが引き出され、新着メールやSNSの近況、アプリの更新といった各種通知が確認できます。

1 [通知センター]アイコンをクリック

通知センターが開いた

知ろう　日付や曜日を表示する

デフォルトで表示される時刻の表示は、曜日とデジタル時計ですが、ここをクリックして設定を変更することで、日付や時計の種類を変更ができます。

1 [時刻] をクリック

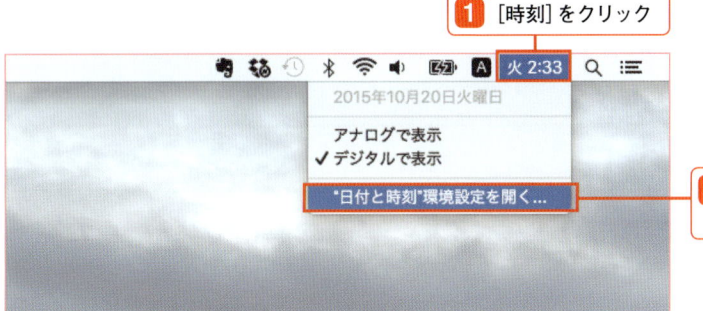

2 ["日付と時刻"環境設定を開く] をクリック

3 [時計] タブをクリック

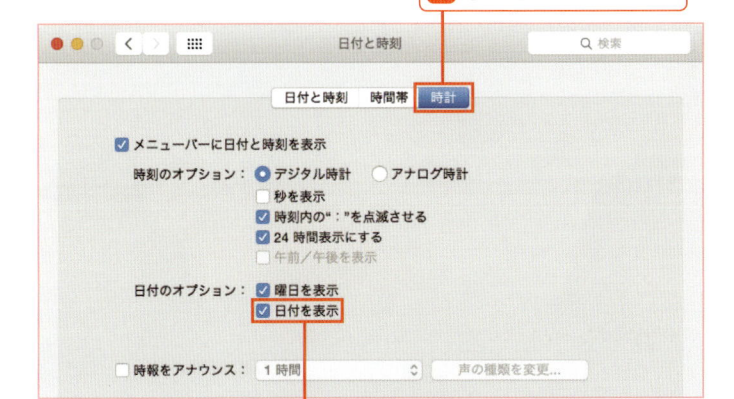

4 [日付を表示] をチェック

日付が表示されるようになった

> **ヒント**
> **？ 表示の並びを変更するには**
>
> ステータス領域に表示されるアイコンは、並びを手動で変更できます。[command] キーを押しながらドラッグすると、指定した場所にアイコンを移動させられます。
>
>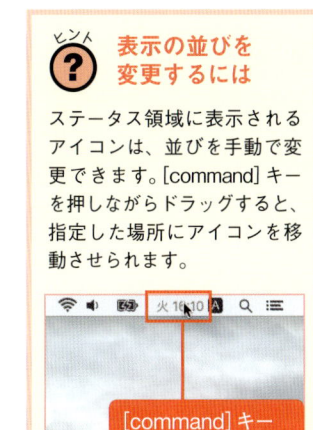
>
> [command] キー ＋ドラッグで移動

[時計] タブではほかに、秒数表示や12時間表示への切り替え、アナログ時計への切り替えも行えます。

Dockでよく使うアプリを呼び出す

デスクトップ画面の下部には、頻繁に使うアプリなどがすぐに呼び出せるDockというランチャー機能が用意されています。初期設定で登録されているアプリを入れ替えたり、表示場所やサイズなどを変更できるなど、機能的な設計となっています。ここではDockの基本操作から便利な使い方まで紹介していきます。

知ろう　Dockの基本画面

Dockはデフォルトではシステム関連のアプリ、ダウンロードフォルダ、ゴミ箱などが登録されています。あとから使いやすいように登録アプリやフォルダの変更ができます。

各種アプリアイコン
インストールアプリの一部が並びます。クリックするとアプリが起動します。

フォルダ & ウィンドウ
フォルダを登録したり、アプリウィンドウを一時的に格納できます。

ゴミ箱
ファイルやフォルダをドラッグ & ドロップで削除できます。

 アプリの更新通知もDockで確認

DockにはデフォルトでApp Storeのアイコンが配置されています。アプリの更新などのお知らせがある場合、アイコンの右上に数字（バッヂ）が入り、更新件数の通知を行ってくれます。

使おう Dockからアプリを開く

Dock内のアイコンをクリックするだけで、簡単にアプリを起動できます。アイコンだけではアプリが判別できない場合、カーソルを合わせるとアプリ名が表示されます。

1 マウスポインタをアイコンに重ねる

アプリ名が表示される

2 そのままアイコンをクリック

選択したアプリが起動した

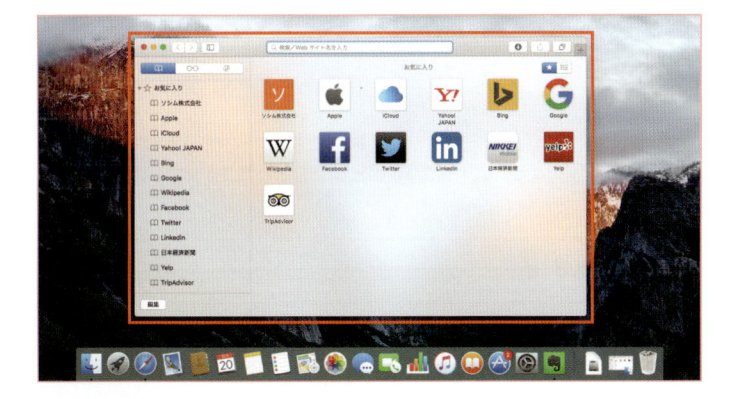

使おう Dockにアプリを追加する

新たにDockにアプリを追加したい場合、アイコンをドラッグ&ドロップするだけでOKです。ここではLaunchpadからアプリを追加してみます。

1 [Launchpad] アイコンをクリック

Launchpadが起動する

次ページへ →

2 アイコンをDockに
ドラッグ&ドロップ

**Dockに？マーク
が表示される**

Dockに登録していたアプリ自体がMacから削除されてしまった場合など、Dockに [?] と表示されることがあります。

アプリのアイコンが追加された

ドラッグした位置にアプリのアイコンが追加されました。Dock内でアイコンを移動する場合もドラッグ&ドロップでアイコンを動かすことができます。

使おう Dockからアプリを削除する

Dockのアプリは、Dockの外にドラッグして削除ができます。その際、ある程度離れた位置までドラッグを行い [削除] と表示されたら指を離すようにします。

1 アイコンをDockの外へドラッグ

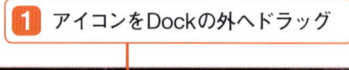

**本体からアプリは
削除されない**

アイコンを取り出すとDockからは削除されますが、Mac本体の中にはアプリが残っています。あとからDockに追加し直すことも可能です。

ある程度ドラッグすると [削除] の表示が出てくる

2 マウスから指を離す

Dockからアプリが削除される

chapter 1
chapter 2
chapter 3
chapter 4
chapter 5
chapter 6
chapter 7
chapter 8
chapter 9
Appendix

使おう **起動中のアプリをDockから終了させる**

起動中のアプリを終了させる場合、通常はメニューバーから終了させますが、Dockから右クリックメニューを使って終了させることもできます。

1 起動中のアプリアイコンを右クリック **2** [終了]をクリック

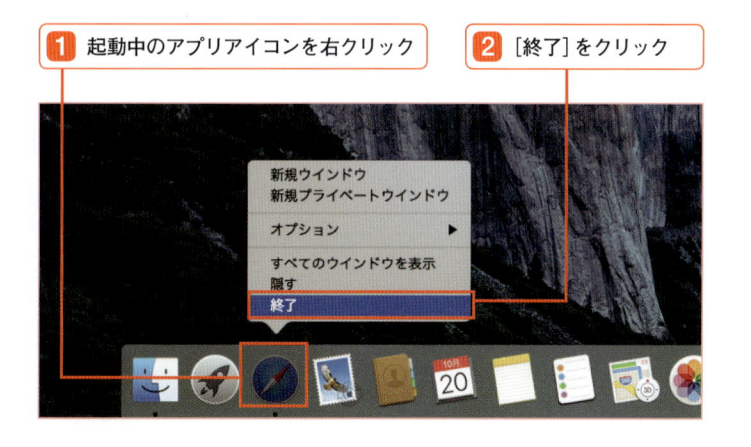

イラスク 起動中のアプリの見分け方

起動中のアプリは、Dock内のアイコンの下に［●］が付くことで判別できます。

使おう **Dockからファイルを開く**

Dockにはアプリの登録のほかに、ファイルやフォルダの登録スペースが［ゴミ箱］アイコンの左側に用意されています。ここから直接、ファイルを開くことができます。なお初期設定では［ダウンロード］フォルダが登録されています。Dockに追加されたフォルダのことを［スタック］といいます。

1 フォルダをクリック

設定 Dock にフォルダを追加する

Dock内に任意のフォルダを追加するにはDockの右側のスペースにドラッグします。

フォルダをドラッグして登録

2 開きたいファイルをクリック

使おう　Dockをカスタマイズする

Dockは、システム環境設定の［Dock］からカスタマイズができます。サイズや配置位置、エフェクトなどが自由に選択できます。

1 ［🍎］メニューをクリック

2 ［システム環境設定］をクリック

3 ［Dock］をクリック

Dockの設定画面が表示された

💡 Dockのサイズを簡単に変える方法

Dockのサイズを手動で調整する場合、アプリアイコンとフォルダアイコンの境にあるボーダーにマウスポインタを合わせると、上下矢印にポインタが変化します。このまま上にドラッグするとDockが拡大、下にドラッグすると縮小されます。

》 Dock のアイコンを押しやすくする

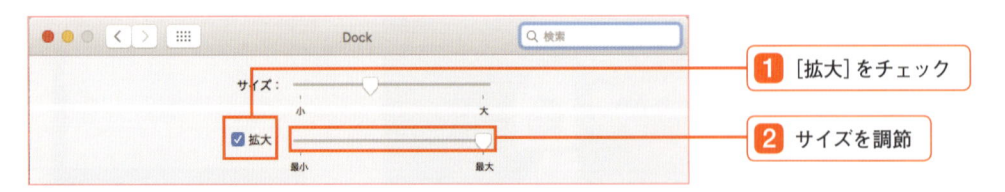

1 ［拡大］をチェック

2 サイズを調節

マウスポインタを重ねた箇所だけを拡大表示するようになった

≫ Dock の配置位置を変更する

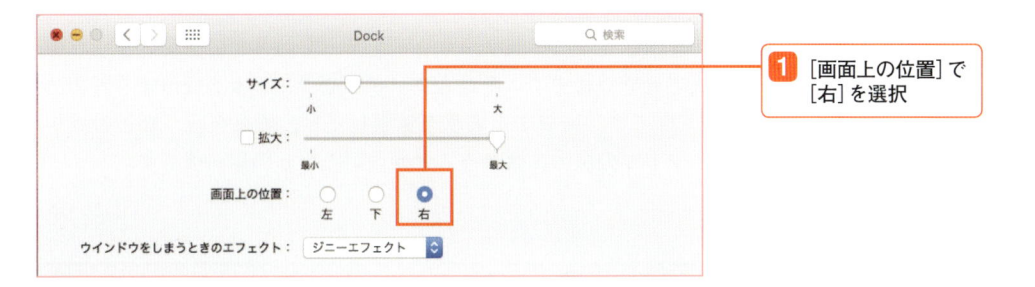

1 [画面上の位置] で [右] を選択

Dockの配置位置が初期設定の [下] から [右] に変更された

> **エフェクトの設定もできる**
>
> Dockにウィンドウを格納する際の動きを選べます。初期設定は吸い込まれるようなアニメーションの [ジニーエフェクト] が選択されています。

≫ Dock を必要なときだけ表示させる

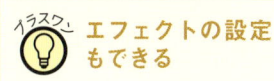
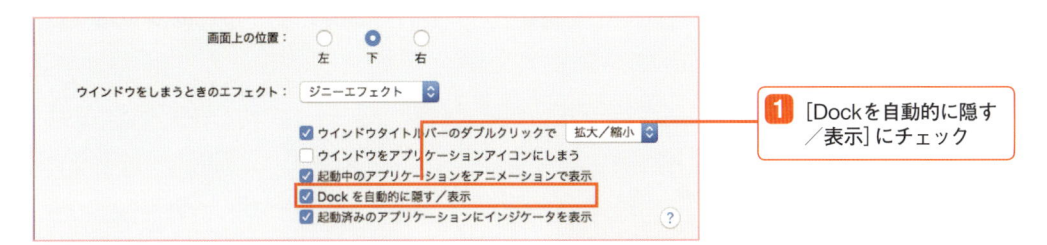

1 [Dockを自動的に隠す／表示] にチェック

2 マウスポインタを下方に持っていく

マウスポインタが近づいたときだけDockが表示されるようになった

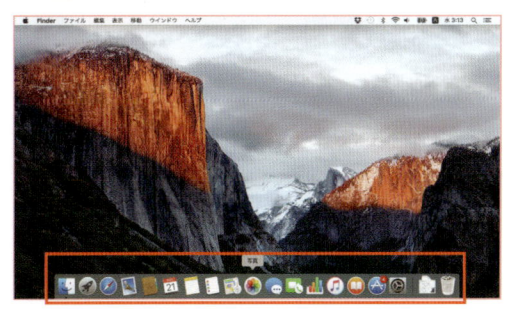

ファイルやフォルダの基本操作

MacBookでアプリを操作したり、インターネットを行っていると、さまざまなファイルやフォルダが作成されていきます。それらファイルやフォルダを操作するための機能がFinderウィンドウです。見やすく表示を変更したり、編集を行うなどのツールを備えており、ウィンドウの操作に慣れることが使いこなしの第一歩です。

知ろう Finderウィンドウの基本画面

ファイルやフォルダはFinderウィンドウで開くことができます。各種機能がコンパクトにまとめられており、目的の操作をすばやく行うことができます。

サイドバー
左に表示されるバーです。よく使う項目やディスクなどにすばやくアクセスできます。

ツール
編集、表示切り替え、共有などのメニューが呼び出せます。開くファイルやフォルダの種類でメニューが変化します。

検索ボックス
Finderウィンドウ内の項目からキーワードなどでファイルを探すことができます。

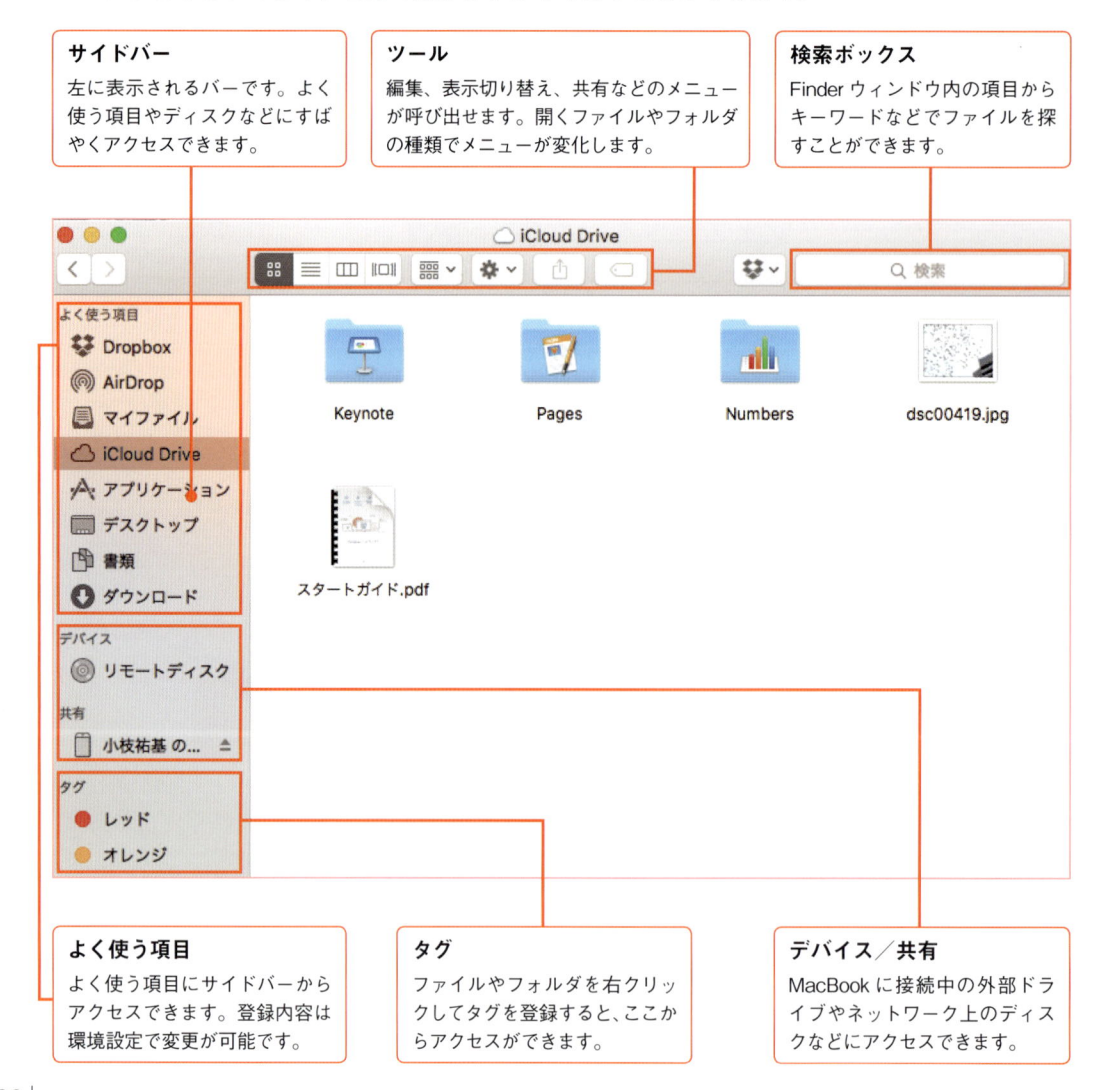

よく使う項目
よく使う項目にサイドバーからアクセスできます。登録内容は環境設定で変更が可能です。

タグ
ファイルやフォルダを右クリックしてタグを登録すると、ここからアクセスができます。

デバイス／共有
MacBookに接続中の外部ドライブやネットワーク上のディスクなどにアクセスできます。

使おう　フォルダの表示を変更する

ウィンドウ内の表示は、通常のアイコン表示以外にもツールから切り替えることができます。ファイルを一覧表示しファイル情報を表示する［リスト］、フォルダの階層を表示する［カラム］、画像などをプレビュー表示する［Cover Flow］が選択できます。

アイコン表示

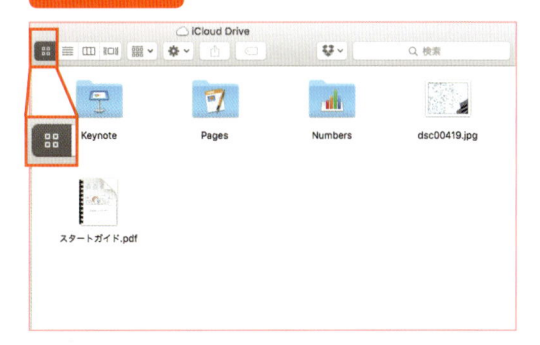

リスト表示

カラム表示

Cover Flow表示

使おう　新しいフォルダを作成する

Finderウィンドウを開いている状態で、ウィンドウ内に新しいフォルダを作成するには、［アクション］アイコンからメニューを呼び出して行うと簡単です。

1 ［アクション］アイコンをクリック

2 ［新規フォルダ］をクリック

ウィンドウ内に新規フォルダが作成された

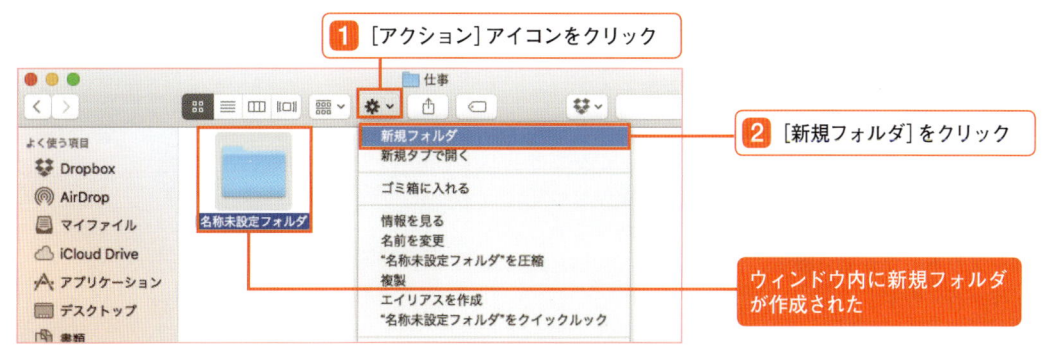

ウィンドウを拡大／縮小する

ウィンドウサイズの変更はドラッグ操作で行います。ファイルやフォルダの上下左右か、コーナーにマウスポインタを合わせ、ドラッグすると拡大／縮小ができます。

1 マウスポインタをウィンドウのコーナーに合わせる

ポインタの形状が変化します

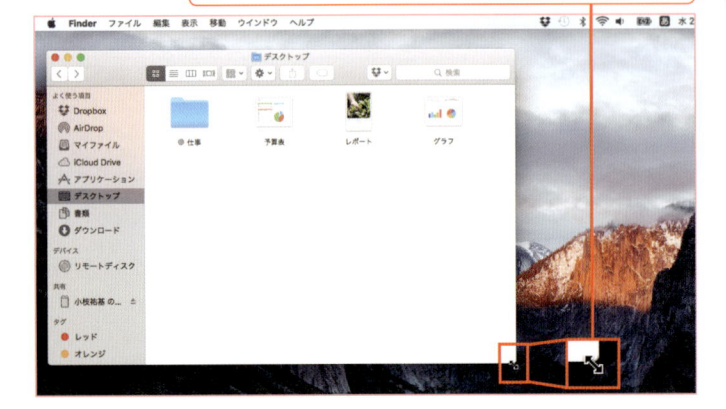

イラスク 四隅・四辺のどこからでも可能

ポインタを合わせる位置は上下・左右の四辺や、別のコーナーでも可能です。ウィンドウの幅だけを変える場合は左右に、ウィンドウの高さだけを変えるには上下に、幅と高さの両方を変える場合はコーナーにマウスポインタを合わせます。

ヒント 縦横比を維持するには？

ウィンドウの縦横比率を変えずにサイズを変更するには、[shift]キーを押しながらドラッグを行います。

2 内側にドラッグ

ウィンドウが縮小されました

イラスク **Finderウィンドウ内のフォルダをタブで開く**

フォルダを開いているときに、その中の別のフォルダを開くと、通常はそのフォルダの中身だけが表示されますが、[command]キーを押しながら開くようにすると、後から開いたフォルダがタブで開かれます。デスクトップ上で複数の操作をしているときに、写真だけをタブでまとめたりするとデスクトップが散らかることもなくすっきりと操作が行えます。

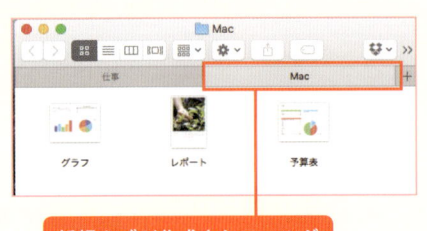

新規タブが作成されフォルダが開かれた

使おう　ファイルを複製する

フォルダの中にしまわれたファイルをコピーし、別のフォルダ内に複製するときなどは、Finerウィンドウのメニューから簡単に操作が行えます。

1 複製したいファイルを選択　　**2** [アクション]アイコンをクリック

? ヒント **コピー＆ペーストの呼び出し方**

コピーやペーストは右クリックやFinderの編集メニューから呼び出すこともできます。またショートカットキーを使う場合は [command] + [C] キーでコピー、[command] + [V] キーでペーストとなります。

3 [“○○”をコピー]を選択

複製先となるフォルダを開く　　**4** [項目をペースト]を選択

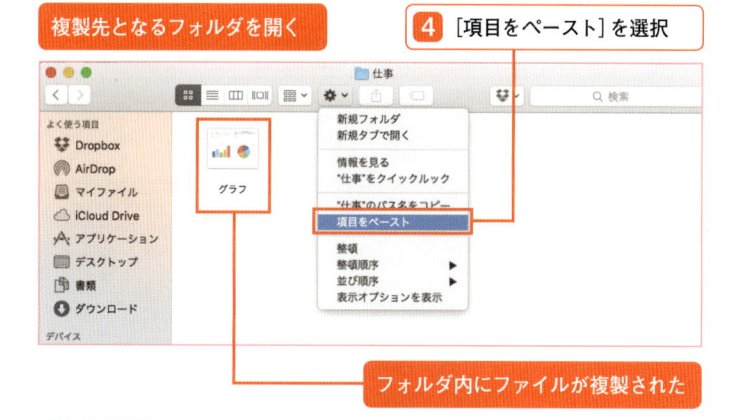
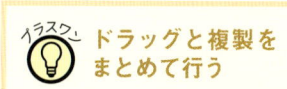

フォルダ内にファイルが複製された

💡 イラスク **ドラッグと複製をまとめて行う**

ファイルを別のフォルダに複製する際、[option] キーを押しながらドラッグすると、その場所にファイルが複製されます。

使おう　ファイルの情報を見る

選択したフォルダの容量を確認したりファイルの詳細情報を確認するには [情報を見る] メニューを使用します。[command] + [I] キーのショートカットでも確認できます。

1 [アクション]アイコンをクリック　　**2** [情報を見る]をクリック

ファイルの詳細情報が表示された

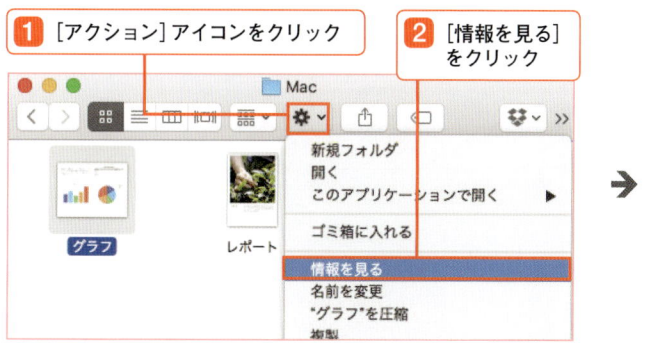

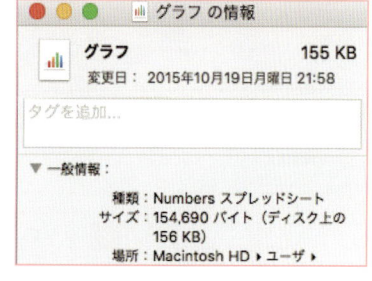

使おう　サイドバーをカスタマイズする

よく使うフォルダなどにすばやくアクセスできるサイドバーですが、使用環境に合わせカスタマイズをすれば、さらに便利に使うことができます。

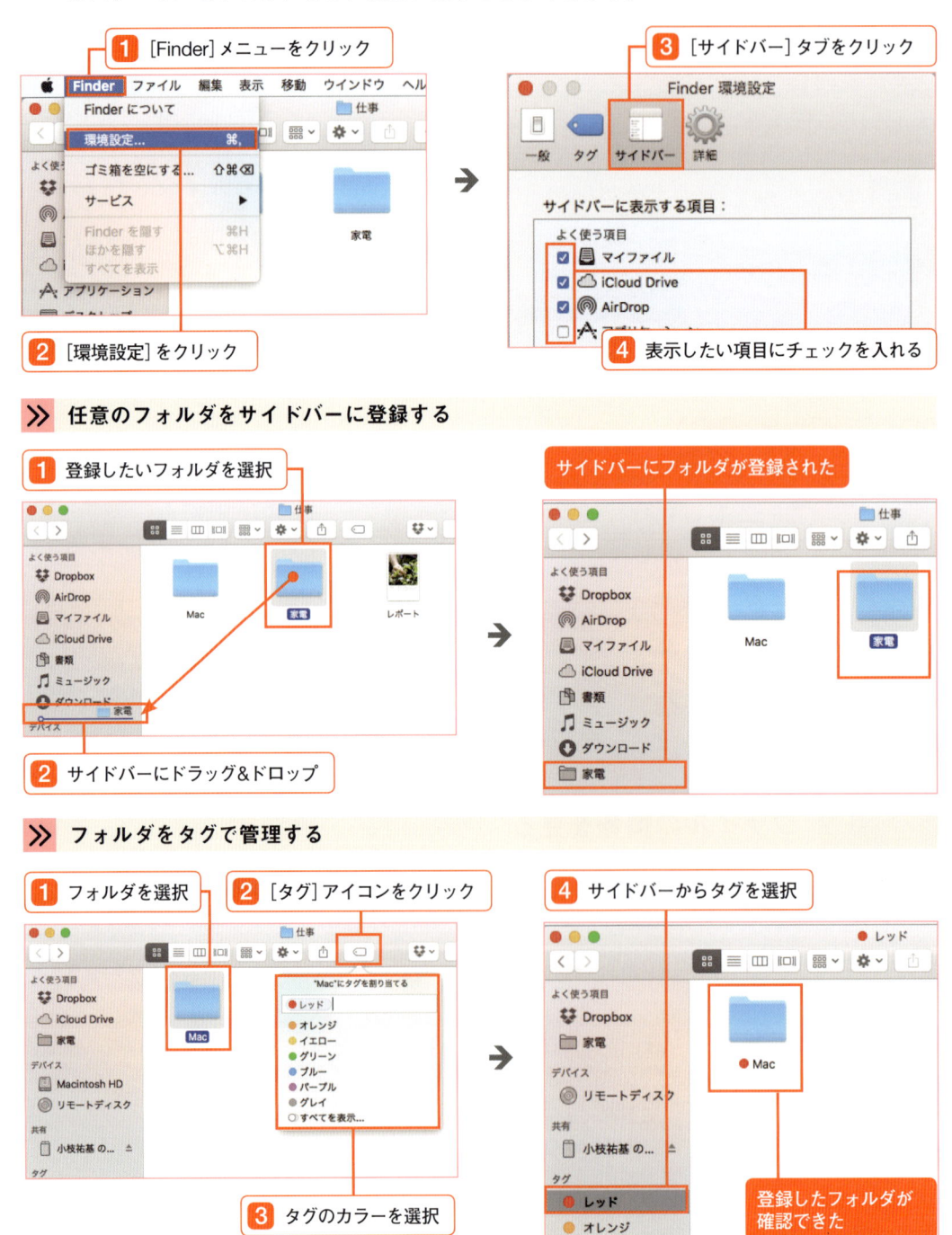

1 [Finder]メニューをクリック

2 [環境設定]をクリック

3 [サイドバー]タブをクリック

4 表示したい項目にチェックを入れる

≫ 任意のフォルダをサイドバーに登録する

1 登録したいフォルダを選択

2 サイドバーにドラッグ&ドロップ

サイドバーにフォルダが登録された

≫ フォルダをタグで管理する

1 フォルダを選択

2 [タグ]アイコンをクリック

3 タグのカラーを選択

4 サイドバーからタグを選択

登録したフォルダが確認できた

使おう　アイコンのサイズを変更する

アイコンやファイル名の文字サイズを変更したい場合には、表示オプションを使用します。初期設定では小さいと感じる場合などに活用しましょう。

1 ［アクション］アイコンをクリック

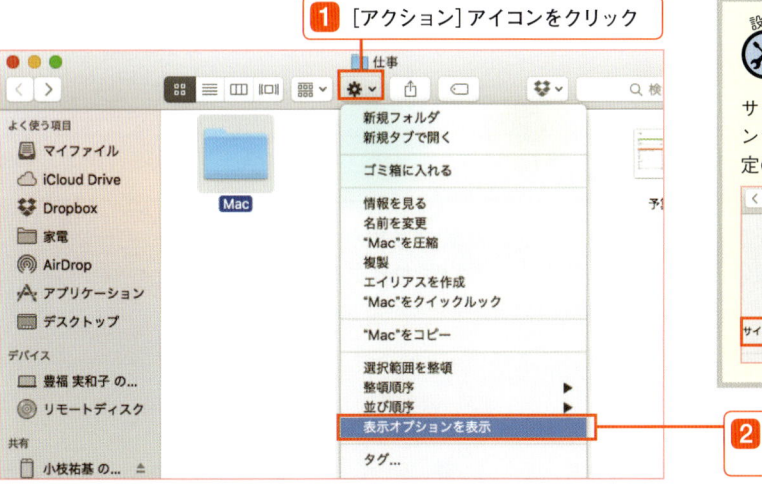

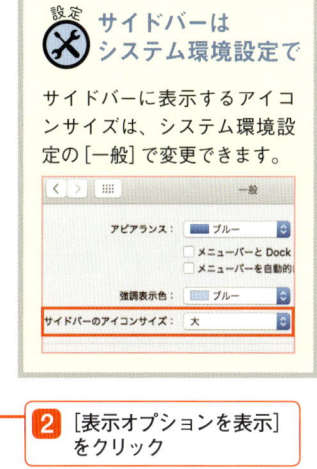

設定　サイドバーは
システム環境設定で

サイドバーに表示するアイコンサイズは、システム環境設定の［一般］で変更できます。

2 ［表示オプションを表示］をクリック

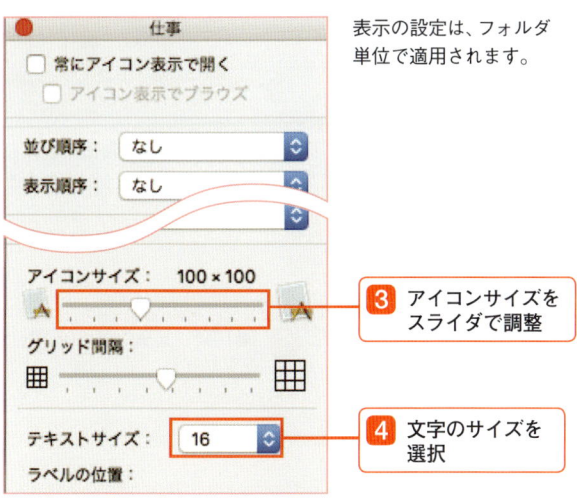

表示の設定は、フォルダ単位で適用されます。

3 アイコンサイズをスライダで調整

4 文字のサイズを選択

表示サイズが拡大された

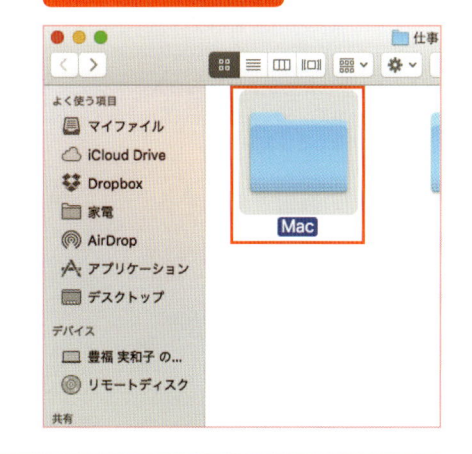

ヒント ファイルの拡張子を
表示させるには

各ファイルは、保存形式を示す拡張子を持っており、ファイルの種別を判別することができますが、初期設定では非表示となっています。ファイルの拡張子を表示させるには、Finderの［環境設定］を開き［詳細］タブで［すべてのファイル名拡張子を表示］にチェックを入れます。

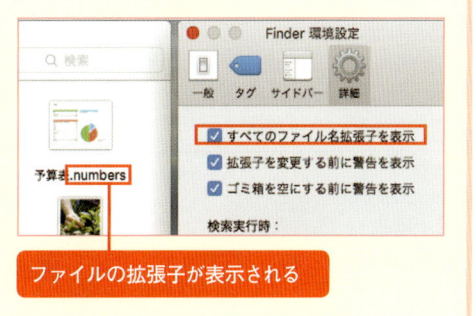

ファイルの拡張子が表示される

chapter 2

05

デスクトップ&Finderの基本操作

その他のデスクトップ操作

デスクトップにはここまで紹介した以外にも便利な機能が数多くあります。その中から、ここでは通知の表示方法に関する設定と、クイックルック機能について紹介します。いずれも、MacBookを使う上で欠かせない機能となりますので、ぜひ押さえておきましょう。

知ろう　通知のスタイルを設定しよう

メールやメッセージなど対応アプリの場合、新着の通知があるとデスクトップ上に表示してくれます。通知のスタイルはシステム環境設定から選択できます。

》 通知のスタイル

バナー

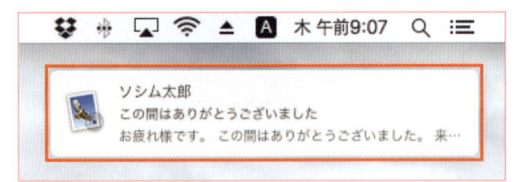

デスクトップに数秒間だけ通知を表示するモード。クリックするとメールアプリで内容が確認できます。何も操作しないと数秒で消えてしまいます。

通知パネル

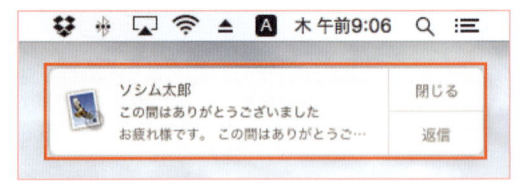

操作を行わない限り、デスクトップに通知を表示し続けるモード。クリックしてメールの詳細、[返信]をクリックするとメールの返信画面が表示されます。

》 通知の設定を変更する

1　[🍎]→[システム環境設定]をクリック

2　[通知]をクリック

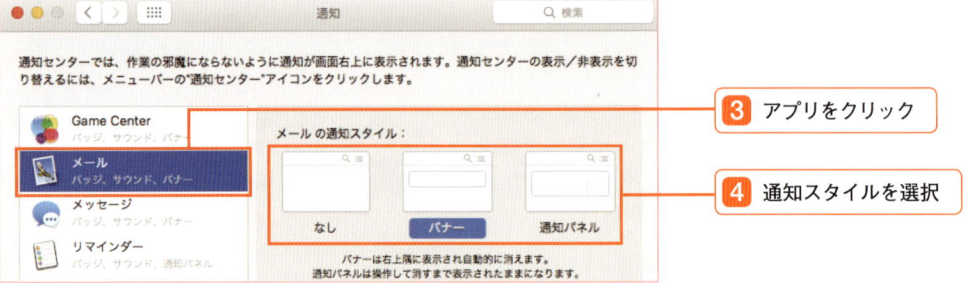

3　アプリをクリック

4　通知スタイルを選択

chapter 1
chapter 2
chapter 3
chapter 4
chapter 5
chapter 6
chapter 7
chapter 8
chapter 9
Appendix

知ろう　クイックルックでファイルを確認する

ファイルの中身をすばやく確認したい場合に便利なのがクイックルックです。ファイルを選択している状態で［space］キーを押すと、ファイルがプレビュー表示されます。写真や動画、テキストやPDF、Officeファイルなどさまざまなファイルが開けます。

1 ファイルを選択

2 ［space］キーを押す

クイックルックが開かれた

プレビューではなくアプリで開きたいときには、ココに表示されるアプリ名をクリックすると該当するアプリで表示します。

≫ クイックルックできるファイルの例

PDF

iWorkアプリ

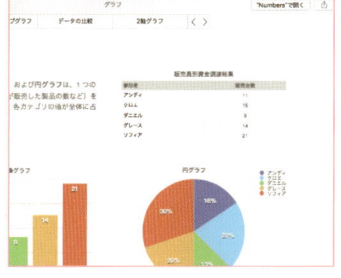

テキスト

column

まだまだあるフォルダの便利な操作

フォルダを操作する際に覚えておくと便利な機能はまだまだあります。そこで、ここでは押さえておきたい機能をまとめて紹介します。

≫ フォルダの上の階層に移動する

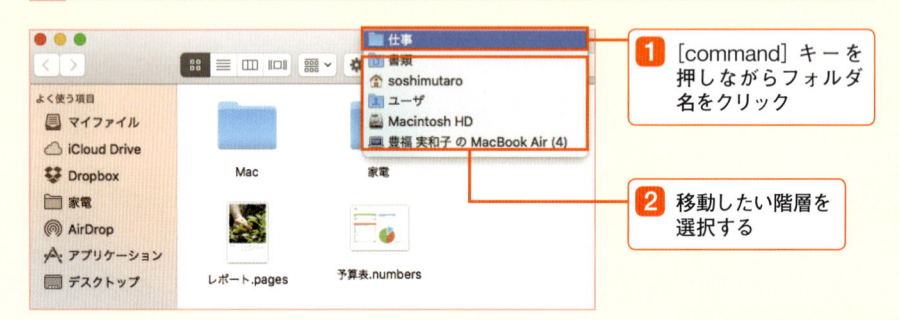

1 [command] キーを押しながらフォルダ名をクリック

2 移動したい階層を選択する

≫ ツールの名称を表示

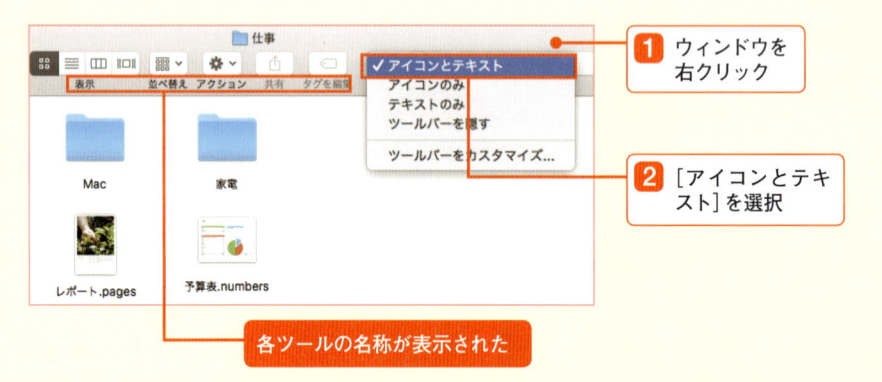

1 ウィンドウを右クリック

2 [アイコンとテキスト] を選択

各ツールの名称が表示された

≫ ファイルやフォルダ名を編集状態にする

1 フォルダを選択

2 [return] キーを押す

編集状態に変化する

chapter 3

文字の入力をマスターする

文字の入力をマスターする

日本語入力の基本を覚えよう

メールやインターネット、書類の作成など、文字の入力はMacを操作する上で基本中の基本です。ひらがなと半角英数字など書式の切り替えは、キーボード操作や画面右上のステータスメニューから行えます。ここでは、文字入力時の入力方式や書式について紹介していきます。なおローマ字入力の場合で解説を行っていきます。

知ろう　メニューから文字の入力を切り替える

文字の入力を日本語に切り替えるには、デスクトップ画面の右上のステータスメニューにある[入力メニュー]をクリックします。すると、[英字][ひらがな][カタカナ]に切り替えるメニューが表示されます。

1 [入力メニュー]をクリック　　**2** [ひらがな]を選択

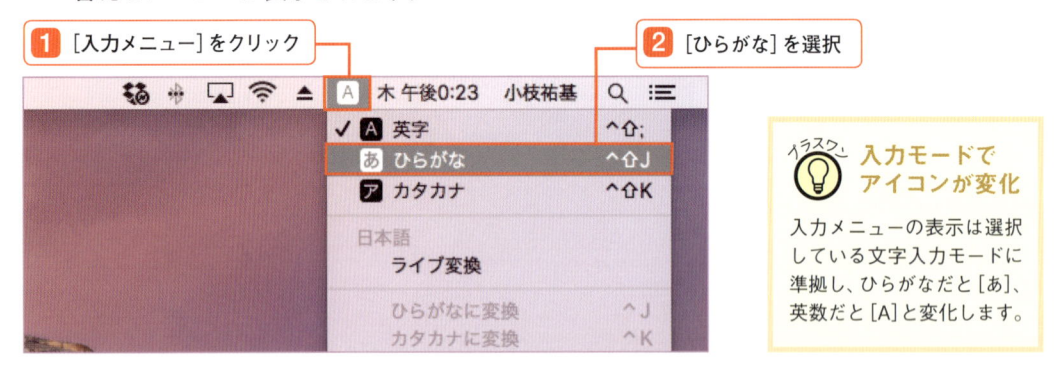

入力モードでアイコンが変化

入力メニューの表示は選択している文字入力モードに準拠し、ひらがなだと[あ]、英数だと[A]と変化します。

知ろう　キーボードですばやく英数・かな入力を切り替える

文字入力の切り替えは、キーボードからも簡単に行うことができます。ひらがなと英数の切り替えは頻繁に行うことになるので、使用頻度はかなり高いです。

MacBookのキーボード

1 [英数]キーを押すと英数入力に　　**2** [かな]キーを押すとひらがな入力に

知ろう　入力モードに全角英数・半角カタカナを追加する

入力メニューの初期設定では、英数、ひらがな、カタカナの入力モードを選択できますが、［日本語環境設定］から全角英字や半角カタカナなどの入力モードを追加できます。

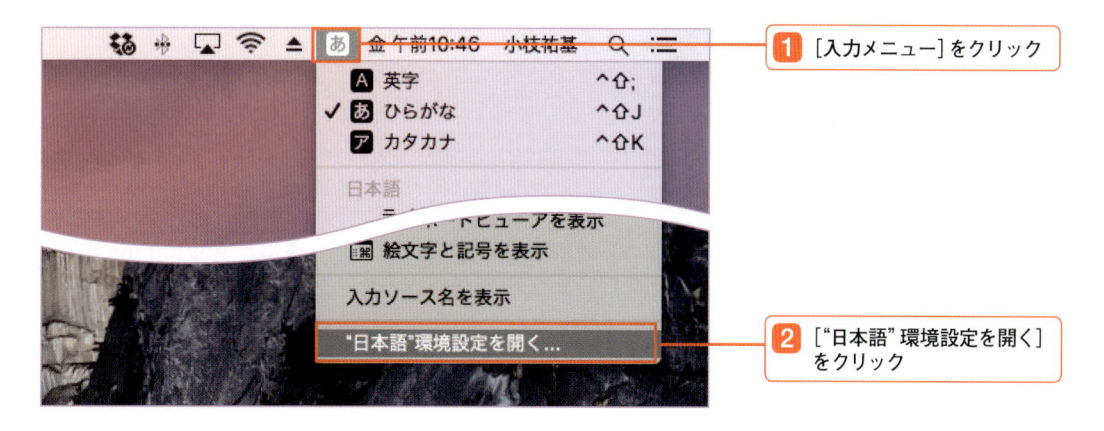

1 ［入力メニュー］をクリック

2 ［"日本語"環境設定を開く］をクリック

日本語環境設定パネルが表示される

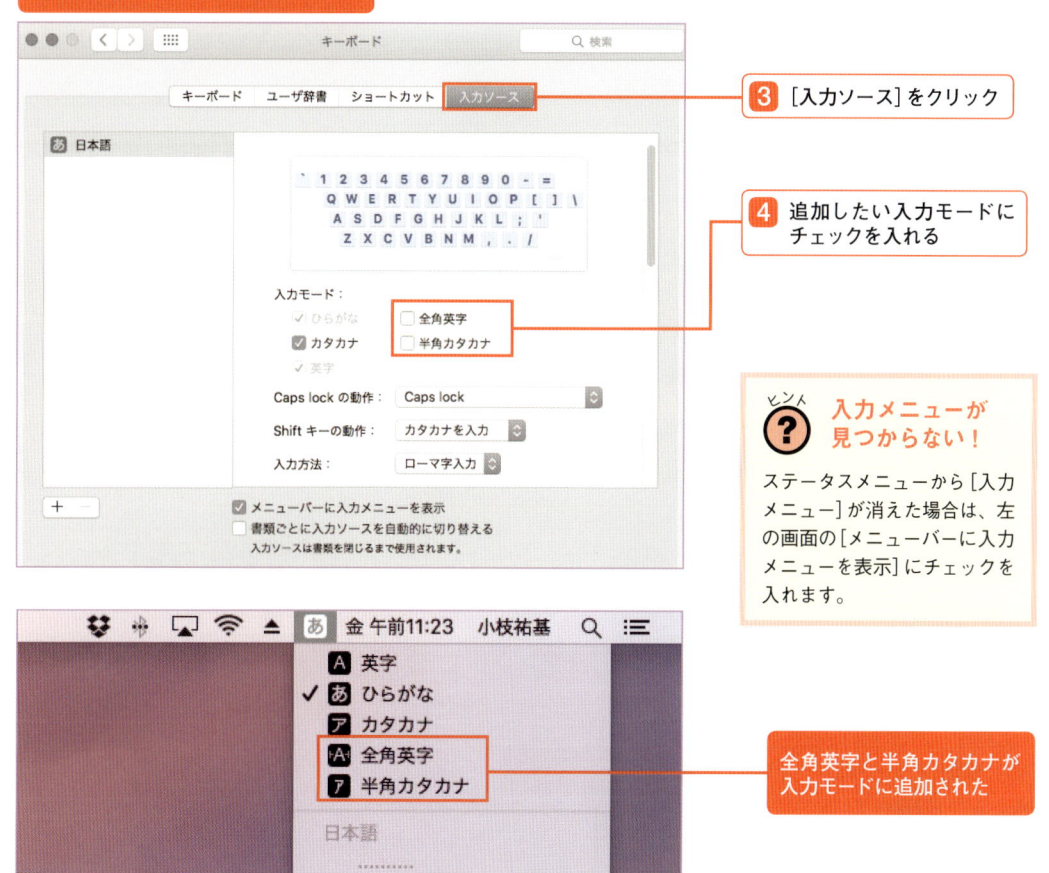

3 ［入力ソース］をクリック

4 追加したい入力モードにチェックを入れる

ヒント ❓ 入力メニューが見つからない！

ステータスメニューから［入力メニュー］が消えた場合は、左の画面の［メニューバーに入力メニューを表示］にチェックを入れます。

全角英字と半角カタカナが入力モードに追加された

02

文字の入力をマスターする

文字の入力や変換を学ぼう

漢字やひらがな、カタカナなどを織り交ぜた日本語の文章は、ひらがなの入力モードで行います。ひらがなを入力後に[space]キーを押すと、適正な変換候補が表示され、漢字などへの変換が行えます。変換は単語ごとに行えるほか、ひとまとめの文章で行うことも可能です。

使おう　漢字を入力する

ひらがなで文字を入力後、[space]キーを押して変換候補を表示します。さらに[space]キーを繰り返し押して変換候補を選択し、最後に[return]キーを押して確定します。ここでは標準のテキストエディットを使って解説を行います。

1 文字を入力　　　　**2** [space]キーを押す

かいふく

入力モードが[ひらがな]の状態で、キーボードの[K][A][I][F][U][K][U]キーを押します。

ひらがなから漢字に変換された

回復

3 もう一度[space]キーを押す

変換候補が表示される

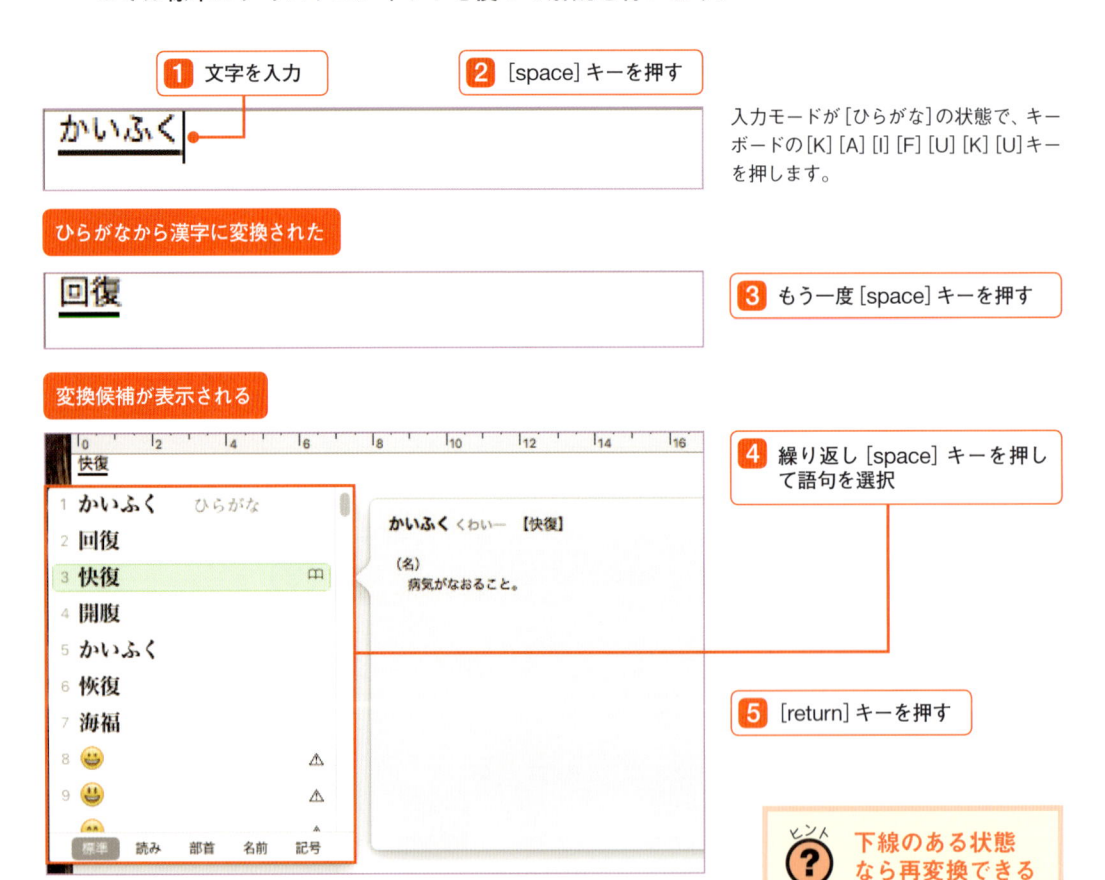

4 繰り返し[space]キーを押して語句を選択

5 [return]キーを押す

6 もう一度[return]キーを押す　　　**入力が確定した**

快復　→　快復

> **ヒント**
> ❓ **下線のある状態なら再変換できる**
>
> 語句を選択後、完全に確定していない状態（下線がついている状態）なら、[space]キーで再変換が可能です。

使おう 推測候補から変換する

Macの日本語入力は、初期設定だと [推測候補表示] がオンになっており、文字を入力すると予測された変換候補が複数提起されます。推測候補は [tab] キーを押して選択します。慣用句などをすばやく入力する際に役立つ機能です。

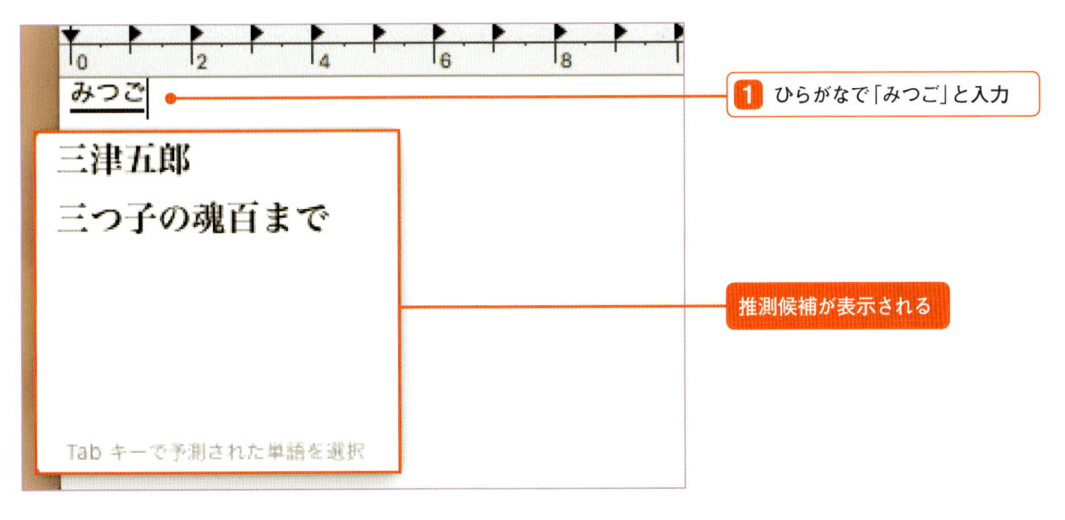

1 ひらがなで「みつご」と入力

推測候補が表示される

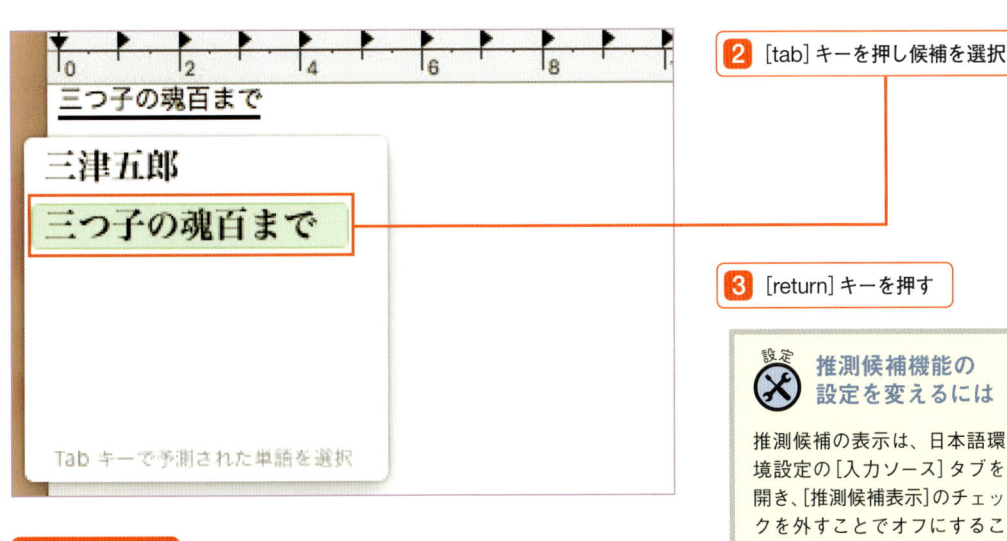

2 [tab] キーを押し候補を選択

3 [return] キーを押す

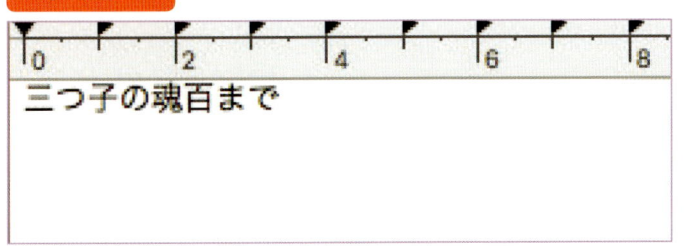

入力が確定した

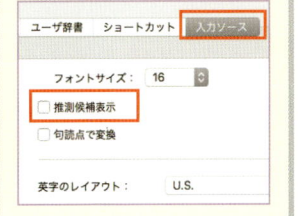

設定 推測候補機能の設定を変えるには

推測候補の表示は、日本語環境設定の [入力ソース] タブを開き、[推測候補表示] のチェックを外すことでオフにすることができます。

使おう　続けて入力した文章をまとめて変換する

文章を単語ごとに入力して変換を行うと正確性は増しますが、効率はあまりよくありません。そこでここではまとめて文章を入力する際の変換方法を紹介します。

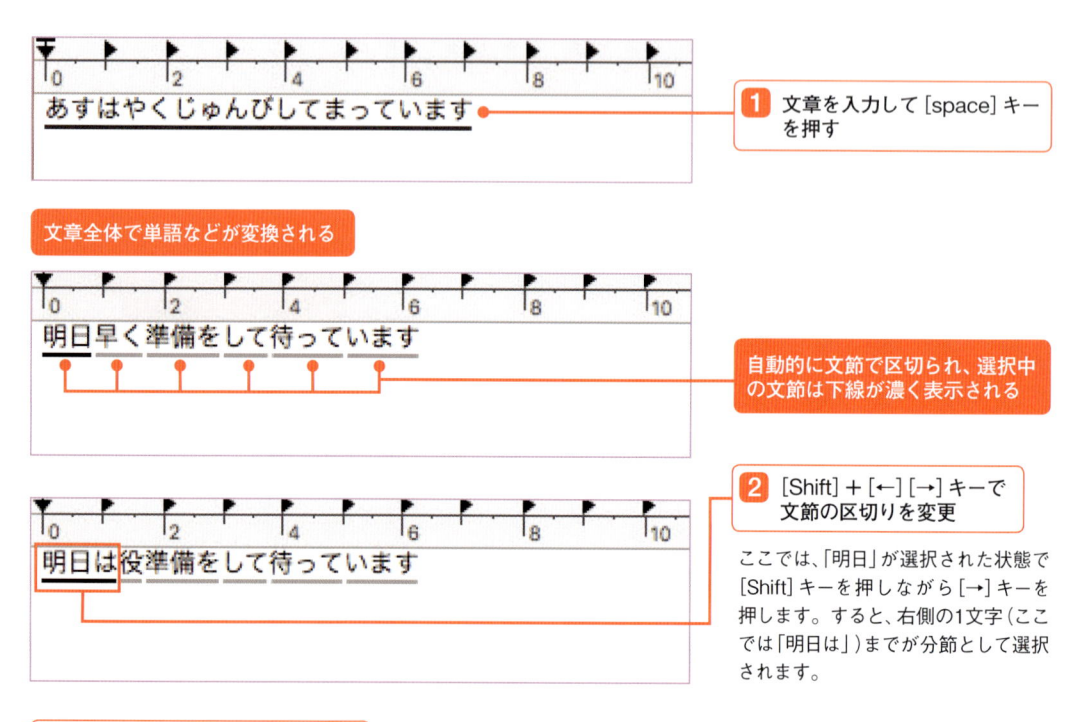

1 文章を入力して [space] キーを押す

文章全体で単語などが変換される

自動的に文節で区切られ、選択中の文節は下線が濃く表示される

2 [Shift] + [←] [→] キーで文節の区切りを変更

ここでは、「明日」が選択された状態で [Shift] キーを押しながら [→] キーを押します。すると、右側の1文字（ここでは「明日は」）までが分節として選択されます。

3 [←] [→] キーで別の文節を選択

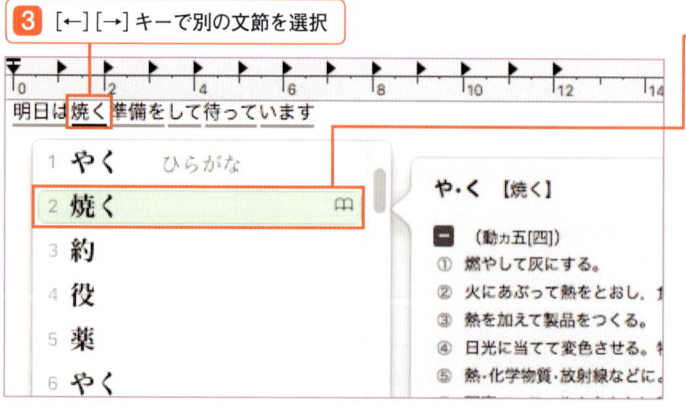

4 [space] キーを押して選択した文節のみ変換を行う

ここでは次に「役」を「焼く」に変換し直します。[→] キーを押して「役」を選択した状態で [space] キーを押すと変換候補が表示されるので、「焼く」を選択して [return] キーを押します。

5 [return] キーを押す

入力が確定した

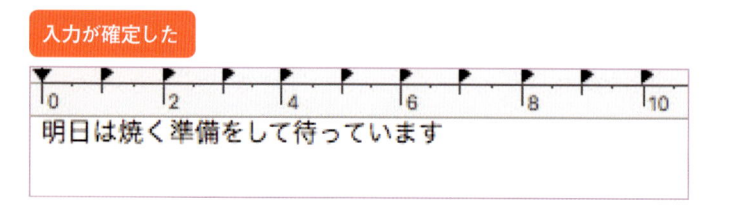

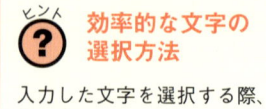

？ **効率的な文字の選択方法**

入力した文字を選択する際、[shift] キーと [←] [→] キーでも選択ができますが、ダブルクリックで語句単位、3回クリックで段落単位での文章が選択できます。

使おう　確定した文字を再変換する

一度確定してしまった語句や文章を修正したい場合、再変換を行うことができます。再変換は [control] + [shift] + [R] キーのショートカットを使用して行います。

1 再変換したい文字をドラッグして選択

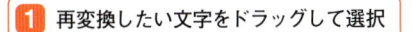

2 [control] + [shift] + [R] キーを押す

選択した箇所に下線が表示される

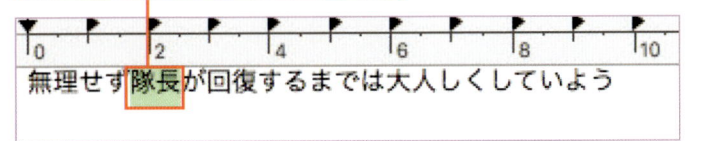

3 [space] キーを押して正しい語句に再変換を行う

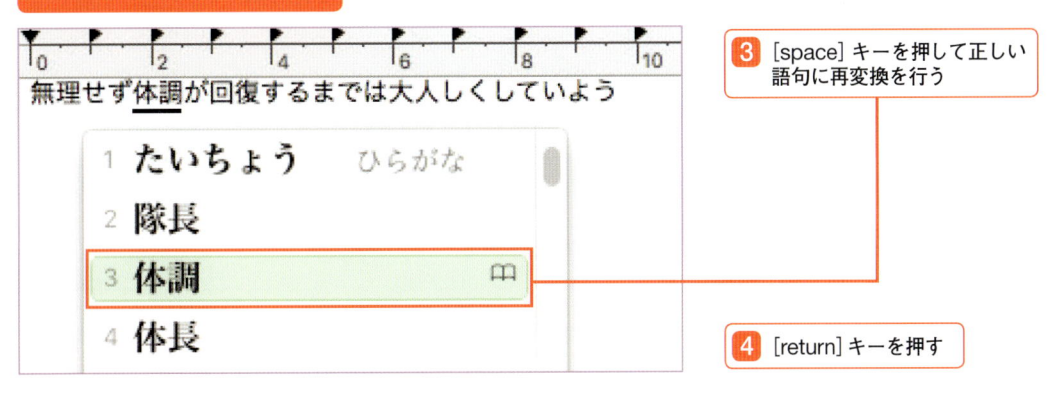

4 [return] キーを押す

まとめて再変換も可能

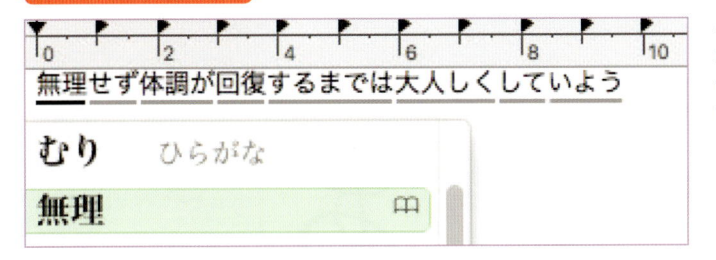

手順**1**では特定の語句のみを選択した状態で [control] + [shift] + [R] キーを使用しましたが、文章全体を選択した状態で再変換を行うことも可能です。

💡 イラスク ファンクションキーを使用してカタカナや英数に変換を行う

ひらがなで入力した文字をカタカナや英字に変換するには、ファンクションキーを使用すると簡単です。MacBookでは文字変換時に [fn] キーを押しながら [F7] などのキーを押すと、割り当てられた文字種に変換ができます。

キー操作	変換文字種
[fn] + [F6]	ひらがな
[fn] + [F7]	全角カタカナ
[fn] + [F8]	半角カタカナ
[fn] + [F9]	全角英数
[fn] + [F10]	半角英数

03

文字の入力をマスターする

難読漢字や記号の入力方法

テキストを入力中に、呼び出し方がわからない記号や文字を入力するのに便利なのが[文字ビューア]です。テキストエディットアプリなどを起動中にステータスメニューから呼び出し、そのままクリック操作で文字の入力が行えます。画数や部首で漢字を探すことも可能なので、読み方のわからない漢字などを調べるのにも使えます。

知ろう　記号や特殊文字を入力できる文字ビューア

テキストエディットなどのアプリを起動中に、[入力メニュー]から[文字ビューア]を呼び出すと、文字を探してそのままクリック操作で文字の入力を行えます。

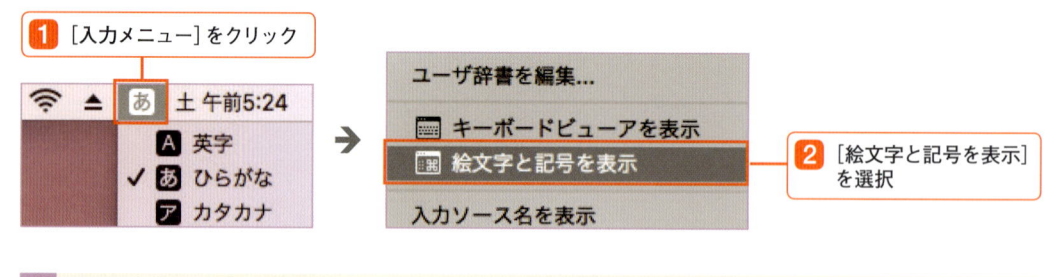

1 [入力メニュー]をクリック

2 [絵文字と記号を表示]を選択

≫ 文字ビューアの基本画面

文字ビューアの設定
文字の表示サイズを大・中・小から選択したり、リスト内のカテゴリの追加が行えます。

文字・記号のカテゴリ
各種文字が分類されるカテゴリのリストです。選択すると、そのカテゴリ内の文字が表示されます。

文字の一覧
入力できる文字の一覧が表示されます。文字をダブルクリックすると、アプリなどで入力ができます。

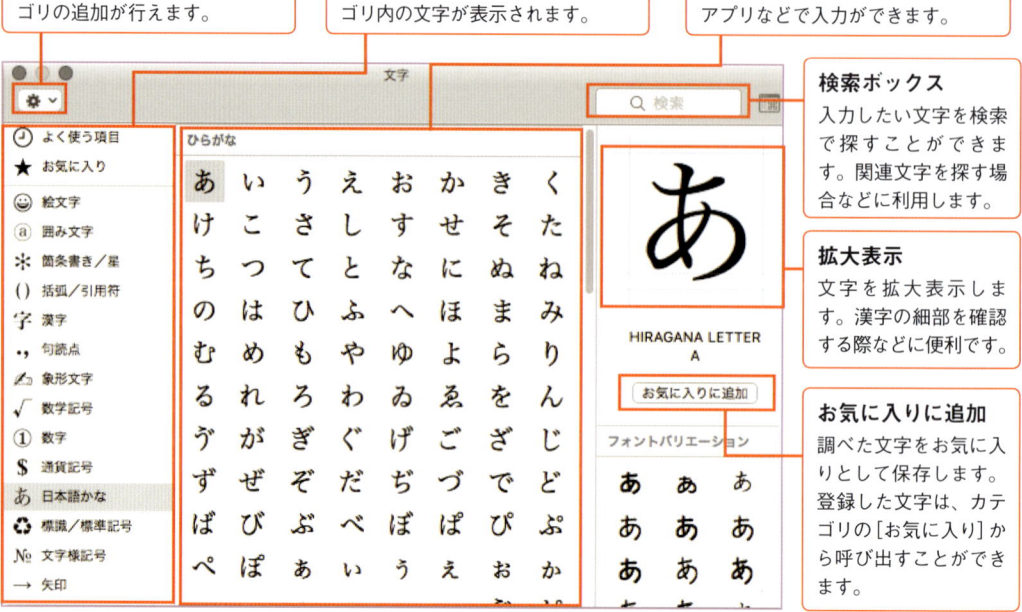

検索ボックス
入力したい文字を検索で探すことができます。関連文字を探す場合などに利用します。

拡大表示
文字を拡大表示します。漢字の細部を確認する際などに便利です。

お気に入りに追加
調べた文字をお気に入りとして保存します。登録した文字は、カテゴリの[お気に入り]から呼び出すことができます。

難読漢字や記号の入力方法 | 3-03

chapter 1
chapter 2
chapter 3
chapter 4
chapter 5
chapter 6
chapter 7
chapter 8
chapter 9
Appendix

使おう　読み方のわからない漢字を部首から探して入力する

読み方がわからず、入力ができない難読漢字は、[漢字] カテゴリを開き、その漢字の部首から探すことができます。読み方を調べるだけでなく、そのままテキストエディットなどに入力することもできます。ここでは例として「衒」という漢字を部首から探して入力してみます。

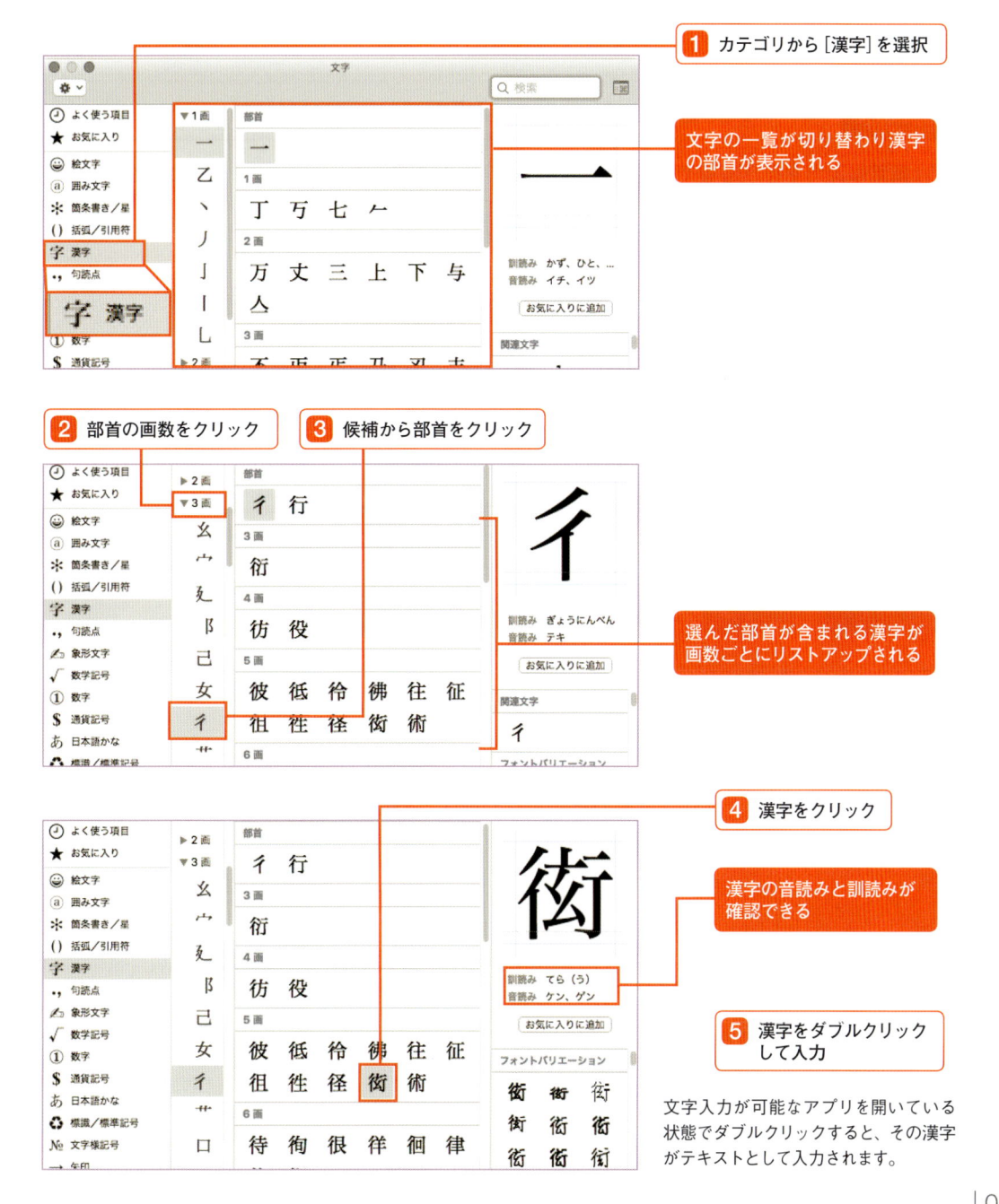

1 カテゴリから [漢字] を選択

文字の一覧が切り替わり漢字の部首が表示される

2 部首の画数をクリック

3 候補から部首をクリック

選んだ部首が含まれる漢字が画数ごとにリストアップされる

4 漢字をクリック

漢字の音読みと訓読みが確認できる

5 漢字をダブルクリックして入力

文字入力が可能なアプリを開いている状態でダブルクリックすると、その漢字がテキストとして入力されます。

文字の入力をマスターする

よく使う語句を辞書に登録しよう

テキスト作成中に、よく使う単語や人名などを毎回打つのは手間になります。そこで、それらの語句をユーザ辞書に登録してみましょう。打ち間違いなど誤変換のリスクが軽減されるだけでなく、入力する際の読み仮名を簡略にすれば入力の効率も向上します。打ち間違いの多いアルファベットやメールアドレスなども登録可能です。

使おう　ユーザ辞書に語句を登録する

頻繁に入力を行う言葉や人名などは、ユーザ辞書に登録すると、スムーズに呼び出すことができます。読み仮名を簡略にしておくと、少ない入力でも変換ができます。まずは「える」と入力すると「El Capitan」と変換されるように登録を行ってみます。

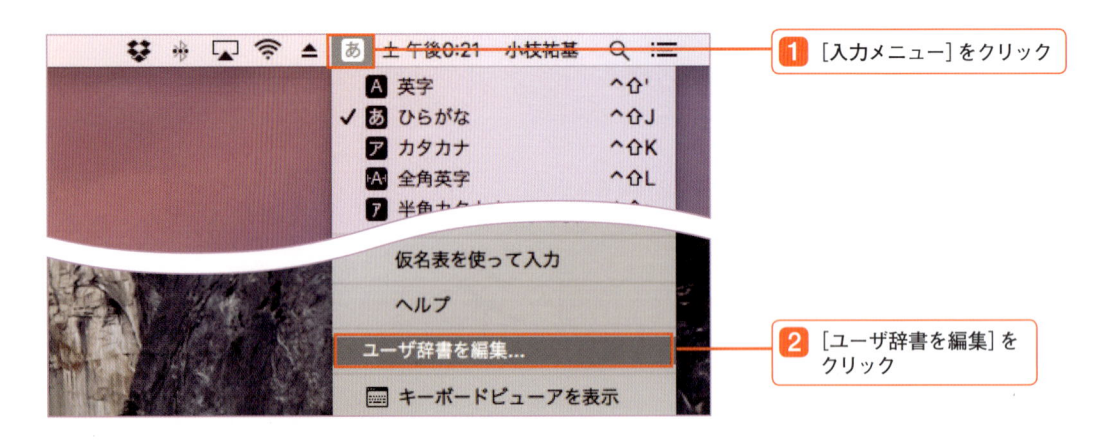

1 ［入力メニュー］をクリック

2 ［ユーザ辞書を編集］をクリック

［ユーザ辞書］パネルが表示される

4 ［入力］欄に文字を入力

5 ［変換］欄に登録したい語句を入力

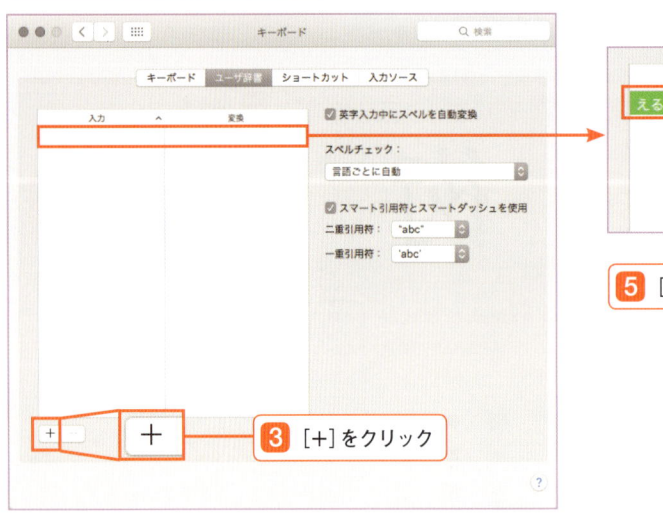

3 ［+］をクリック

ユーザ辞書の **4** ［入力］欄に入れる読み仮名は、簡略な表現で登録すると入力の手間が軽減します。 **5** ［変換］欄には、語句だけでなく文章の登録もできます。

使おう　メールアドレスなども辞書に登録できる

ユーザ辞書に登録できるのは単語に限った話ではなく、メールアドレスやURLなどの文字列でも行えます。登録の手順は通常の語句登録とまったく同じです。ここでは「そしむ」と入力するだけでメールアドレスが変換候補に表示されるように登録します。

1 [入力]欄に読み仮名を入力

2 [変換]欄に登録したいメールアドレスを入力

テキストエディットで変換の確認を行う

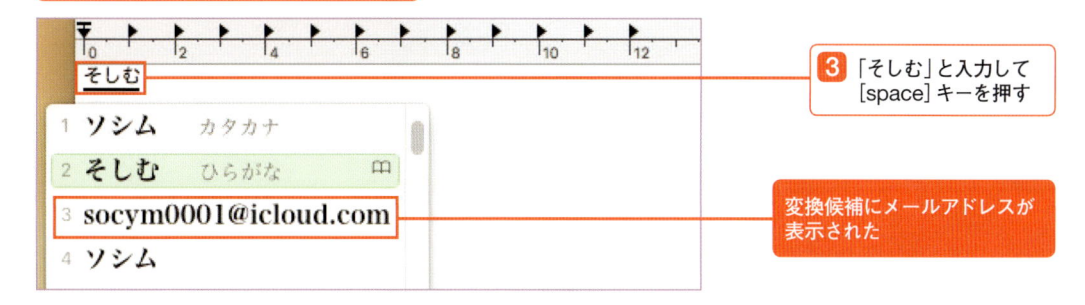

3 「そしむ」と入力して[space]キーを押す

変換候補にメールアドレスが表示された

使おう　登録したユーザ辞書を編集する

登録した語句の編集や削除も可能です。[ユーザ辞書]パネルを開き、登録した語句を選択状態にして[−]をクリックすると、語句が削除されます。

[ユーザ辞書]パネルを開く

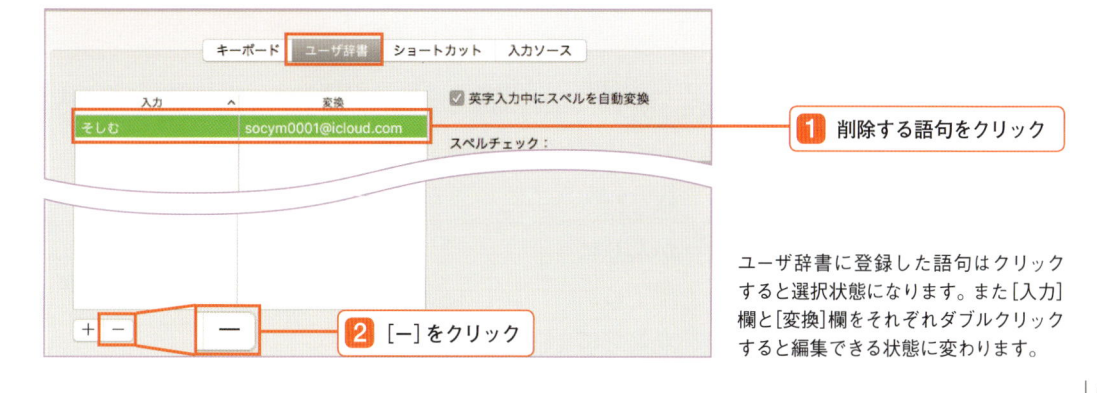

1 削除する語句をクリック

2 [−]をクリック

ユーザ辞書に登録した語句はクリックすると選択状態になります。また[入力]欄と[変換]欄をそれぞれダブルクリックすると編集できる状態に変わります。

chapter 1
chapter 2
chapter 3
chapter 4
chapter 5
chapter 6
chapter 7
chapter 8
chapter 9
Appendix

その他の便利な機能を押さえる

OS X El Capitanでは、文字の入力状況に沿ってリアルタイムに変換を行ってくれるライブ変換が搭載されました。それ以外にも、音声による入力など、文字入力をサポートする便利な機能が用意されています。そこでここでは文字入力の便利機能やおすすめ技などを紹介していきます。

使おう　ライブ変換を活用しよう

ライブ変換はOS X El Capitanから搭載された新しい入力機能です。機能をオンにしておくと、文字入力の際に[space]キーを押さずに自動変換が行われるようになります。

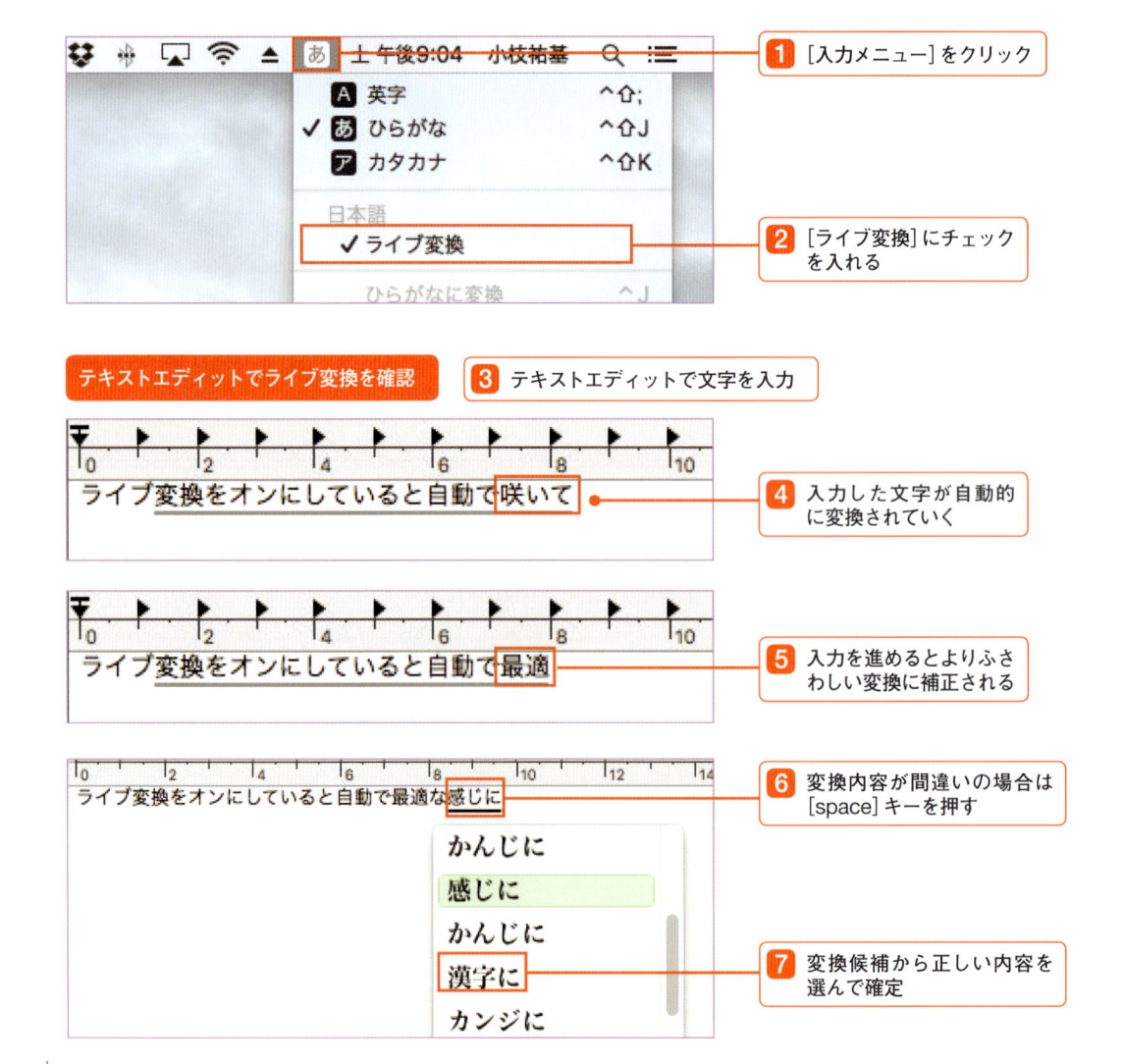

1 [入力メニュー]をクリック

2 [ライブ変換]にチェックを入れる

テキストエディットでライブ変換を確認　**3** テキストエディットで文字を入力

4 入力した文字が自動的に変換されていく

5 入力を進めるとよりふさわしい変換に補正される

6 変換内容が間違いの場合は[space]キーを押す

7 変換候補から正しい内容を選んで確定

その他の便利な機能を押さえる | 3-05

chapter 1
chapter 2
chapter 3
chapter 4
chapter 5
chapter 6
chapter 7
chapter 8
chapter 9
Appendix

使おう　音声入力を試してみよう

OS X El Capitanには標準で音声入力機能が備わっています。MacBookなら特別な機器を用意せずに、Macに向かってしゃべりかけるだけで文字の入力を行うことが可能です。精度もよく、両手がふさがっているときなどに活用するとよいでしょう。

テキストエディットを起動しておく

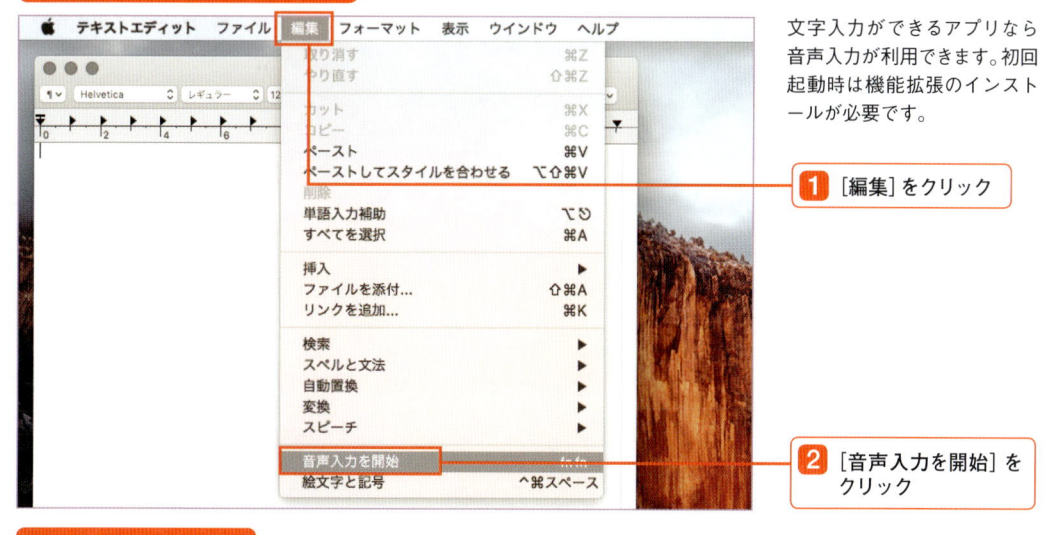

文字入力ができるアプリなら音声入力が利用できます。初回起動時は機能拡張のインストールが必要です。

1 [編集] をクリック

2 [音声入力を開始] をクリック

音声入力の準備が完了

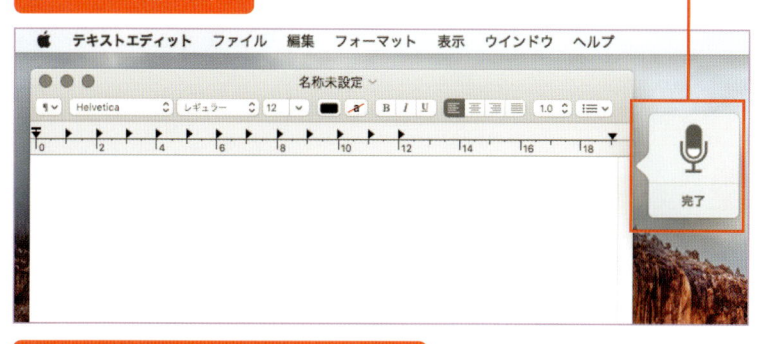

3 マイクの方に向けて入力したい文章などをしゃべってみる

ヒント
? マイクの位置はどこにある？

MacBookのマイクは本体の左側面にありますが、音声入力時には正面からの声でも認識します。

しゃべった内容がテキストとして入力される

4 [return] キーを押して入力を確定

[完了] をクリックすると音声入力が終了する

同じ文字列を何度も入力したり、メールやWebページの文字を入力し直したりするのは面倒です。そこで、ここでは選択した文字列をコピーし、複製する方法を紹介します。

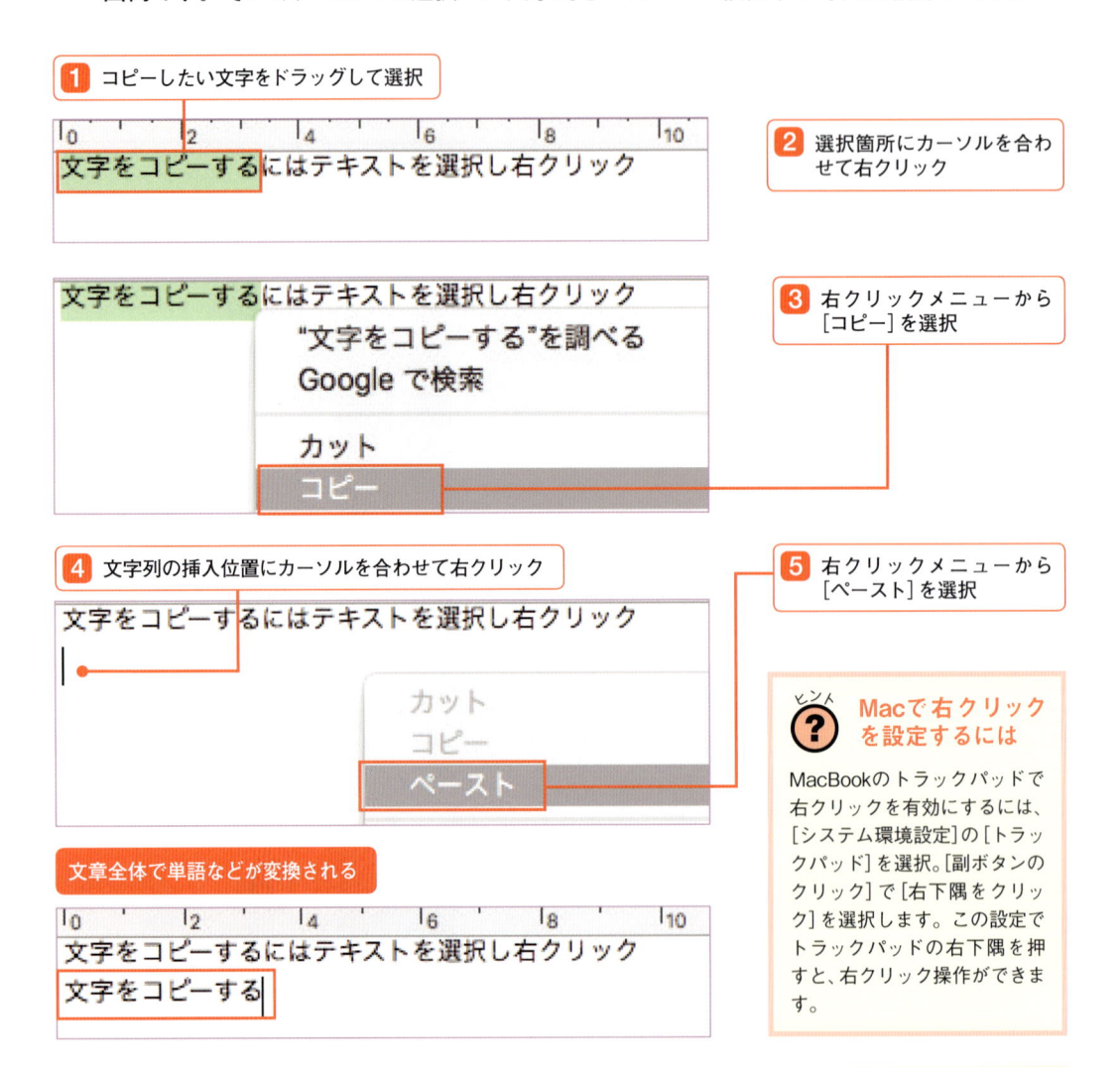

1 コピーしたい文字をドラッグして選択

文字をコピーするにはテキストを選択し右クリック

2 選択箇所にカーソルを合わせて右クリック

3 右クリックメニューから [コピー] を選択

"文字をコピーする"を調べる
Google で検索

カット
コピー

4 文字列の挿入位置にカーソルを合わせて右クリック

文字をコピーするにはテキストを選択し右クリック

カット
コピー
ペースト

5 右クリックメニューから [ペースト] を選択

文章全体で単語などが変換される

文字をコピーするにはテキストを選択し右クリック
文字をコピーする

ヒント　Macで右クリックを設定するには

MacBookのトラックパッドで右クリックを有効にするには、[システム環境設定]の[トラックパッド]を選択。[副ボタンのクリック]で[右下隅をクリック]を選択します。この設定でトラックパッドの右下隅を押すと、右クリック操作ができます。

イラスク　[コピー]や[貼り付け]はショートカットを覚えて作業効率をアップ！

文字列の [コピー] [ペースト] などの操作は、キーボードショートカットを利用すると劇的に効率がアップします。ほかにも [すべて選択] や [カット] なども使用頻度の高い操作ですので、最低限のショートカット操作として覚えておきましょう。

キー操作	変換文字種
[command] + [C]	コピー
[command] + [V]	ペースト（貼り付け）
[command] + [X]	カット（切り取り）
[command] + [A]	すべて選択
[command] + [Z]	ひとつ前の操作に戻す

使おう　入力方法やキーの割当を変更する

日本語環境設定では、入力方法を［かな入力］に変更したり、入力時に［shift］キーや［caps］キーを押した際の動作を変更することができます。ここでは日本語環境設定の押さえたいポイントを解説します。

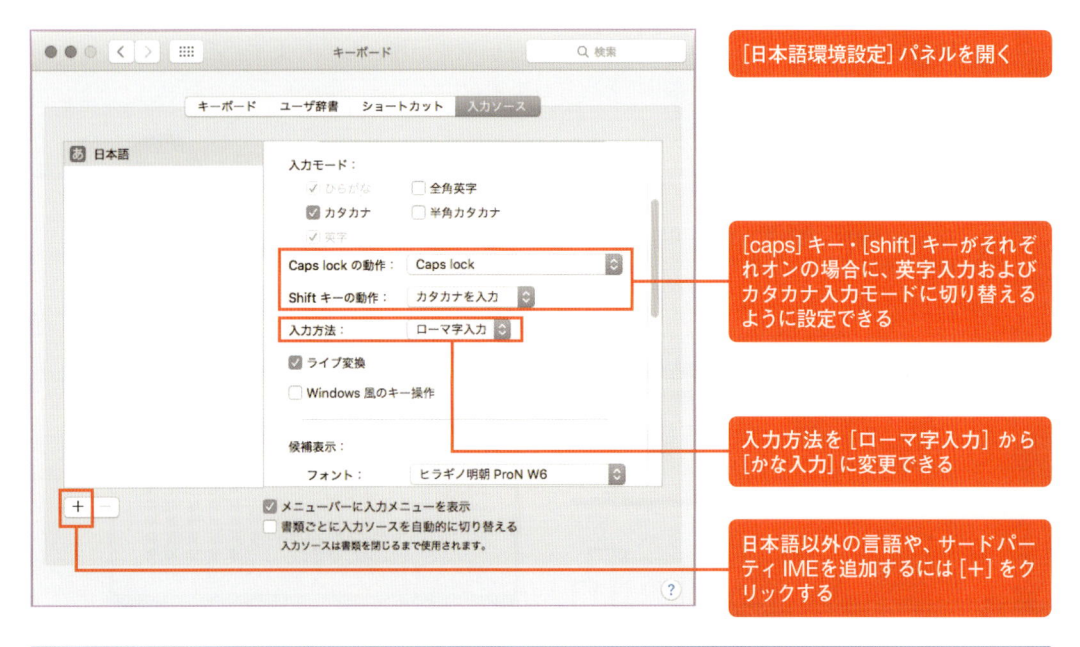

[日本語環境設定]パネルを開く

[caps]キー・[shift]キーがそれぞれオンの場合に、英字入力およびカタカナ入力モードに切り替えるように設定できる

入力方法を［ローマ字入力］から［かな入力］に変更できる

日本語以外の言語や、サードパーティIMEを追加するには[+]をクリックする

使おう　変換学習をリセットする

Macの日本語機能では、よく入力する語句などを記憶し、変換候補で優先的に表示するように常に学習しています。複数人でMacBookを使用する場合など、変換学習を消したい場合には、日本語環境設定でリセットを行うことができます。

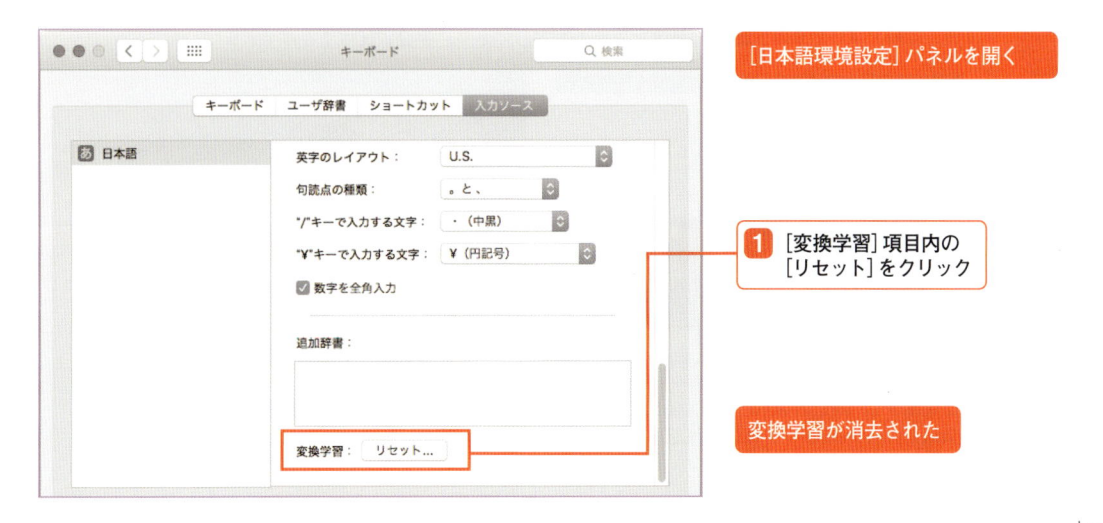

[日本語環境設定]パネルを開く

1 [変換学習]項目内の［リセット］をクリック

変換学習が消去された

column

純正以外のIMEも導入してみよう

日本語の文字入力ソフトウェア（IME）は純正以外の製品も存在します。それぞれに特徴があり、人によっては純正IMEよりも使いやすい場合もあります。ここでは、おすすめのサードパーティ製IMEを紹介します。

≫ Google日本語入力

Googleが無料で提供するIME。Googleのクラウドを利用して、トレンドのキーワードや人名など最新の語句が豊富に変換できます。手書き入力やユーザ辞書など、基本的な機能も過不足なく搭載し、わかりやすいインターフェイスで使い勝手も抜群です。

公式サイト（https://www.google.co.jp/ime/）から無料でダウンロードが可能で、導入もカンタン。

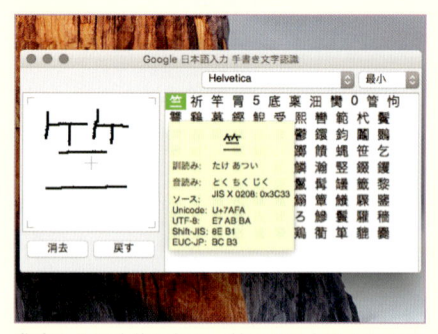

豊富な予測変換に加え、純正の日本語IMEには備わっていない手書き機能なども利用できます。

≫ ATOK 2015 for Mac

日本語の変換精度には定評のある定番のIMEです。入力の先読み機能や誤字の訂正、類義語の提示などさまざまな入力支援を行います。フルスクリーンで使える手書き入力機能など、とにかく多機能。有料アプリですが30日間の無償試用版を配布しており、手軽に試すことができます。

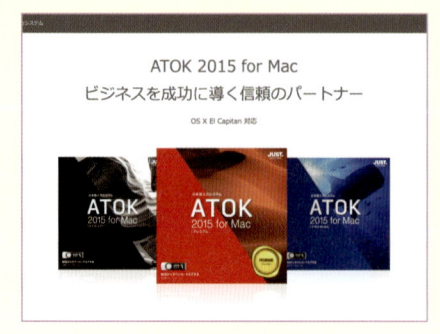

公式サイト（http://www.justsystems.com/jp/products/atokmac/）で体験版が配布。

パレット類を豊富に用意し、画面全体を使える手書き入力機能なども使いやすいです。

chapter

4

インターネットを使おう

chapter 1
chapter 2
chapter 3
chapter 4
chapter 5
chapter 6
chapter 7
chapter 8
chapter 9
Appendix

インターネットを使おう

SafariでWebページを閲覧する

MacBookには、Webページを閲覧するためのSafariというアプリが用意されています。ニュースサイトやSNSなどさまざまなページを表示することができ、インターネットをする上で欠かせないアプリです。Webページを見るにはインターネットの設定を行っておく必要があります（インターネット設定の詳細はP.41を参照）。

知ろう　Safariの基本画面

Safariはインターネット上のさまざまなWebページを表示し、閲覧することができるブラウザアプリです。インターネットを楽しむためのもっとも身近なアプリです。

戻る [<] ／進む [>] ボタン
[戻る] で前のページに、[進む] で戻る操作をする前のページに移動します。

アドレスバー
URLを入力してWebページを直接開くことができます。キーワードを入力して、Webページの検索を行うこともできます。

更新ボタン
開いているWebページを読み込み直しページを最新の状態にします。

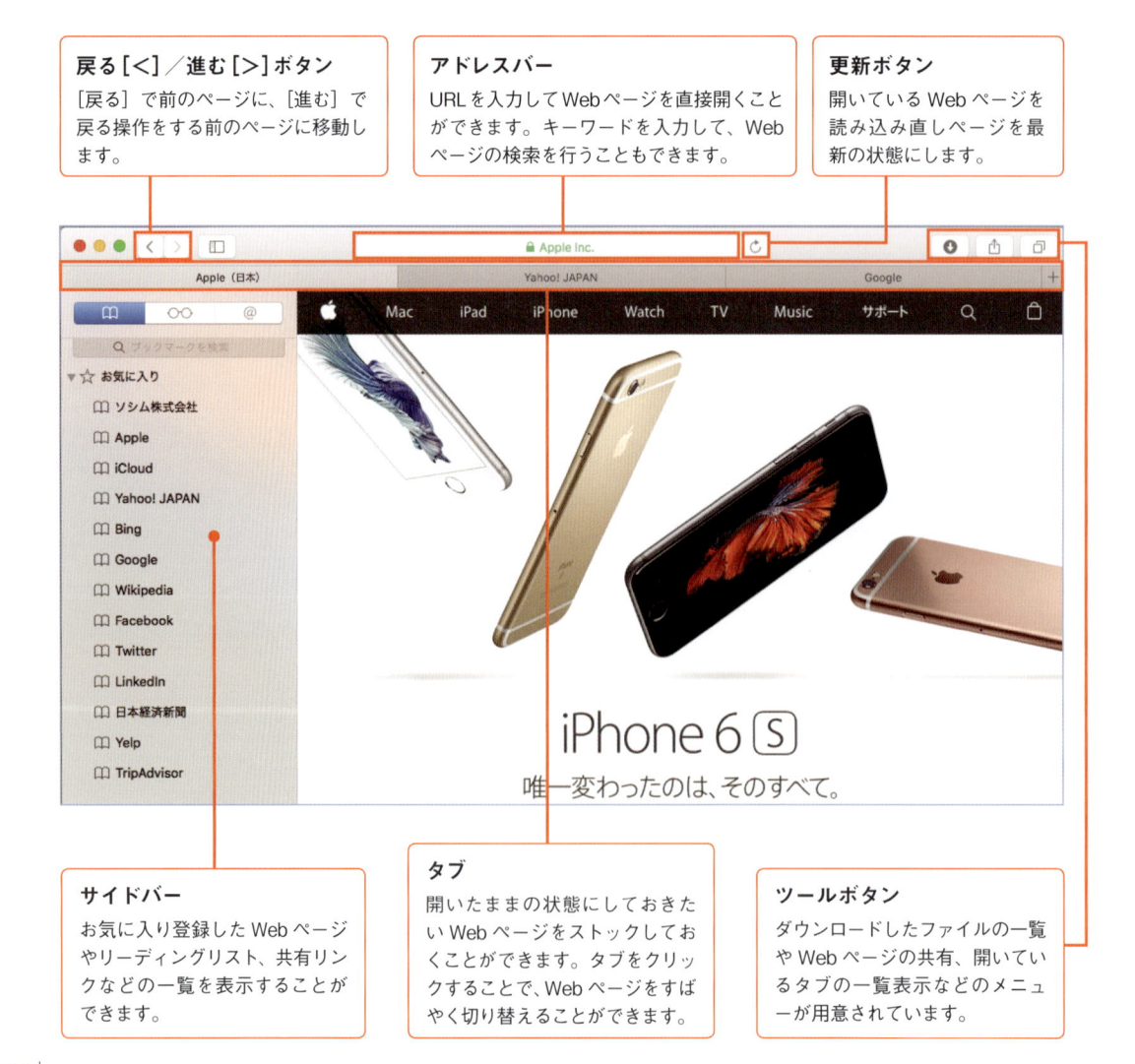

サイドバー
お気に入り登録したWebページやリーディングリスト、共有リンクなどの一覧を表示することができます。

タブ
開いたままの状態にしておきたいWebページをストックしておくことができます。タブをクリックすることで、Webページをすばやく切り替えることができます。

ツールボタン
ダウンロードしたファイルの一覧やWebページの共有、開いているタブの一覧表示などのメニューが用意されています。

chapter 1
chapter 2
chapter 3
chapter 4
chapter 5
chapter 6
chapter 7
chapter 8
chapter 9
Appendix

使おう Safariの起動方法

Safariを起動するには、Dockから呼び出す方法が一般的です。画面の下部に配置されているDockから[Safari]アイコンをクリックするとアプリが起動します。

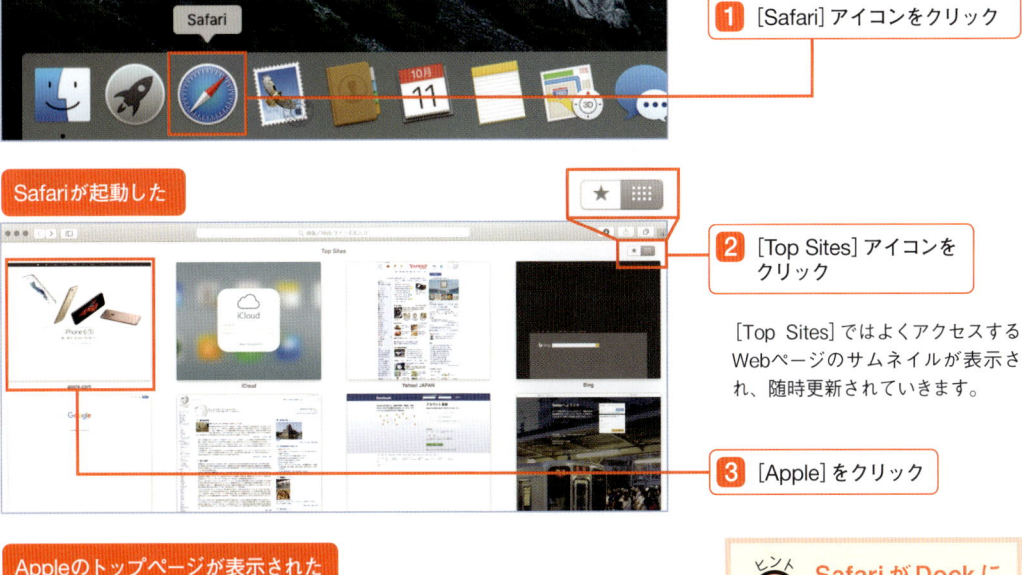

1 [Safari]アイコンをクリック

Safariが起動した

2 [Top Sites]アイコンをクリック

[Top Sites]ではよくアクセスするWebページのサムネイルが表示され、随時更新されていきます。

3 [Apple]をクリック

Appleのトップページが表示された

ヒント ? Safari が Dock にない場合には

もしもDockにSafariが見つからないときにはLaunchpadのアプリ一覧から起動できます。

Launchpad

設定 🛠 起動時に表示される画面を変更するには

起動時に特定のWebページを表示させたい場合は、**1**[Safari]メニューから[環境設定]を選択。**2**[新規ウインドウを開く場合]項目で[ホームページ]を選び、**3**URLを指定します。

1 [Safari]→[環境設定]をクリック

2 [ホームページ]を選択

3 URLを入力

インターネットを使おう

Webページを検索しよう

インターネットでWebページを閲覧する場合に必須となるのが、検索機能の活用です。Safariでは、URLを入力するアドレスバーに、直接キーワードを入力して検索を行うことができます。Webページを探すための[検索エンジン]は、デフォルトの状態では[Google]が設定されています。

使おう　キーワードでWeb検索を行う

キーワード検索はインターネットで調べ物をする際の基本的な操作です。アドレスバーに調べたい語句を入力し、[return]キーを押すと、関連するページが一覧表示されます。

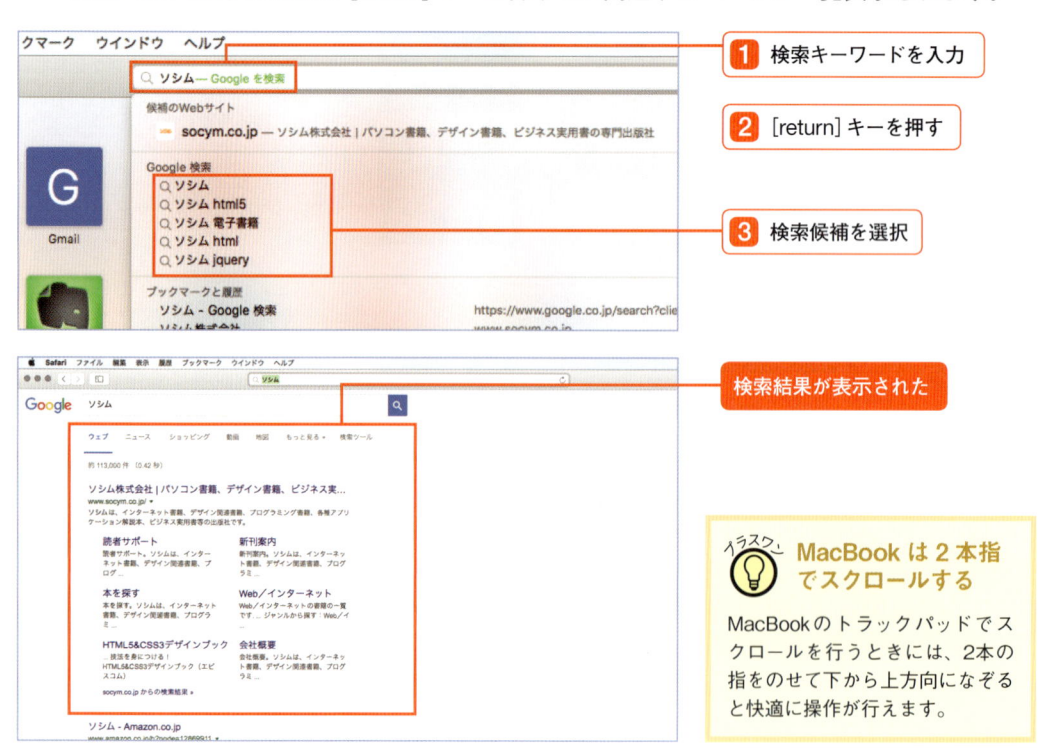

1 検索キーワードを入力

2 [return]キーを押す

3 検索候補を選択

検索結果が表示された

イラスク　MacBookは2本指でスクロールする

MacBookのトラックパッドでスクロールを行うときには、2本の指をのせて下から上方向になぞると快適に操作が行えます。

ヒント　❓ 検索エンジンを変更するには？

検索に使用する検索エンジンは初期設定では[Google]が選択されていますが、環境設定の[検索]タブでほかの[Yahoo!]などに変更ができます。

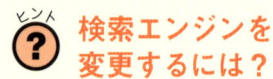

1 [環境設定]を開き[検索]タブをクリック

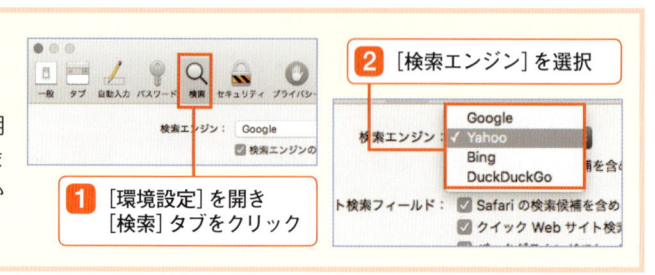

2 [検索エンジン]を選択

使おう　URLを入力してページを開く

Webページはそれぞれ［URL（Webアドレス）］という住所を持っています。検索を行っても見つからないWebページなどは、アドレスバーにURLを直接入力すれば、アクセスすることができます。

1 アドレスバーに
URLを入力

2 ［return］キーを押す

Webページが表示された

検索のテクニックを活用する

ブラウザでインターネット検索を行う際に覚えておくと便利な検索方法は多数あります。例えば、キーワード検索時に特定の用語を除外するときには［−○○］のように除外したい用語の頭にマイナスを入力します。ほかにも["○○"]のようにダブルクォーテーションで括ると完全一致、キーワードの一部分が不明な場合は［○○*○○］と不明な箇所にアスタリスクを入れるワイルドカード検索などがあります。

特定のWebページのタブを固定する

作業している場合など、開いている状態を維持しておきたいWebページはタブの固定を行うことができます。タブを固定しておくとSafariを一度終了した場合にもタブが維持され再検索の手間が省けます。

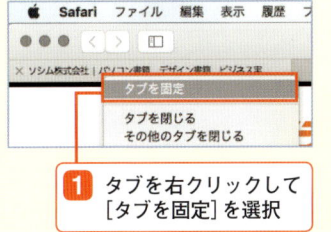

1 タブを右クリックして
［タブを固定］を選択

そのページのタブが固定された

使おう Webページを読みやすい表示に変更する

Safariには［リーダー表示］というモードがあります。Webページの広告などを排除し、文字と写真だけで見やすく表示するので、ブログやニュース記事など対応しているページの記事を読む場合などに便利です。

1 ［リーダー表示］アイコンをクリック

ヒント **？ リーダー表示の戻し方**

リーダー表示はサイトのトップページなど非対応のページも存在し、また記事により一部非表示になることもあります。その場合はアイコンをクリックして元の表示に戻しましょう。

リーダー表示に切り替わった　　広告などが消えて読みやすくなった

設定 **リーダー表示をカスタムする**

リーダー表示はアドレスバーの右側のアイコンをクリックしメニューから文字サイズやスタイルの変更が可能です。

イラスト **表示中の Web ページが見づらいときには、表示を拡大しよう**

Webページの文字が小さくて読みにくいときは、倍率変更ができます。キーボードでは［command］＋［+］キーで拡大、［command］＋［−］キーで縮小となります。［表示］メニューの［拡大］や［縮小］で表示倍率の変更も可能です。

1 ［表示］→［拡大］を選択

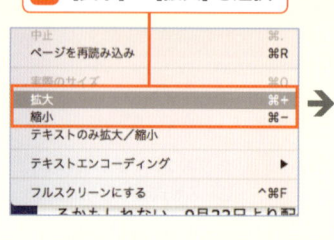

→ 拡大表示になった

使おう　Webページ内のテキストを検索しよう

Webページ内の特定のキーワードは検索ですばやく見つけることができます。ページ内検索の入力ボックスは、編集メニューの［検索］を選択するか、［command］＋［F］キーのショートカットキーから呼び出すことが可能です。

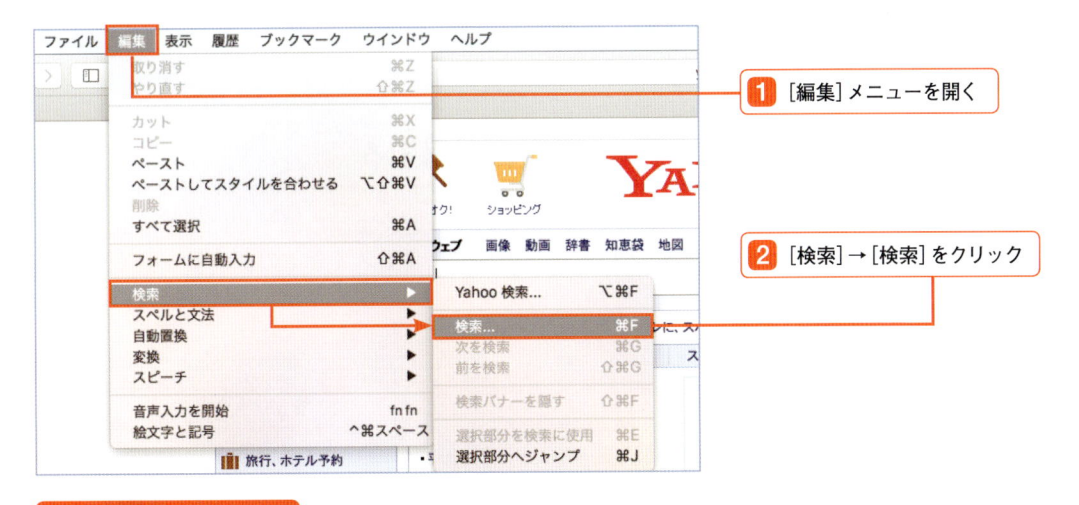

1 ［編集］メニューを開く

2 ［検索］→［検索］をクリック

検索ボックスが表示される

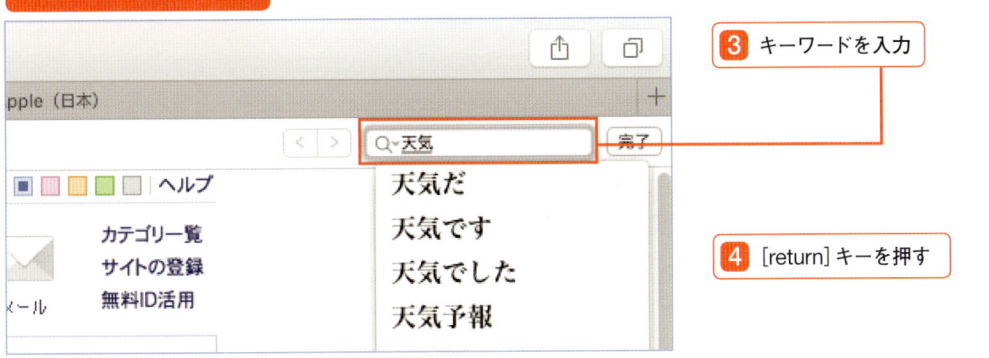

3 キーワードを入力

4 ［return］キーを押す

ページ内にあるキーワードがピックアップされた

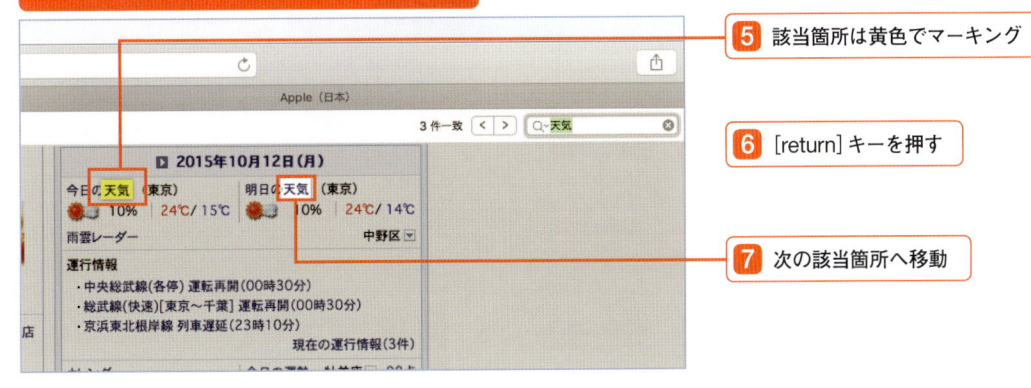

5 該当箇所は黄色でマーキング

6 ［return］キーを押す

7 次の該当箇所へ移動

ブックマークを使いこなそう

ブックマークは、特定のWebページにすぐにアクセスできるように、URLを保存する機能です。ブックマーク登録は、Webページを開いている状態でツールバーの[ブックマーク]アイコンをクリックして行えます。すばやくWebページが開けるようになり非常に便利な機能です。

使おう　Webページをブックマークに登録する

頻繁にアクセスするページはブックマークに登録すると、次回以降すぐにアクセスできます。検索などを行わずダイレクトにWebページにアクセスできるのがメリットです。

登録するWebページを開いておく

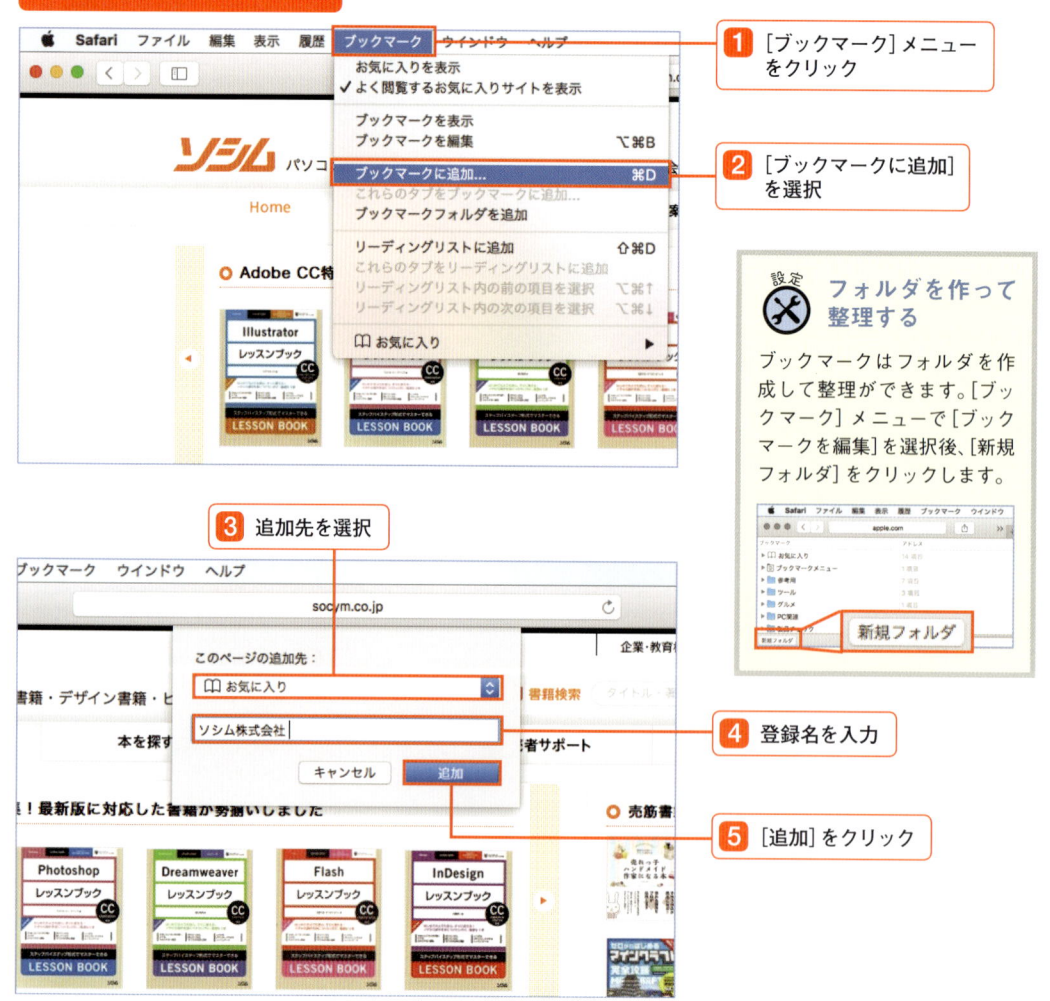

1 [ブックマーク]メニューをクリック

2 [ブックマークに追加]を選択

3 追加先を選択

4 登録名を入力

5 [追加]をクリック

設定　フォルダを作って整理する

ブックマークはフォルダを作成して整理ができます。[ブックマーク]メニューで[ブックマークを編集]を選択後、[新規フォルダ]をクリックします。

新規フォルダ

使おう　ブックマークに登録したWebページを開く

ブックマークに登録したWebページは、指定したフォルダに保存され、いつでも呼び出すことができます。登録したWebページを呼び出すには、メニューバーから行う方法やサイドバーから呼び出す方法があります。

1 ［ブックマーク］メニューをクリック

2 先ほど追加した［お気に入り］から登録したブックマークを選択

ブックマーク登録したWebページが開かれた

サイドバーからページを開く

ブックマークしたWebページは、Safariの左側に表示されるサイドバーからも呼び出すことができます。サイドバーはウィンドウ左上にあるアイコンをクリックすると表示／非表示を切り替えられます。

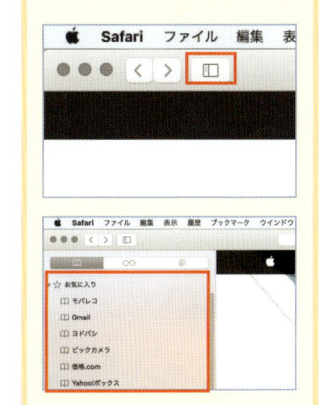

お気に入りバーを表示させる

ブックマークをさらに便利に利用するには、ブラウザ上にお気に入りバーを表示させましょう。［表示］メニューから［お気に入りバーを表示］を選ぶと、表示されます。

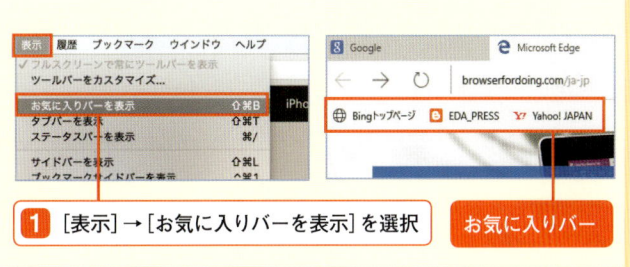

1 ［表示］→［お気に入りバーを表示］を選択

お気に入りバー

リーディングリストはブックマークとよく似た、記事を見やすく管理する機能です。ブックマークの場合にはインターネットにつながっていないと記事を読むことができませんが、リーディングリストならオフラインでも記事が読めるというメリットがあります。

リーディングリストに登録したいページを表示する

💡 イラスワ さらに簡単に登録する方法

リーディングリストに記事を登録する際、アドレスバーの左端にカーソルを合わせ [＋] をクリックすると簡単に登録ができます。また [共有] アイコンをクリックし [リーディングリストに追加] を選んで登録することも可能です。

1 [ブックマーク] メニューをクリック

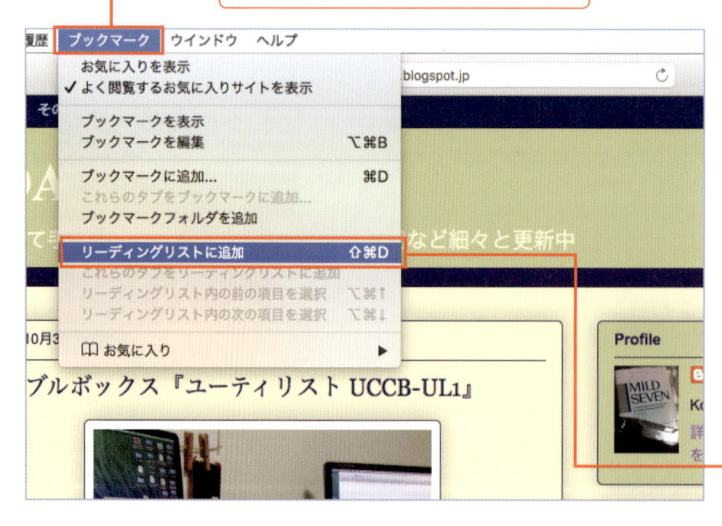

2 [リーディングリストに追加] をクリック

💡 イラスワ 読み終わった記事をリストから削除するには

読み終えた記事をリーディングリストから削除するには、サイドバーで記事のサムネイルにカーソルを合わせ、表示される「×」アイコンをクリックします。削除は右クリックメニューから行うこともできます。

1 [×] アイコンをクリック

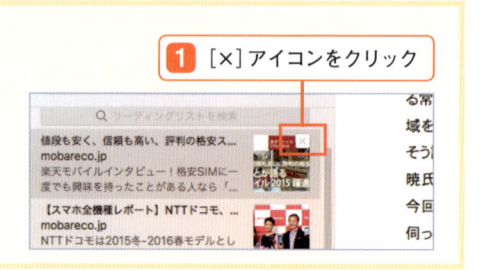

使おう リーディングリストに登録した記事を読む

リーディングリストに登録した記事は、サイドバーに追加した順にリストアップされていきます。サイドバーを開いて、記事のタイトルをクリックすると、保存してある記事ページが開きます。

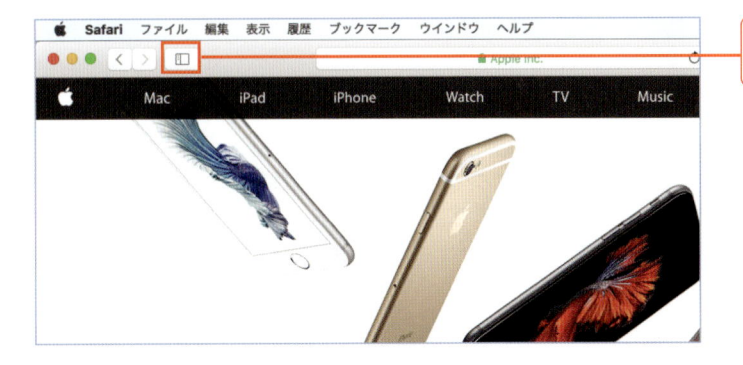

1 [サイドバー] アイコンをクリック

2 [リーディングリスト] アイコンをクリック **3** 項目を選択

イラスク 新しいタブで記事を表示

リーディングリストの記事を選択する際、[command] キーを押しながら記事のタイトルをクリックすると、新しいタブで記事を開くことができます。表示中のWebページを維持したいときに覚えておくと便利です。

リーディングリストの記事が表示された

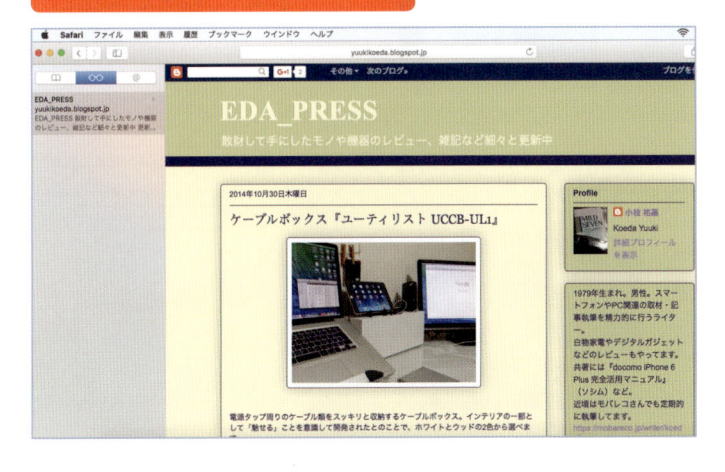

イラスク 複数のタブをまとめて登録

複数のタブで開いているWebページをまとめて登録したい場合には、[ブックマーク]メニューで[これらのタブをリーディングリストに追加]を選択します。

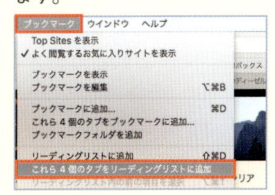

04 履歴を便利に活用しよう

一度でもアクセスしたページはブラウザに記録され、履歴として残ります。以前開いたページをもう一度開きたいときなどは、履歴から直接アクセスすることができます。目的のページが検索で見つけられないときなどに便利ですのでぜひ活用しましょう。また履歴を残さない方法も紹介します。

使おう　過去に開いたWebページを履歴から呼び出す

以前アクセスしたページを履歴から簡単に探せます。[履歴] メニューを開くと、過去の閲覧履歴の一覧が時系列に表示され、直接アクセスすることができます。

1 [履歴] メニューをクリック

過去に閲覧したWebページの履歴が表示された

2 開きたいWebページをクリック

履歴からWebページが表示された

 閉じてしまったタブをまとめて復帰する

タブを開いたままSafariを終了させると、次に起動したときに [履歴] メニューの [最後のセッションの全ウインドウを開く] から、すべてのタブを復帰させることができます。

1 [最後のセッションの全ウインドウを開く] をクリック

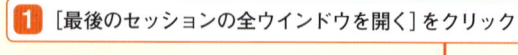
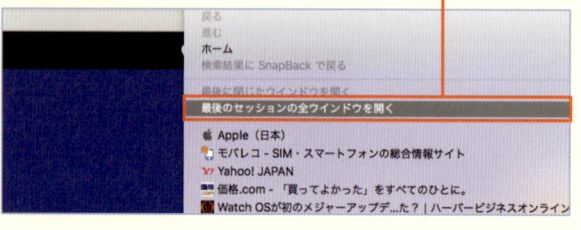

使おう　閲覧履歴を消去する

閲覧履歴の消去は、履歴の一覧から行えます。特定の履歴を消去する場合、履歴を選択
後に右クリックメニューの［削除］を選択するか、［delete］キーを押して消去できます。
すべての履歴をまとめて消す場合には左下の［履歴を消去］をクリックします。

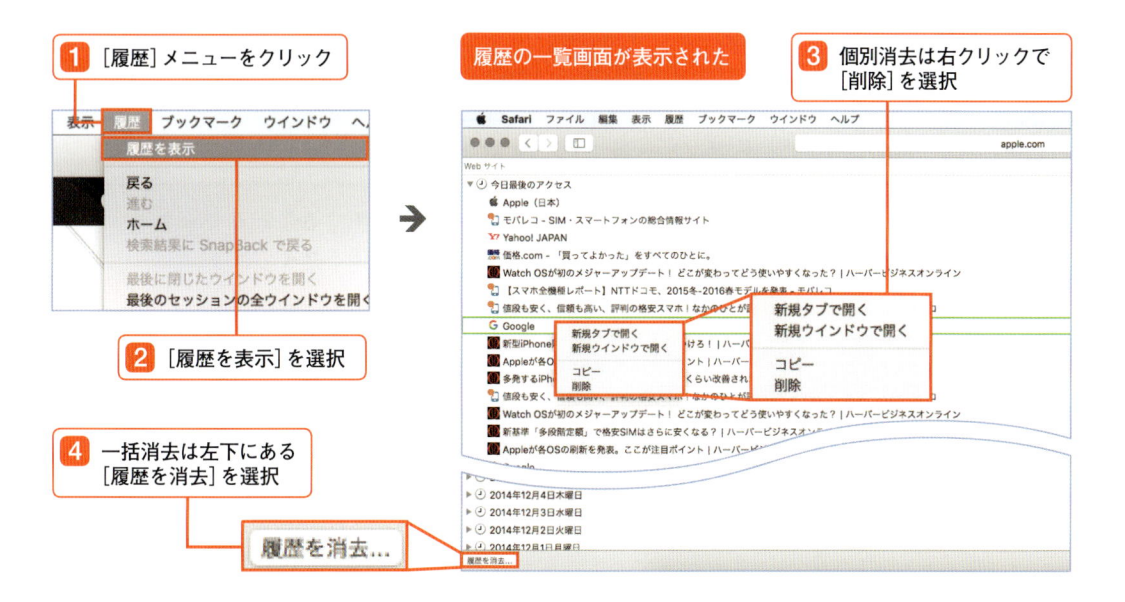

1 ［履歴］メニューをクリック

履歴の一覧画面が表示された

3 個別消去は右クリックで
［削除］を選択

2 ［履歴を表示］を選択

4 一括消去は左下にある
［履歴を消去］を選択

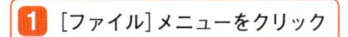

使おう　履歴を残さずにWebページを閲覧する

Safariには［プライベートウインドウ］という機能が用意されています。このウインドウ
でWebページを利用すると、検索履歴や自動入力などの情報は一切Safariに記録されま
せんので、ほかの人とMacを共用する場合に便利です。

1 ［ファイル］メニューをクリック

プライベートウインドウが表示された

2 ［新規プライベートウインドウ］
をクリック

プライベートウインドウ使用中は
アドレスバーが黒に変化。新規タブも
すべて履歴を残さずに利用できる

05 その他の機能を覚えよう

Safariは、ツールバーを自分の使いやすいようにカスタマイズしたり、標準では備わっていない機能を追加するなど、標準の設定に変更を加えることでより便利に使えるようになります。そこで、ここでは覚えておくと便利なSafariの機能をピックアップして紹介します。

使おう　Safariのツールバーをカスタマイズする

Safariのツールバーに標準では配置されていないツールを追加することができます。文字の拡大／縮小やメール、プリントといった追加ツールが用意されています。

1 [表示]メニューをクリック

2 [ツールバーをカスタマイズ]をクリック

カスタマイズ項目が表示される

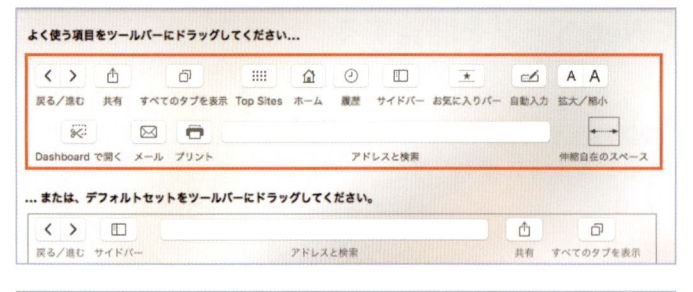

> **設定 カスタマイズはリセットできる**
>
> ツールバーをカスタマイズし過ぎてしまった場合、項目の下にあるデフォルトセットをツールバーにドラッグ＆ドロップすれば、いつでも元の状態に戻せます。

3 ツールバーにアイコンをドラッグ＆ドロップ

ツールバーに項目が追加された

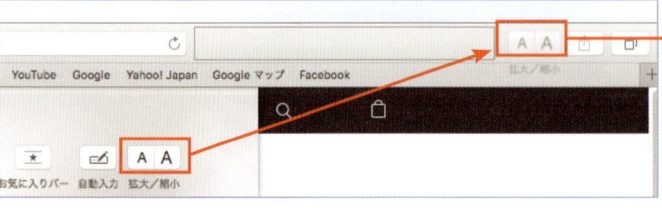

> **設定 追加したツールを取り出すには**
>
> 追加したツールは、[ツールバーをカスタマイズ]をもう一度開き、ツールバーにあるアイコンを外にドラッグして消去することができます。

使おう　パスワードを自動入力しないように設定する

Safariにはパスワードを保存し、該当のサービスにログインする際に自動入力を行う機能が搭載されていますが、セキュリティ上不要の場合には機能をオフにできます。

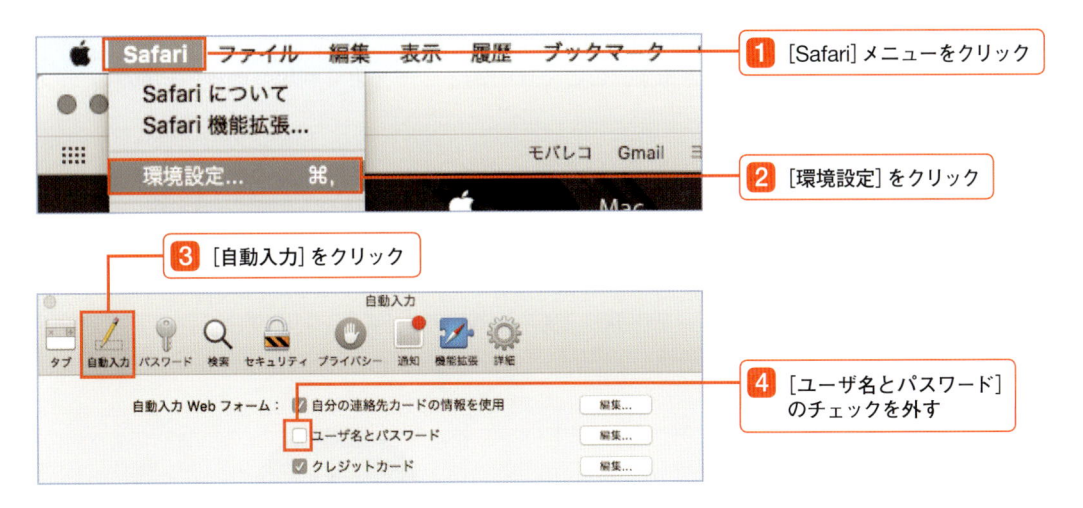

1 [Safari] メニューをクリック

2 [環境設定] をクリック

3 [自動入力] をクリック

4 [ユーザ名とパスワード]
のチェックを外す

使おう　Safariに機能を追加する

Safariには本来備わっていない機能を追加できる [機能拡張] が利用できます。環境設定で任意の機能拡張を入手すると、ツールバーにアイコンが表示されるようになります。

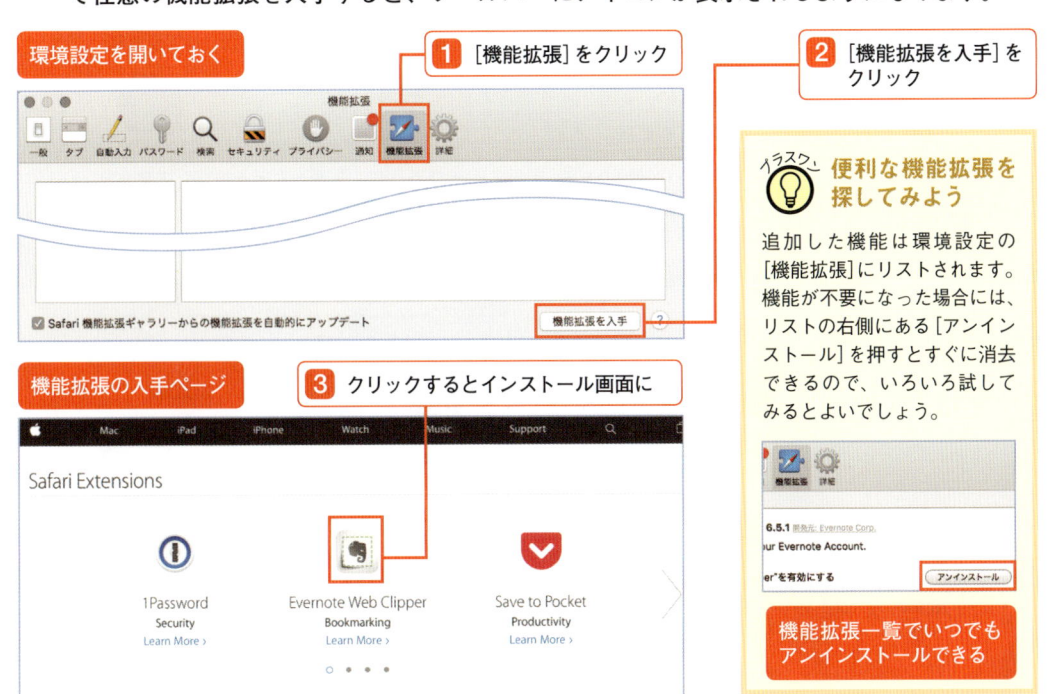

環境設定を開いておく

1 [機能拡張] をクリック

2 [機能拡張を入手] を
クリック

機能拡張の入手ページ

3 クリックするとインストール画面に

便利な機能拡張を探してみよう

追加した機能は環境設定の [機能拡張] にリストされます。機能が不要になった場合には、リストの右側にある [アンインストール] を押すとすぐに消去できるので、いろいろ試してみるとよいでしょう。

機能拡張一覧でいつでも
アンインストールできる

column
サードパーティ製のブラウザを使用する

標準のブラウザであるSafari以外にも、Macではさまざまなブラウザをインストールして利用することができます。ここでは一例として、よく利用される2種類のWebブラウザを紹介します。

≫ Google Chrome（グーグルクローム）

Googleが提供するWebブラウザです。クラウド機能を豊富に用意するGoogle純正ということもあり、Googleアカウントでログインすると、同一アカウントを登録しているモバイル機器とブックマークやWeb履歴、表示中のページの同期などがスムーズに行えるようになります。

ブラウザ起動時。Googleアカウントのログインが求められますが、アカウントがなくても利用可能。

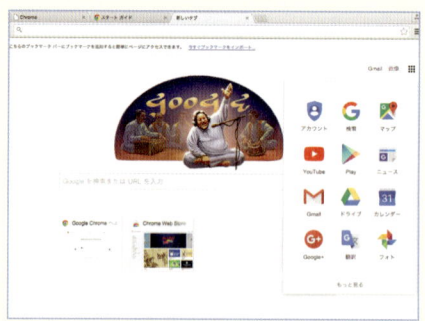

Googleのサービスはブラウザ問わず利用できますが、Webアプリとの相性はやはり純正が有利。

≫ Firefox（ファイヤーフォックス）

豊富なアドオンで拡張性の高さに定評のある、定番のWebブラウザ。スキンなどを変更して見た目のデザインも変えられるため、自分好みのブラウザが仕上がります。動作も軽快でストレスなく利用可能。アカウントを設定することで、モバイル機器やほかのPCと同期が行えます。

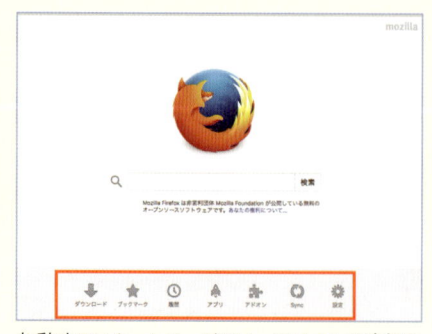

起動時のスタートページには、アドオンの追加やアプリ・ゲーム配布サイトへのリンクを用意。

機能の追加だけでなくデザインが変えられるのも魅力。細かく調整すれば自分専用のブラウザに。

chapter

5

メール機能を
使いこなそう

chapter 1

chapter 2

chapter 3

chapter 4

chapter 5

chapter 6

chapter 7

chapter 8

chapter 9

Appendix

メールの基本を覚える

MacBookにはすぐに利用できるメールアプリが搭載されています。幅広いメールサービスに対応しており、Appleが提供するiCloudメールをはじめ、GmailやYahoo!メールなどのWebメールが簡単に利用できます。もちろん、契約中のプロバイダーメールも設定さえ行えば利用が可能です。

知ろう メールアプリの基本画面を押さえる

まずはメールの基本画面を紹介します。画面は3分割され、送られてきたメールは左側のメールボックスに届きます。このメールボックスを選択するとメールの一覧が表示され、そこから読みたいメールを選択すると、右側にメールの内容が表示されます。

ツールバー
左から新着メール確認、新規メール作成、アーカイブ、メール削除、迷惑メール、返信、全員に返信、転送、フラグの順にアイコンが並んでいます。

メール検索
受信したメールのキーワード検索ができます。

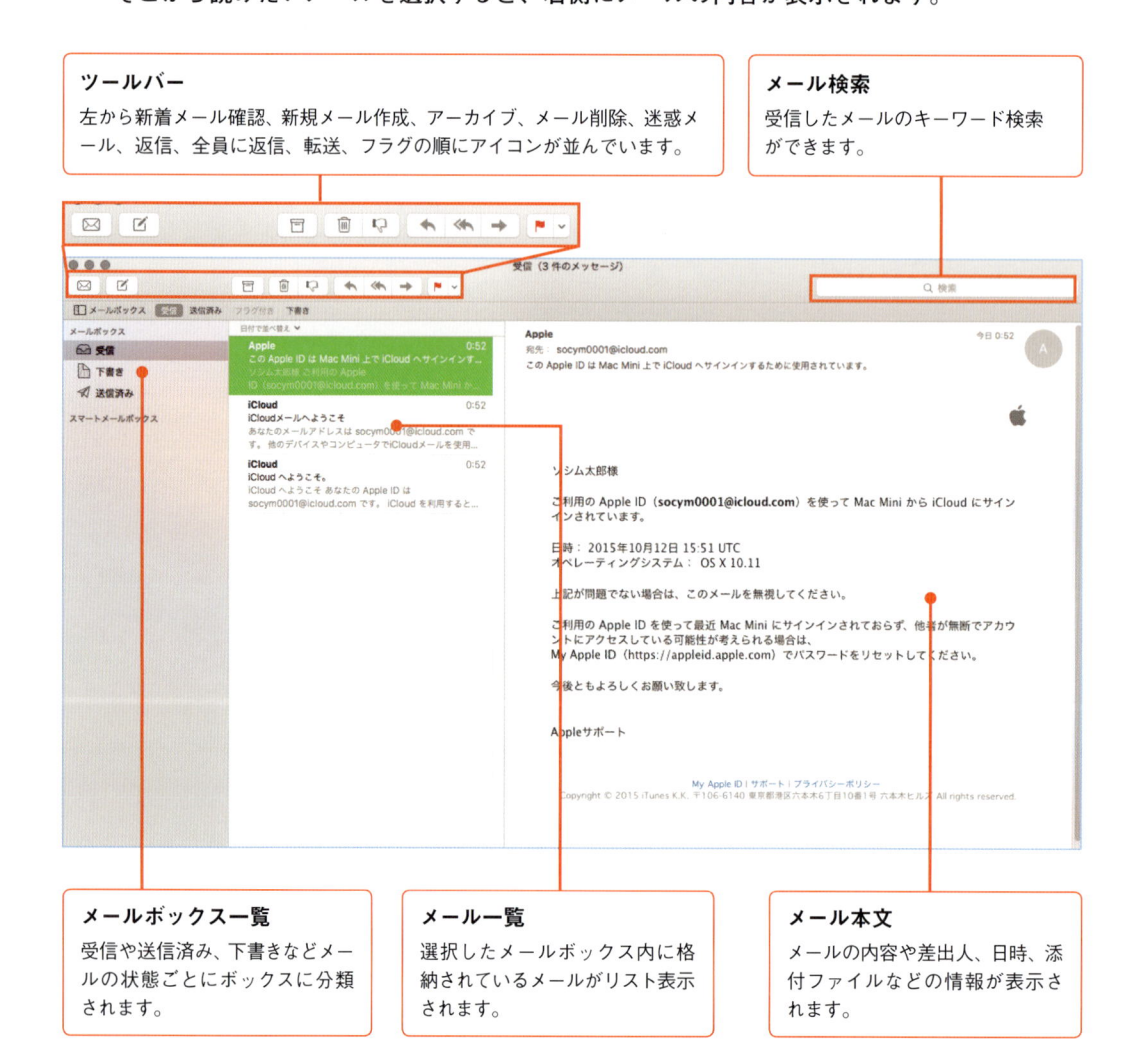

メールボックス一覧
受信や送信済み、下書きなどメールの状態ごとにボックスに分類されます。

メール一覧
選択したメールボックス内に格納されているメールがリスト表示されます。

メール本文
メールの内容や差出人、日時、添付ファイルなどの情報が表示されます。

使おう | iCloudメールを設定する

iCloudメールは、MacBookでiCloudの設定を行っておくと自動的にメールの設定も行われます。iCloudの設定をしていない場合はメールアプリ上で設定ができます。

1 [メール] アイコンをクリック

2 [iCloud] を選択

3 [続ける] をクリック

メールの種類	内容
iCloudメール	Apple IDを登録時に利用可能となるメール
Exchange	ビジネス用途の情報管理サーバーを用いたメール
Gmail	Googleが提供するWebメール
Yahoo! メール	Yahoo!が提供するWebメール
Aolメール	米国の通信事業社AOLが提供するWebメール
その他のメールアカウント	POP3またはIMAP でのやり取りが可能なプロバイダーメールに対応

4 Apple IDとパスワードを入力

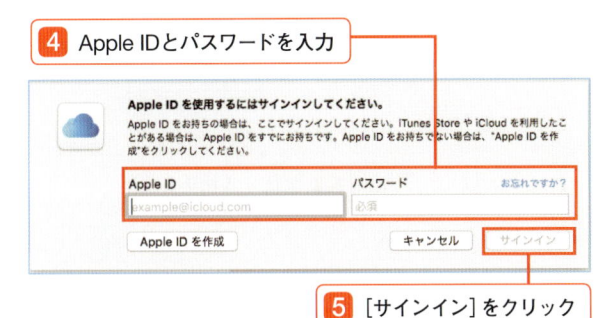

5 [サインイン] をクリック

メールが設定された

🔧 **設定**
iCloudメールを新しく作成するには

Appleのメールアドレスを新たに取得したい場合は、まず Apple IDのサインイン画面で [Apple IDを作成] を選びます。続く画面で既存のメールアドレスを登録せず [無料のiCloudメールアドレスを入手] をクリックすると、新規でiCloudメールの作成ができます。

1 [無料のiCloudメールアドレスを入手] をクリック

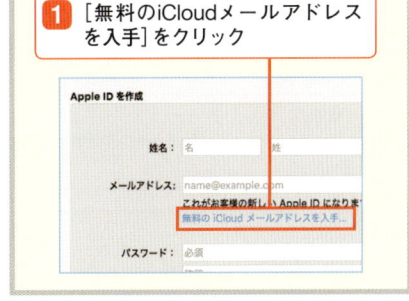

02 メールの作成や返信を行おう

Macのメールアプリは各操作をアイコンから行うことができ、スッキリと使いやす
い設計です。新規メールの作成や、届いたメールへの返信などの基本操作も直感的に
迷わず行えます。文字の装飾や写真などのファイル添付も、もちろん可能。ここでは
メール作成の基本操作を紹介していきます。

使おう　メールを新規作成する

新たにメールを作成するときには［ファイル］メニューかツールバーの［新規メッセージ］
アイコンをクリック。宛先や件名、本文を入力し、［送信］アイコンをクリックします。

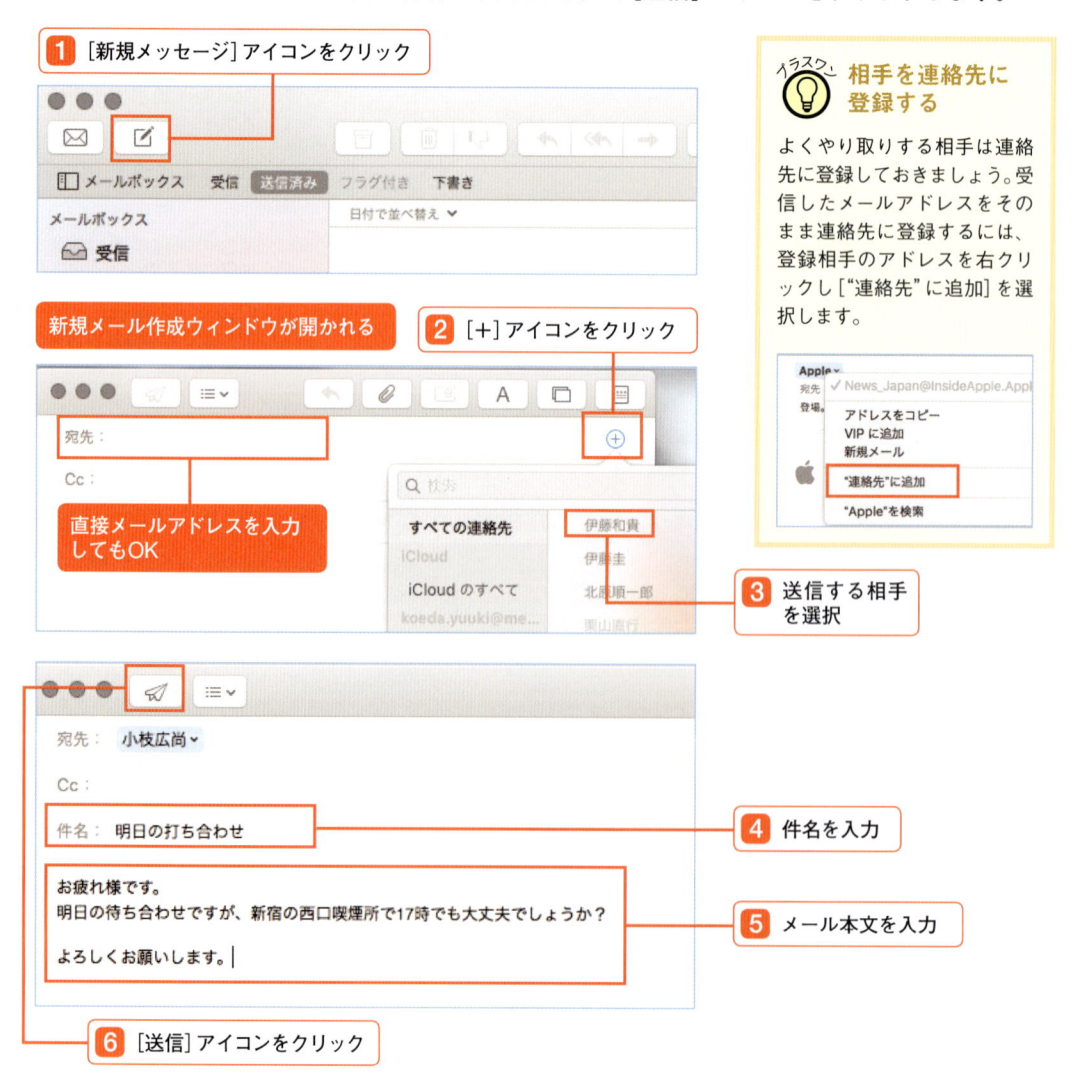

1 ［新規メッセージ］アイコンをクリック

新規メール作成ウィンドウが開かれる

2 ［+］アイコンをクリック

直接メールアドレスを入力
してもOK

3 送信する相手
を選択

4 件名を入力

5 メール本文を入力

6 ［送信］アイコンをクリック

相手を連絡先に登録する

よくやり取りする相手は連絡
先に登録しておきましょう。受
信したメールアドレスをその
まま連絡先に登録するには、
登録相手のアドレスを右クリ
ックし［"連絡先"に追加］を選
択します。

使おう　送られてきたメールに返信をする

相手からメールを受け取ったら、返信を行いましょう。メールを開いている状態で[返信]アイコンをクリックするとメールの作成画面に切り替わり、すぐに返事を送れます。

1 [受信]をクリック　　**2** メールを選択

3 [返信]アイコンをクリック

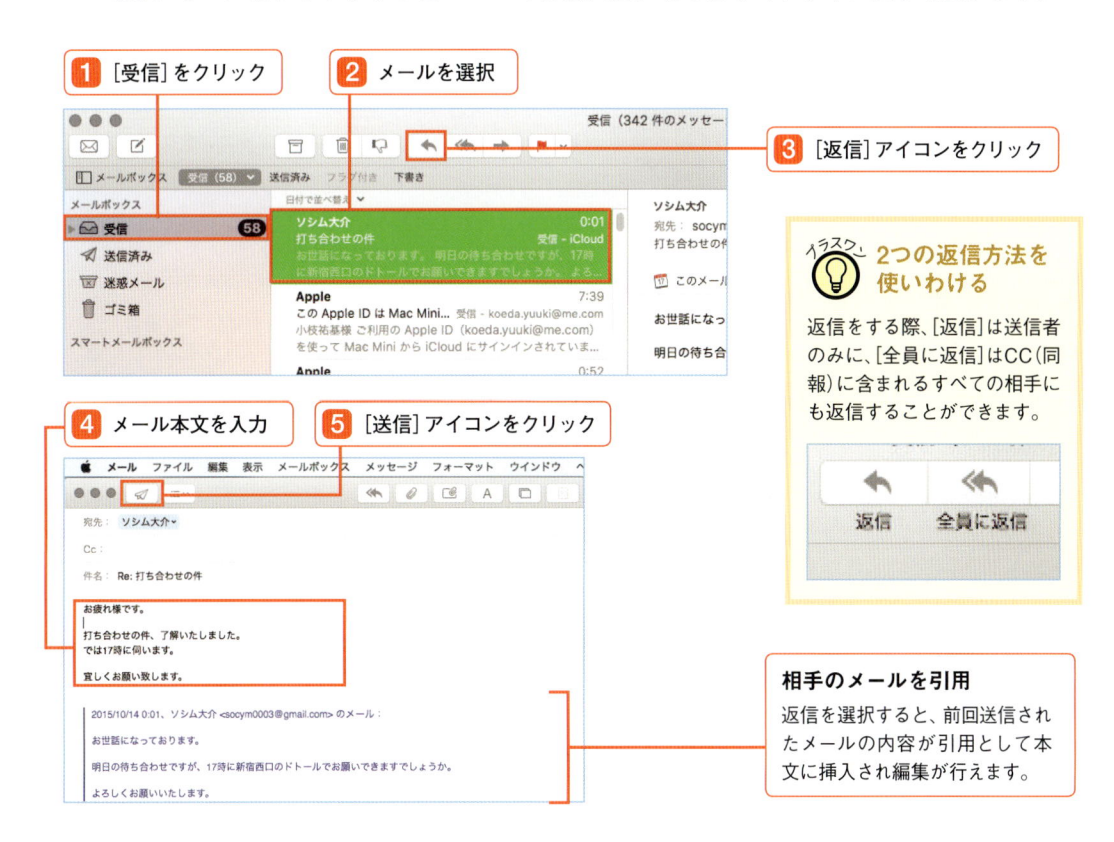

4 メール本文を入力　　**5** [送信]アイコンをクリック

イラスク 2つの返信方法を使いわける

返信をする際、[返信]は送信者のみに、[全員に返信]はCC(同報)に含まれるすべての相手にも返信することができます。

返信　全員に返信

相手のメールを引用

返信を選択すると、前回送信されたメールの内容が引用として本文に挿入され編集が行えます。

使おう　下書きに保存したメールを呼び出す

メール作成中に受信トレイをクリックするなどして画面を切り替えた場合、途中まで作成したメールは[下書き]として自動保存され、あとから続きを編集できます。

1 [下書き]をクリック　　**2** メールを選択

3 メールの続きを作成

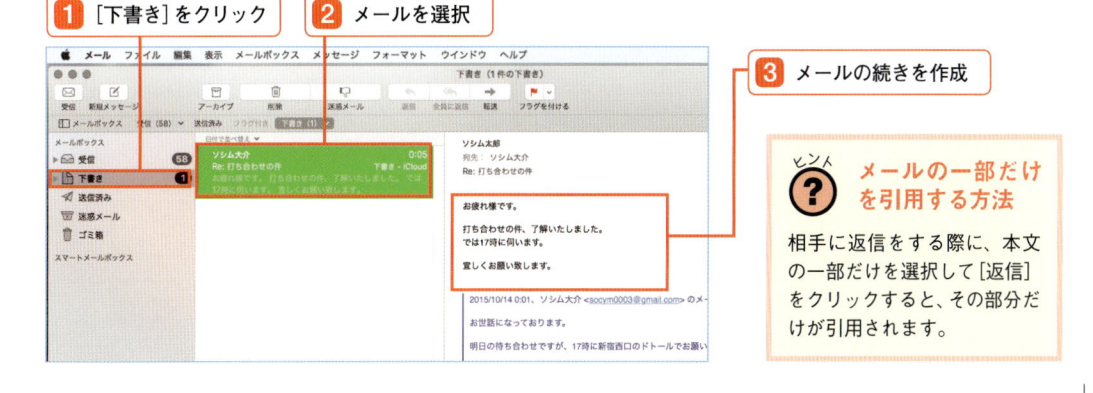

ヒント メールの一部だけを引用する方法

相手に返信をする際に、本文の一部だけを選択して[返信]をクリックすると、その部分だけが引用されます。

メールに写真などのファイルを添付する

メールに写真やOfficeで作成したファイルなどを添付して相手に送ることができます。
さまざまな形式のファイルを添付可能です。

メッセージ作成画面を開いておく

1 [添付] アイコンをクリック

ファイルの選択画面が表示される

2 ファイルを選択

3 [ファイルを選択] をクリック

ファイルが添付された

💡 **イラスク ドラッグ＆ドロップ
で添付も可能**

ファイルを添付する場合、作成中のメールウィンドウに添付したいファイルをドラッグ＆ドロップすれば、添付を行うことができます。

💡 **イラスク 返信時に元の添付
ファイルを含める**

相手にメールを返信する際、元々のメールに添付されていたファイルをもう一度添付するには下記のアイコンを選択します。

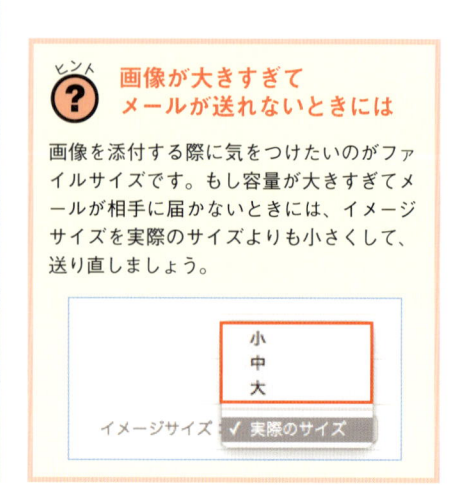

❓ **ヒント 画像が大きすぎて
メールが送れないときには**

画像を添付する際に気をつけたいのがファイルサイズです。もし容量が大きすぎてメールが相手に届かないときには、イメージサイズを実際のサイズよりも小さくして、送り直しましょう。

chapter 1
chapter 2
chapter 3
chapter 4
chapter 5
chapter 6
chapter 7
chapter 8
chapter 9
Appendix

使おう　メールのテキストを装飾する

メールには編集ツールが用意されており、メールの文章の中で強調したい箇所の文字を太くしたり、段落を読みやすくするなどの装飾が行えます。

メッセージ作成画面を開いておく

1 ［フォーマット］アイコンをクリック

文字編集ツールが表示される

≫ テキストを太くする

1 編集したい箇所を選択

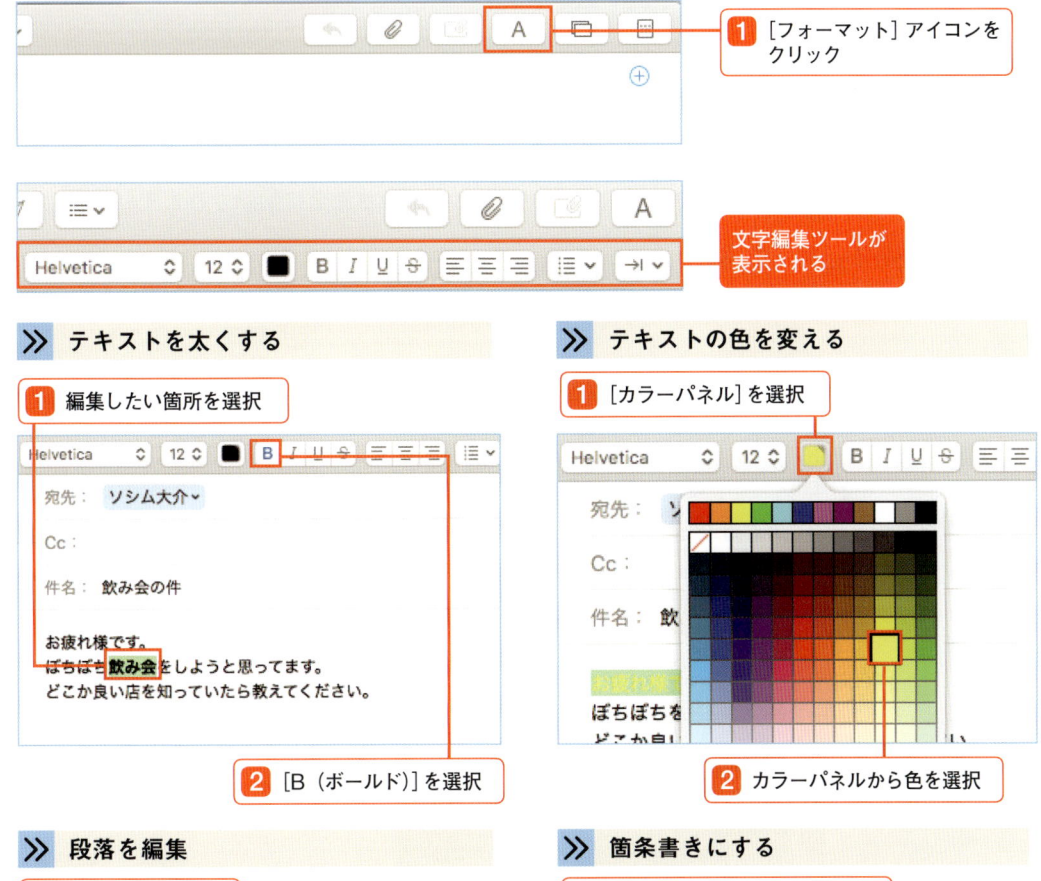

宛先：　ソシム大介 ✓

Cc：

件名：　飲み会の件

お疲れ様です。
ぼちぼち **飲み会** をしようと思ってます。
どこか良い店を知っていたら教えてください。

2 ［B（ボールド）］を選択

≫ テキストの色を変える

1 ［カラーパネル］を選択

宛先：　ソ

Cc：

件名：　飲

ぼちぼちを

2 カラーパネルから色を選択

≫ 段落を編集

1 テキストを全選択

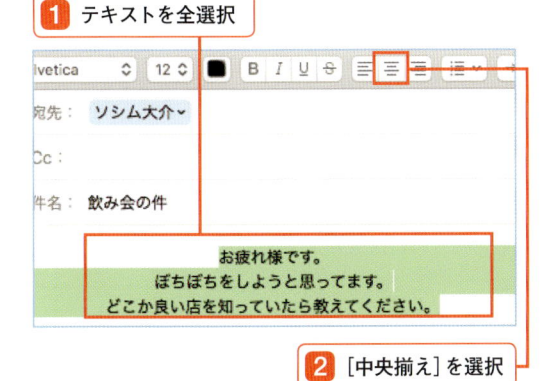

宛先：　ソシム大介 ✓

Cc：

件名：　飲み会の件

お疲れ様です。
ぼちぼちをしようと思ってます。
どこか良い店を知っていたら教えてください。

2 ［中央揃え］を選択

≫ 箇条書きにする

1 ［箇条書き］アイコンをクリック

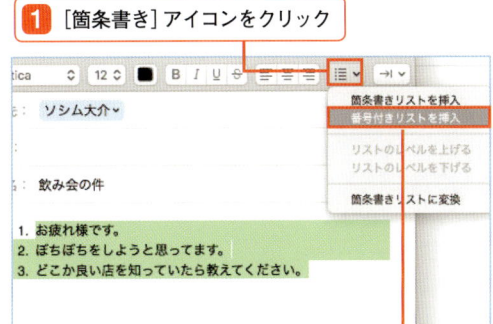

：　ソシム大介 ✓

：　飲み会の件

箇条書きリストを挿入
番号付きリストを挿入
リストのレベルを上げる
リストのレベルを下げる
箇条書きリストに変換

1. お疲れ様です。
2. ぼちぼちをしようと思ってます。
3. どこか良い店を知っていたら教えてください。

2 ［番号付きリストを挿入］を選択

03 メールの削除や管理をしよう

不要なメールの削除や迷惑メール対策、重要なメールのマーキングなど、日々メールボックスに溜まっていくメールを整理することで、より快適に利用できるようになります。また、メールを作成する際に、自分の名前や連絡先などの署名を自動的にメール本文に挿入することも可能です。ここではメールの管理について紹介します。

使おう　メールを削除する

メール一覧でメール選択時に表示される［ゴミ箱］アイコンをクリックすると、［ゴミ箱］フォルダに移動します。そのあと［削除］を行うとメールが完全に削除されます。

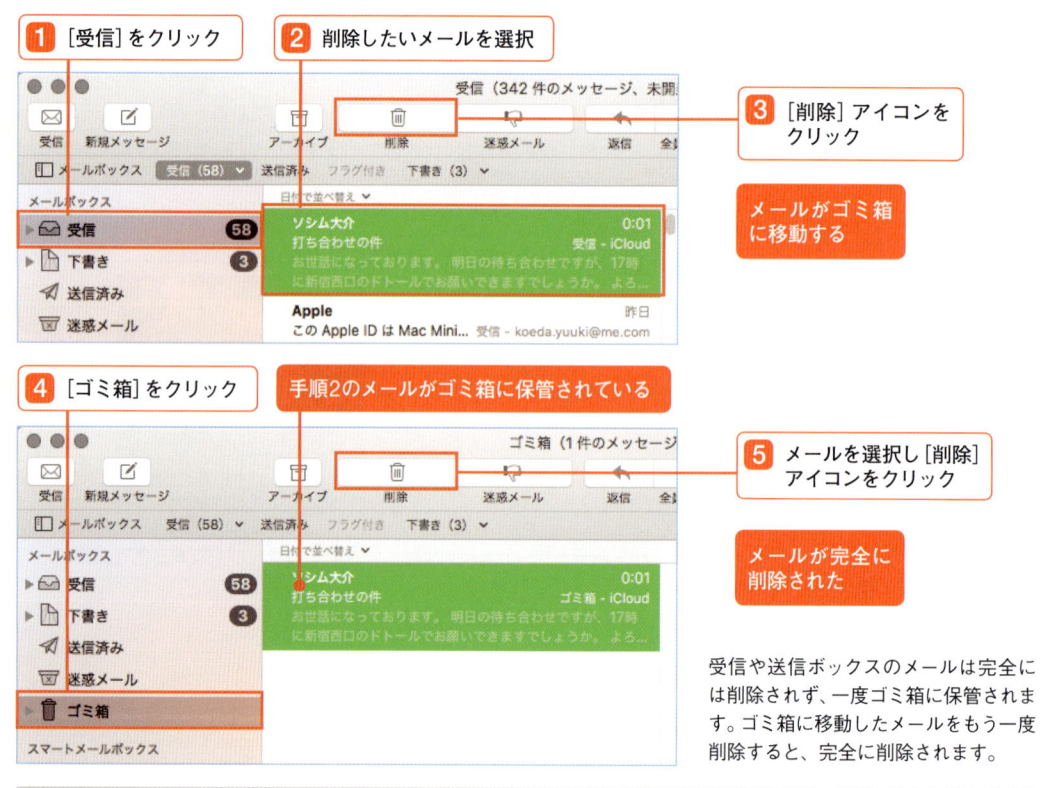

1 ［受信］をクリック

2 削除したいメールを選択

3 ［削除］アイコンをクリック

メールがゴミ箱に移動する

4 ［ゴミ箱］をクリック

手順2のメールがゴミ箱に保管されている

5 メールを選択し［削除］アイコンをクリック

メールが完全に削除された

受信や送信ボックスのメールは完全には削除されず、一度ゴミ箱に保管されます。ゴミ箱に移動したメールをもう一度削除すると、完全に削除されます。

設定 アイコン表示やツールバーをカスタマイズするには

メールアプリのウィンドウ上部を右クリックして、ツールバーのカスタマイズができます。ツールバーに表示させるアイコンの種類を変更したり、アイコン名を表示させることも可能です。

ウィンドウ上で右クリックしてメニュー表示

使おう 迷惑メールを登録する

メールアプリのフィルタ機能により、迷惑メールが送られてきた場合は、通常自動的に［迷惑メール］フォルダに分類されますが、迷惑メールが受信トレイに届いてしまったときには手動で迷惑メールの登録をすることができます。

1 メールを選択

2 ［迷惑メール］アイコンをクリック

以降、登録した差出人からのメールは自動的に迷惑メールに振り分けられるようになる

迷惑メールとして処理された

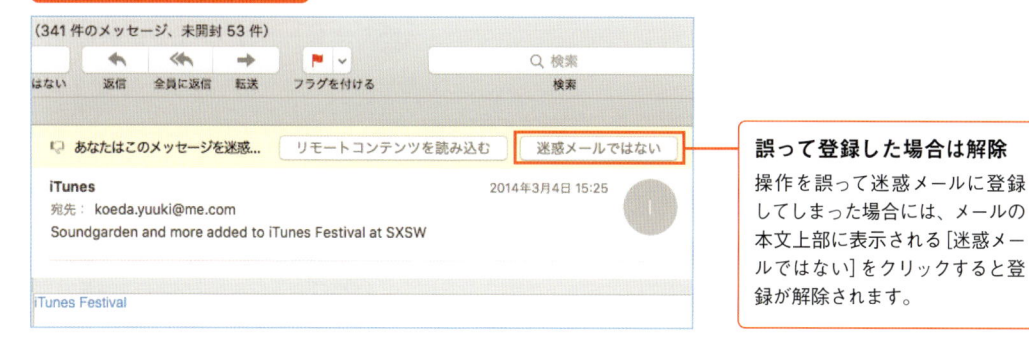

誤って登録した場合は解除

操作を誤って迷惑メールに登録してしまった場合には、メールの本文上部に表示される［迷惑メールではない］をクリックすると登録が解除されます。

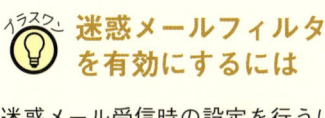
迷惑メールフィルタを有効にするには

迷惑メール受信時の設定を行うには［メール］メニューの［環境設定］を開き［迷惑メール］タブをクリックします。［迷惑メールフィルタを有効にする］にチェックを入れると、アプリが迷惑メールを自動で判別するようになります。また迷惑メールを受信トレイに残すなど、受信したときの動作を細かく指定できるので、一度設定を見直しておくとよいでしょう。

1 ［メール］→［環境設定］を選択　**2** ［迷惑メール］タブを開く

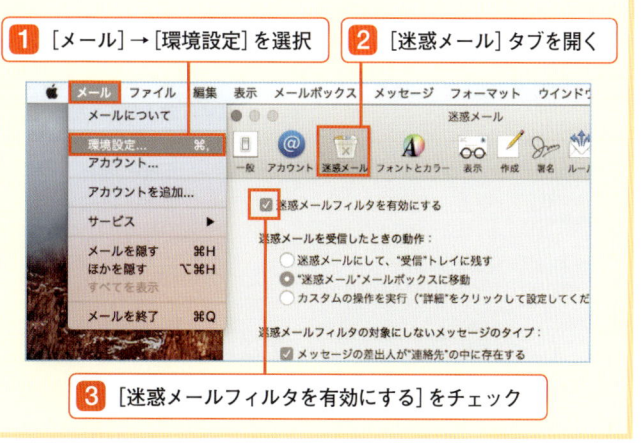

3 ［迷惑メールフィルタを有効にする］をチェック

友人からのメールや仕事のメールなど、種類によりルールを指定してメールボックスに振り分けることができます。メールの分類以外にも着信音をそれぞれに設定することも可能です。ここではボックスを作成し、分類のルールを指定する方法を解説します。

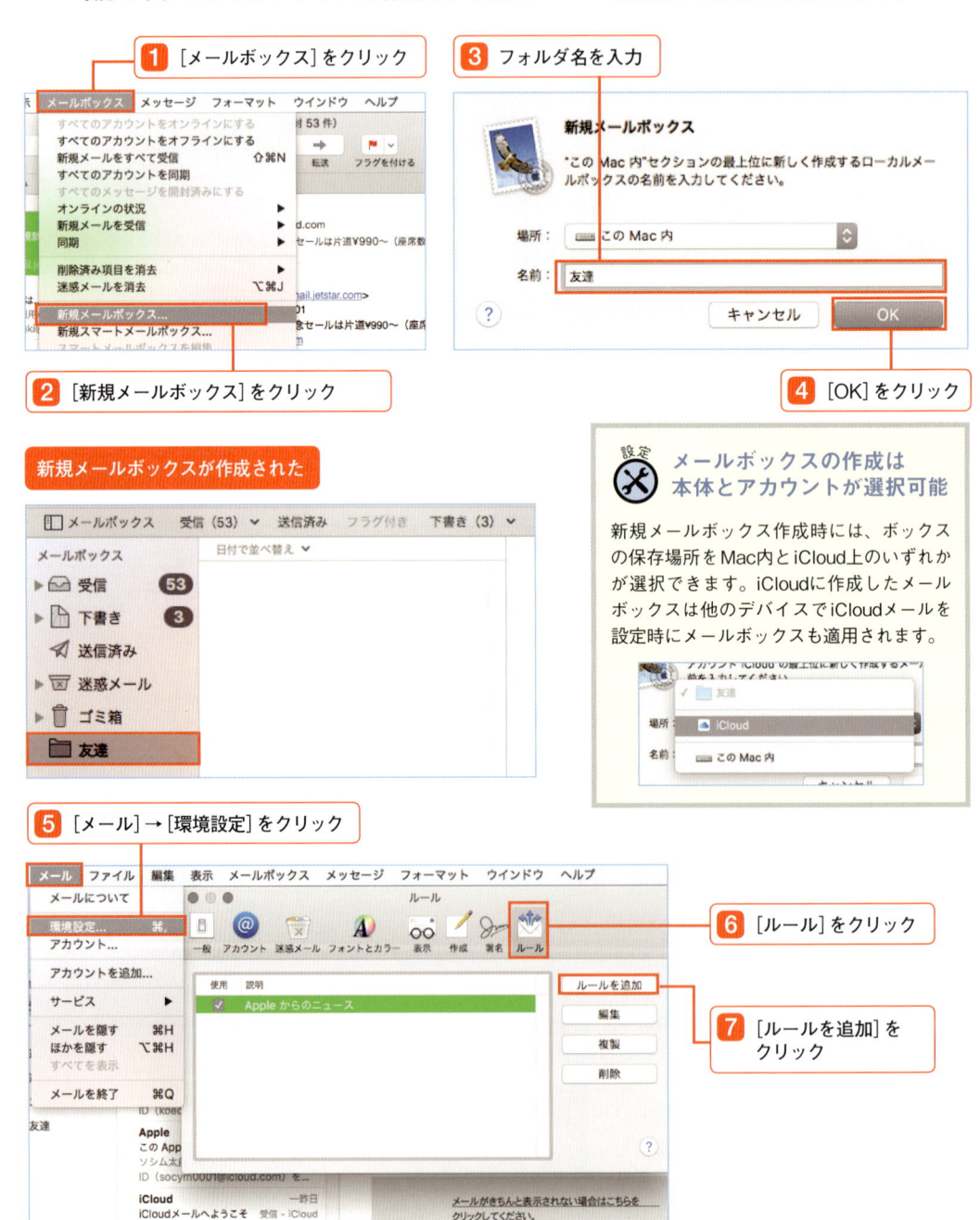

1 ［メールボックス］をクリック

2 ［新規メールボックス］をクリック

3 フォルダ名を入力

4 ［OK］をクリック

新規メールボックスが作成された

設定　**メールボックスの作成は本体とアカウントが選択可能**

新規メールボックス作成時には、ボックスの保存場所をMac内とiCloud上のいずれかが選択できます。iCloudに作成したメールボックスは他のデバイスでiCloudメールを設定時にメールボックスも適用されます。

5 ［メール］→［環境設定］をクリック

6 ［ルール］をクリック

7 ［ルールを追加］をクリック

8 ルールの説明を入力　**9** ルールの条件を指定

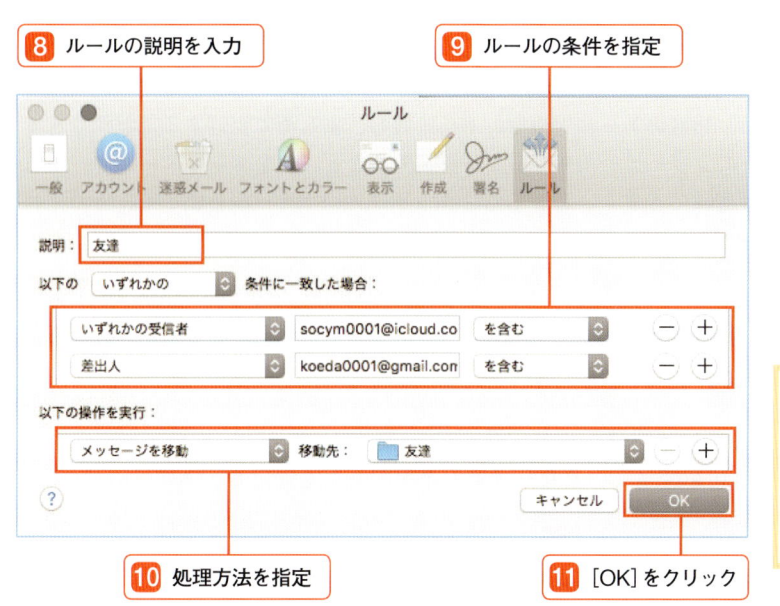

ルール機能では、条件を指定し、その条件を満たすメールに対しての動作を選択します。細かく設定でき、特定のアドレスからのメールや、件名に特定の用語が含まれるメールなどを、指定したメールボックスに振り分ける設定などが行えます。

10 処理方法を指定　**11** [OK]をクリック

> **イラスク ルールに条件を追加する方法**
>
> 条件を追加するときは[+]を、削除するときは[−]をクリックします。

メールが自動で振り分けられた

> **設定 個別通知音の設定方法**
>
> ルール機能では特定のメールが届いた場合にサウンドを再生する設定も可能です。任意のサウンドが選択できます。

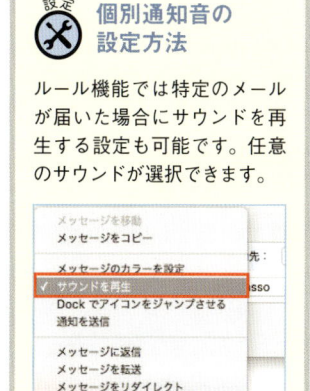

イラスク VIP登録で手軽に振り分けする

メールアプリには、特定の相手をお気に入りのように登録できるVIPという機能があります。VIP登録をした相手から届いたメールは、自動的に[VIP]というメールボックスに振り分けられます。登録は右クリックメニューから行えるので、難しい指定を行わずに簡単に利用できます。

1 送信相手を右クリック　**2** [VIPに追加]をクリック

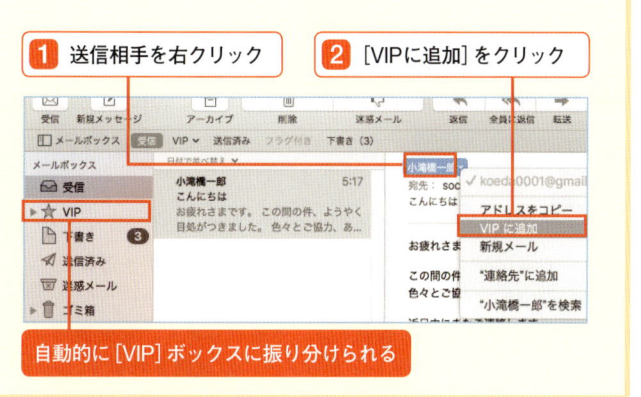

自動的に[VIP]ボックスに振り分けられる

04 ほかのメールアカウントを設定する

メールアプリは、複数のメールアカウントを登録し、まとめて管理することができます。Gmailなどのフリーメールやプロバイダメールなど、さまざまなメールサービスのアカウントが登録できます。ここではGmailとOutlookメールを使って、それぞれのメールの設定方法を解説します。

使おう　Gmailを登録する

Gmailは、あらかじめ取得しておいたユーザ名とパスワードを入力するだけで簡単に登録が行えます。普段Gmailを使っているならほとんど手間もなく設定が行えます。

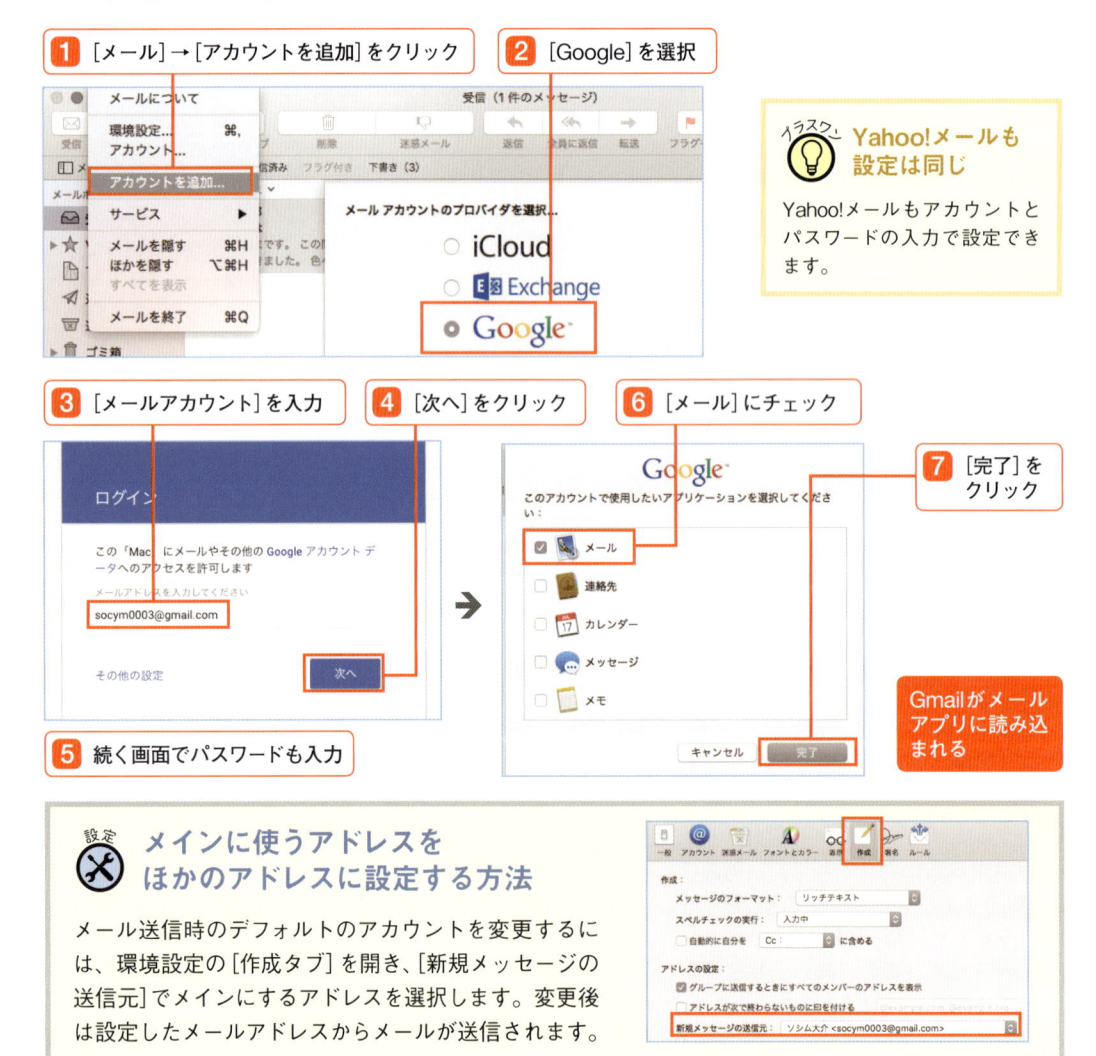

1 [メール]→[アカウントを追加]をクリック

2 [Google]を選択

> **イラスク Yahoo!メールも設定は同じ**
>
> Yahoo!メールもアカウントとパスワードの入力で設定できます。

3 [メールアカウント]を入力

4 [次へ]をクリック

5 続く画面でパスワードも入力

6 [メール]にチェック

7 [完了]をクリック

> Gmailがメールアプリに読み込まれる

メインに使うアドレスをほかのアドレスに設定する方法

メール送信時のデフォルトのアカウントを変更するには、環境設定の[作成タブ]を開き、[新規メッセージの送信元]でメインにするアドレスを選択します。変更後は設定したメールアドレスからメールが送信されます。

使おう Outlookメールを登録する

iCloudメールやGmail、Yahoo!メールの場合はそれぞれメニューが用意されますが、その他のメールでは、アカウントの登録だけではメールが利用できない場合もあります。そこでここではOutlookメールを使って、アカウントの基本設定を解説します。

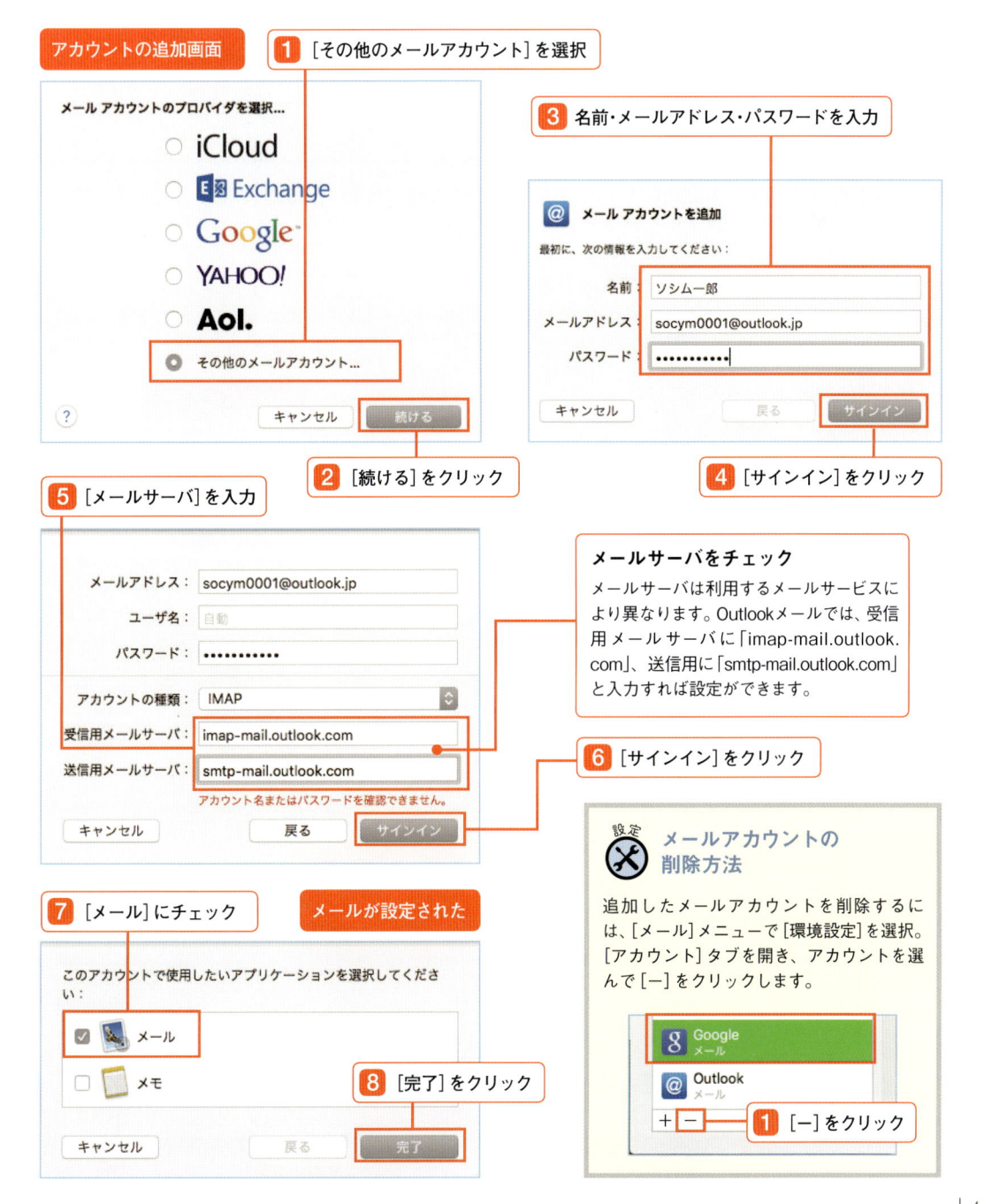

アカウントの追加画面

1 [その他のメールアカウント] を選択

3 名前・メールアドレス・パスワードを入力

2 [続ける] をクリック

4 [サインイン] をクリック

5 [メールサーバ] を入力

メールサーバをチェック

メールサーバは利用するメールサービスにより異なります。Outlookメールでは、受信用メールサーバに「imap-mail.outlook.com」、送信用に「smtp-mail.outlook.com」と入力すれば設定ができます。

6 [サインイン] をクリック

設定 メールアカウントの削除方法

追加したメールアカウントを削除するには、[メール] メニューで [環境設定] を選択。[アカウント] タブを開き、アカウントを選んで [−] をクリックします。

7 [メール] にチェック

メールが設定された

8 [完了] をクリック

1 [−] をクリック

メールの署名を作成しよう

メールを作成するときに、自分のメールアドレスや電話番号などの連絡先情報を本文の末尾に付記することを署名といいます。日常的に使用するメールアドレスであれば、署名を設定しておくと毎回入力する手間を省くことができます。署名はアカウント単位で作成ができるので、仕事用とプライベート用などで使い分けができます。

使おう　署名を設定する

連絡先などの署名を登録しておくと、メール作成時に自動で入力するように設定ができます。ここではシンプルな署名の作成方法の手順を解説します。

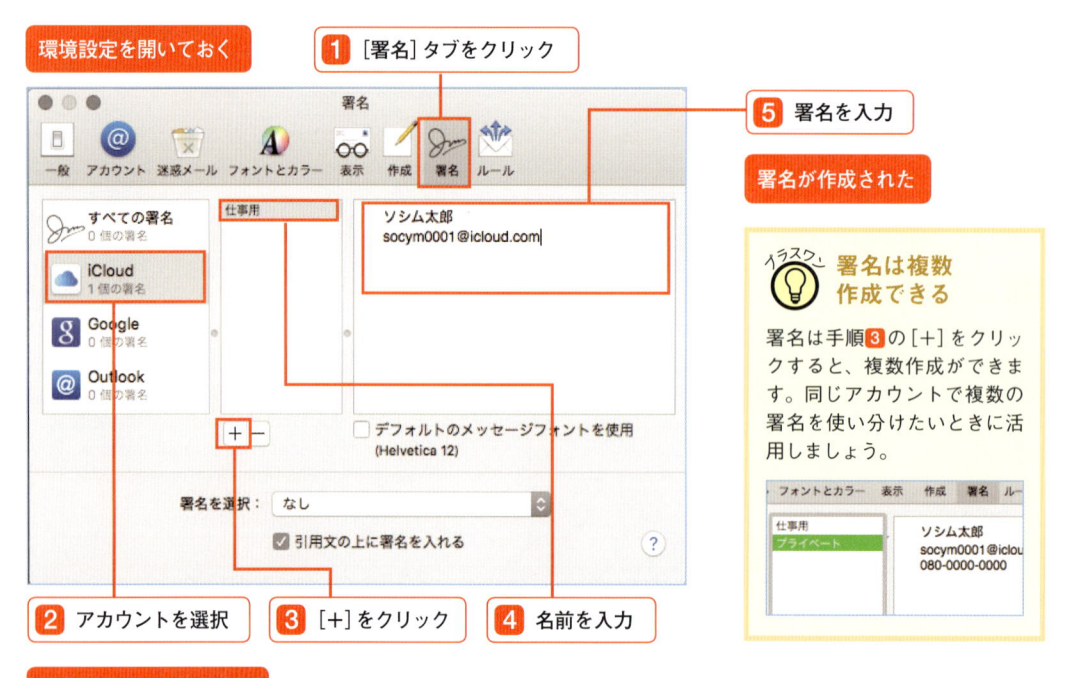

環境設定を開いておく

1 [署名]タブをクリック

5 署名を入力

署名が作成された

イラストワン 署名は複数作成できる

署名は手順**3**の[+]をクリックすると、複数作成ができます。同じアカウントで複数の署名を使い分けたいときに活用しましょう。

2 アカウントを選択

3 [+]をクリック

4 名前を入力

新規メッセージ作成画面

署名が自動的に挿入された

複数署名を登録時には[署名]で選択できる

chapter 6

写真を楽しもう

chapter 1
chapter 2
chapter 3
chapter 4
chapter 5
chapter 6
chapter 7
chapter 8
chapter 9
Appendix

01

写真を楽しもう

写真アプリの基本操作

OS X El Capitanに標準搭載される写真管理アプリ [写真] は、前身となる [iPhoto] が持つ写真管理や編集に関する機能とiCloudによるデータのクラウド管理機能が融合しています。まずはインターフェイスや写真の取り込み、表示といった写真管理の基本となる操作をマスターしてみましょう。

知ろう 写真アプリの見方

[写真] アプリは、非常にシンプルなインターフェイスを採用することで直感的な操作を実現しています。ひとつの画面ですべての操作を行えるのも大きな魅力といえます。

縮尺変更
写真のサムネイルサイズを変更するスライダーが表示されます。右にスライドすると拡大され、左にスライドすると縮小されます。

ライブラリの切り替え
すべての写真やアルバム内の写真を表示させるなど、ライブラリの切り替えに利用します。画像の取り込みもここから行えます。

共有メニュー
iCloud や各種 SNS、AirDrop など他の機器や Web サービスを使った写真の共有を行うことができます。

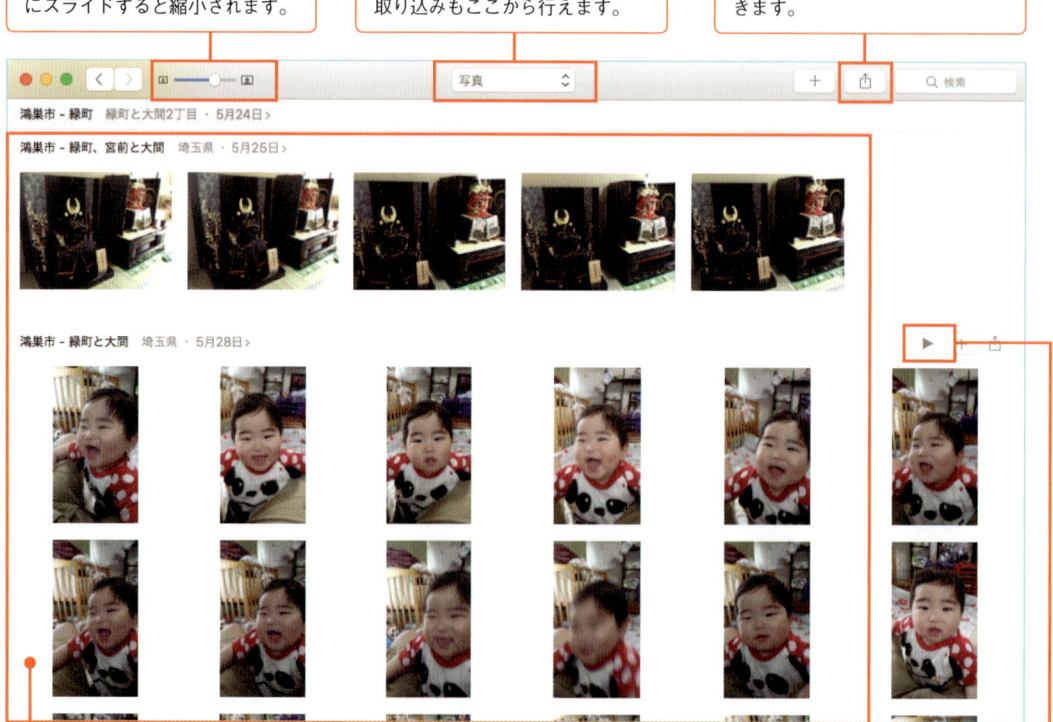

写真の一覧
写真が表示されます。撮影日や場所を詳細表示する [モーメント] や中分類の [コレクション] などに切り替えられます。

スライドショー
スライドショーの再生メニューを開きます。音楽や再生方法の設定などを行うこともできます。

使おう　iPhoneやiPadのカメラで撮影した写真を読み込む

iPhoneで撮影した写真は、MacとiPhoneを接続すると自動的に取り込まれます。特別な設定は一切不要ですが、枚数が多いと読み込みに時間が掛かる場合があります。

1 iPhoneをMacに接続

2 [読み込み] を選択

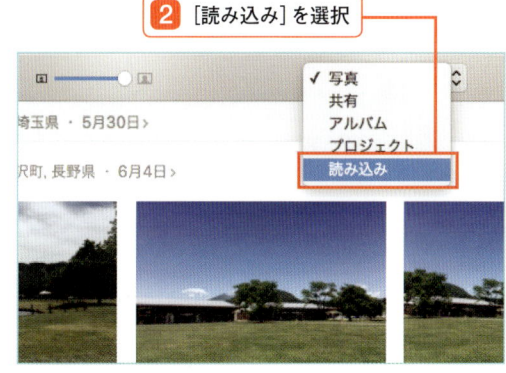

1 Lightningケーブルや Dockケーブル で MacとiPhoneや iPadを接続します。2015年発売のUSB-Cポートが採用されているMacBookの場合は専用のアダプタが必要です。

画面上部にある **2** [ライブラリの切り替え] プルダウンメニューから [読み込み] を選択します。

3 取り込む画像を選択　　**4** 選択画像を読み込む

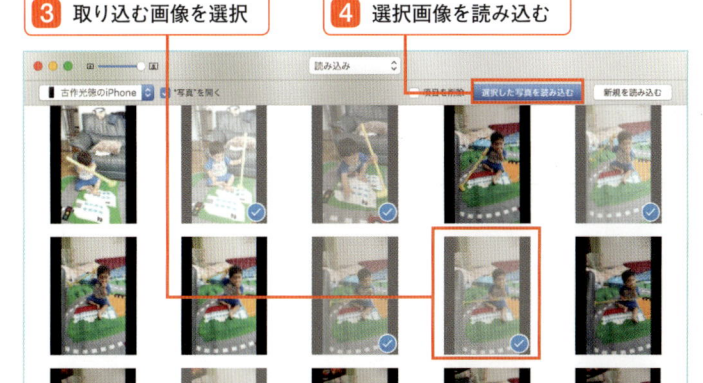

iPhone内の画像が一覧表示されます。**3** 取り込む画像をクリックして選択し、**4** [選択した写真を読み込む] を選択すれば読み込みが開始されます。

> **イラスワン すべての画像を読み込むには**
>
> 全画像を読み込む場合は、左の画面右上にある [新規を読み込む] をクリックします。

選択した画像が取り込まれた

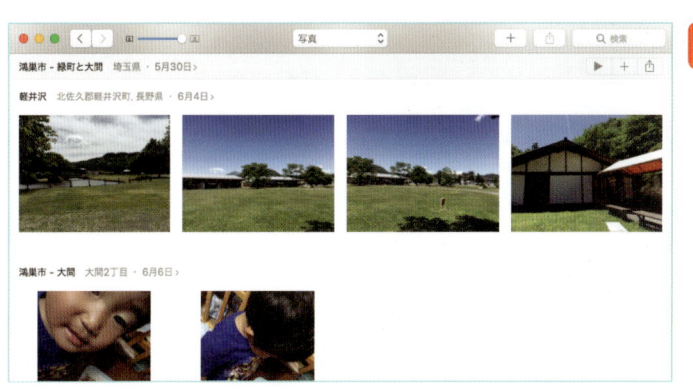

選択した画像が読み込まれます。作業が完了するとライブラリに写真が表示されるようになります。

Androidスマートフォンから写真を読み込む

MacでAndroidスマートフォンで撮影した写真を取り込む場合は、専用のツールを使って端末を認識する必要があります。Android純正の管理アプリ[Android File Transfer]をインストールして認識させて写真の取り込みを行ってみましょう。

≫ [Android File Transfer]をインストールする

1 ブラウザで[Android File Transfer]にアクセス

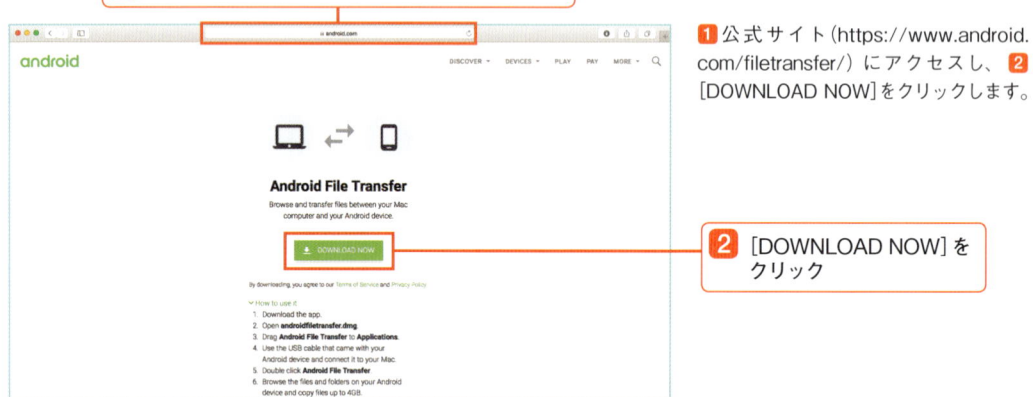

1 公式サイト(https://www.android.com/filetransfer/)にアクセスし、**2** [DOWNLOAD NOW]をクリックします。

2 [DOWNLOAD NOW]を クリック

[androidfiletransfer.dmg]のダウンロードが完了したら**3**ダブルクリックして起動します。

3 ファイルをダブルクリック

4 アイコンをドラッグ&ドロップ

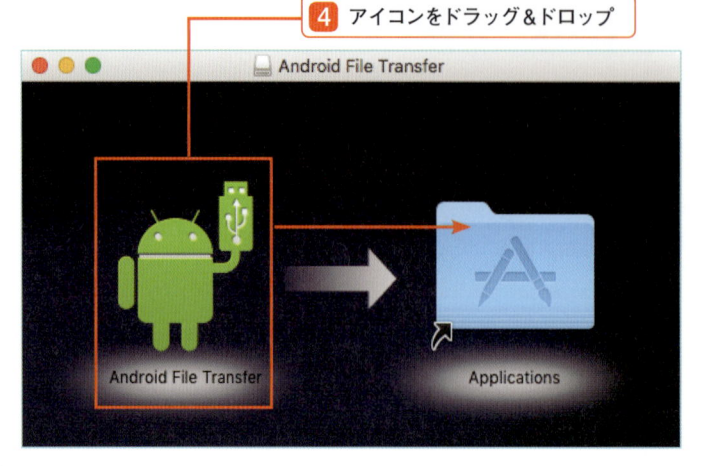

インストール用のアイコンが表示されます。**4**このアイコンを右にある[Applications]にドラッグ&ドロップすればインストールが完了します。

≫ Android スマートフォンから写真を取り出す

1 写真のあるフォルダを選択

[Android File Transfer]を起動したら**1**写真が保存されているフォルダを選択して、**2**デスクトップなどにドラッグ＆ドロップします。

2 デスクトップなどに
ドラッグ＆ドロップ

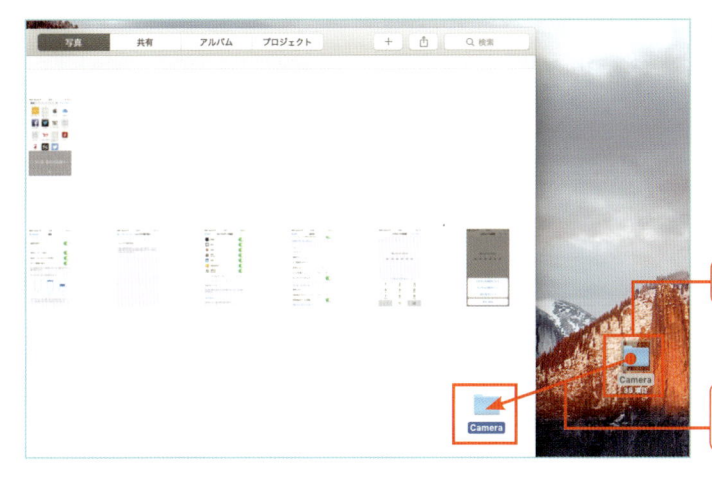

3 Mac上に保存された写真フォルダを選択したら**4**[写真]アプリ上にドラッグ＆ドロップします。

3 写真のあるフォルダを選択

4 [写真]アプリに
ドラッグ＆ドロップ

写真が追加された

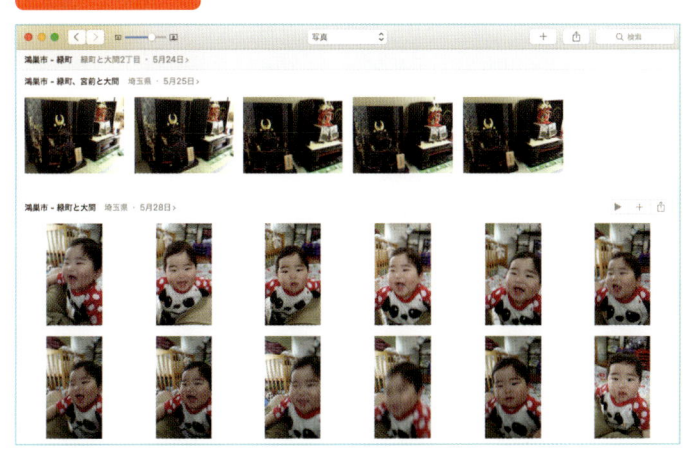

[写真]アプリにAndroidスマートフォンから取り込んだ写真が登録されました。

? ヒント 動画の取り込みも操作は同じ

動画の取り込みも写真と同様に[Android File Transfer]で行えます。この操作は、7章の動画変換でも活用します。

chapter 1
chapter 2
chapter 3
chapter 4
chapter 5
chapter 6
chapter 7
chapter 8
chapter 9
Appendix

[写真] アプリでは、設定画面から共有設定を行うことでiCloudと写真を自動的に同期できます。Macで保存した写真をiCloudにバックアップしておくといった使い方もできます。

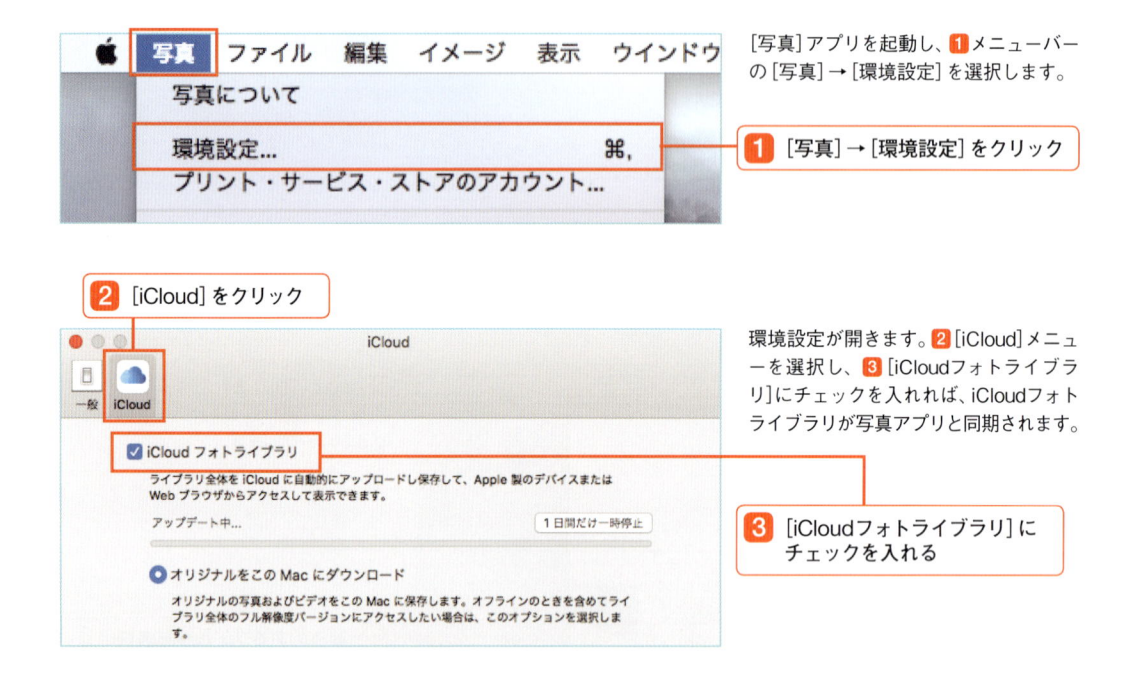

[写真]アプリを起動し、**1** メニューバーの [写真] → [環境設定] を選択します。

1 [写真] → [環境設定] をクリック

2 [iCloud] をクリック

環境設定が開きます。**2** [iCloud]メニューを選択し、**3** [iCloudフォトライブラリ]にチェックを入れれば、iCloudフォトライブラリが写真アプリと同期されます。

3 [iCloudフォトライブラリ] にチェックを入れる

知ろう　**デジカメにある写真を読み込む**

デジカメにある写真の取り込みもiPhoneと同様の操作で行うことができます。ただし、2015年に発売されたMacBookを利用している場合は、充電端子を兼ねる USB-Cポートが1基しか搭載されていないため、純正のアダプターを使って接続する必要があります。

≫ USB-C USB アダプタで接続

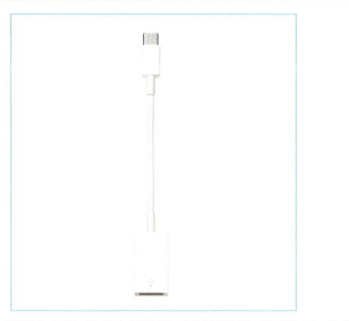

[USB-C-USBアダプタ] (税別2200円) を利用すれば、USB-Cポートを通常のUSB-Aポートに変換でき、デジカメと接続できます。ただし、充電中しながらは使えません。

≫ USB-C Digital AV Multiport アダプタで接続

[USB-C Digital AV Multiportアダプタ] (税別9500円) を利用すれば、充電しながらUSB-Aポートを利用するデジカメと接続できます。こちらは充電しながらでも使えます。

使おう　写真アプリのライブラリを外部HDDに移動する

多くの写真を読み込むと、システムドライブのHDD容量を圧迫してしまうことがあります。写真のライブラリを外部HDDに移動してシステムドライブの容量を確保しましょう。

1 ライブラリをコピー

ピクチャフォルダ内にある **1** [写真ライブラリ]を外付けのHDDにコピーします。

> **ヒント**
> **? MacBook 使用時の注意点**
>
> USB-Cポートを搭載しているMacBookを利用している場合は、別売のアダプタを使って接続する必要があります。

コピーした写真ライブラリの名前を **2** 任意のものに変更します。

2 ライブラリ名を変更

3 [option]キーを押しながら起動

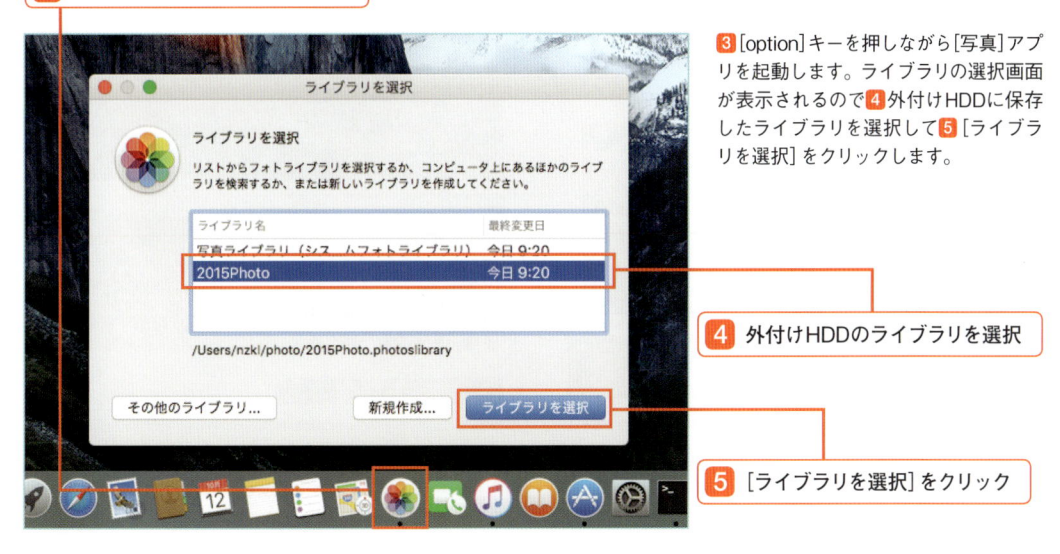

3 [option]キーを押しながら[写真]アプリを起動します。ライブラリの選択画面が表示されるので **4** 外付けHDDに保存したライブラリを選択して **5** [ライブラリを選択]をクリックします。

4 外付けHDDのライブラリを選択

5 [ライブラリを選択]をクリック

chapter 1　chapter 2　chapter 3　chapter 4　chapter 5　chapter 6　chapter 7　chapter 8　chapter 9　Appendix

写真を楽しもう

ライブラリ内の写真を見る

[写真]アプリを利用すれば、ライブラリ内に読み込まれている写真を選択することで開くことができます。手軽にチェックできるサムネイルやクイックルックをはじめ、詳細を確認して編集もできるプレビューなどさまざまな写真のチェック方法が存在しているのでそれぞれの特徴と操作方法をマスターしておきましょう。

使おう サムネイルの表示とサイズの変更方法

写真アプリに読み込まれている写真は、内容がわかるようにサムネイル形式で表示されます。まずはサムネイルの表示切り替えやアイコンサイズの変更方法を覚えておきましょう。

1 クリックして表示方法を変更

表示が切り替わった

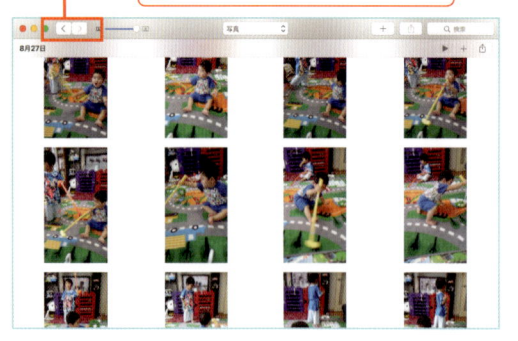

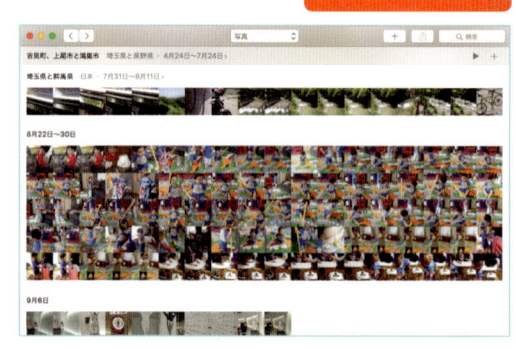

[写真]アプリを起動するとモーメントと呼ばれる表示が行われます。**1**[<]や[>]ボタンをクリックすると年別やコレクション、モーメントと表示方法が切り替えられます。

年別表示やコレクション表示に切り替えると特定期間内に撮影された写真が一覧表示されます。たくさんある写真の中から目的の写真を探し出すのに最適です。

≫ モーメント

≫ コレクション

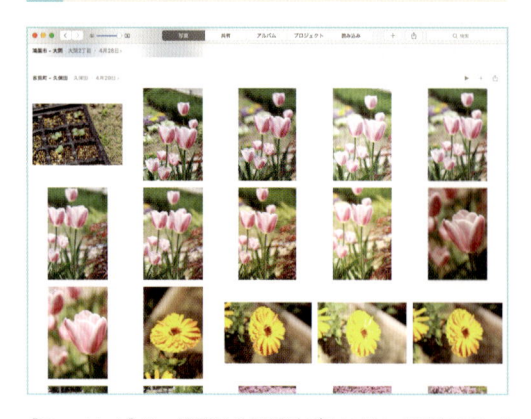

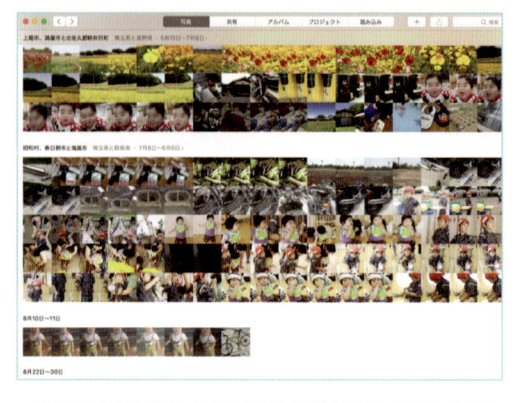

[モーメント]は、撮影日や撮影地ごとに細かく写真を並べてくれる表示方法です。実際に開きたい写真を選択する際に利用すると便利でしょう。

一定期間内に撮影された写真や撮影地を大まかに分類して一覧表示してくれるのが[コレクション]です。目的の写真をいつ撮影したか定かでない場合に活用すると便利です。

使おう　写真を拡大表示する

サムネイル表示される写真のアイコンをダブルクリックすれば開くことができます。スライダーを左右にスライドすれば、写真の拡大や縮小を行うこともできます。

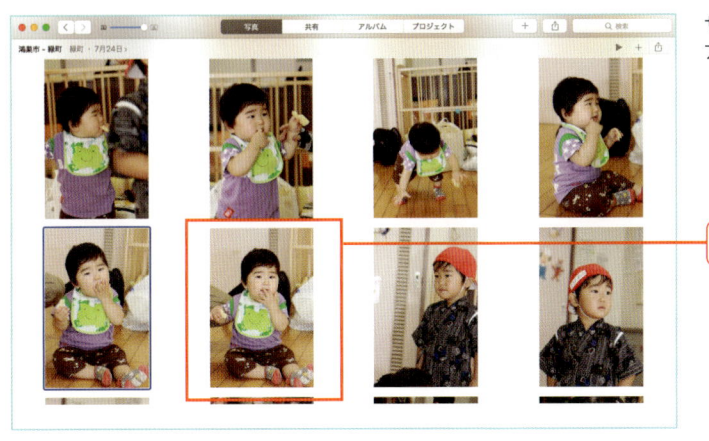

サムネイル一覧から **1** 開きたい写真のアイコンをダブルクリックします。

1 選択してダブルクリック

2 スライドしてサイズを変更

選択した写真が表示されます。**2** スライダーを右にスライドすると写真が拡大、左にスライドすると縮小されます。

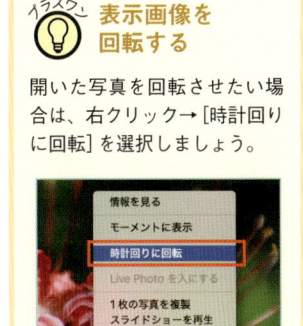

イラスク 表示画像を回転する

開いた写真を回転させたい場合は、右クリック→[時計回りに回転]を選択しましょう。

拡大表示された

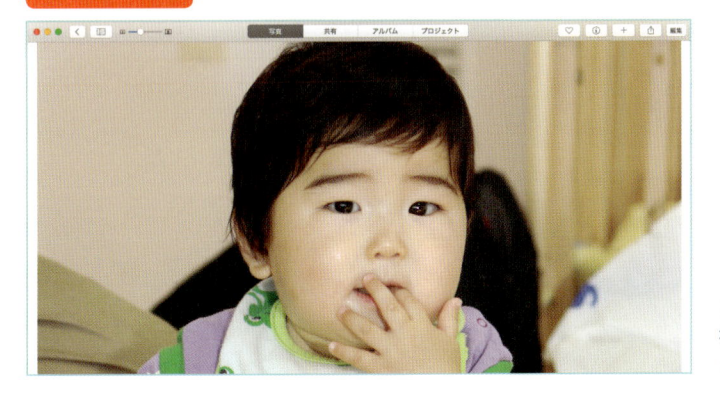

スライダーを右にスライドして写真を拡大してみました。写真の詳細を確認したい場合などに活用してみましょう。

お気に入りの写真をアルバムにまとめる

[アルバム] メニューを開くと、お気に入りの写真をまとめたアルバムを作成することができます。フォルダを作成して写真を選ぶだけといった簡単な操作が魅力です。

[写真] アプリを開いたら **1** [アルバム] をクリックします。

1 [アルバム] をクリック

2 [+] をクリック

2 [+] をクリックして **3** メニューから [アルバム] を選択します。

3 [アルバム] をクリック

アルバムの作成画面が開きます。**4** アルバム名を入力し、**5** [OK] をクリックすれば作成が完了します。

4 アルバム名を入力

5 [OK] をクリック

ライブラリ内の写真を見る | 6-02

chapter 1
chapter 2
chapter 3
chapter 4
chapter 5
chapter 6
chapter 7
chapter 8
chapter 9
Appendix

6 画像を選択　　　　　　　　　　　　**7** ［追加］をクリック

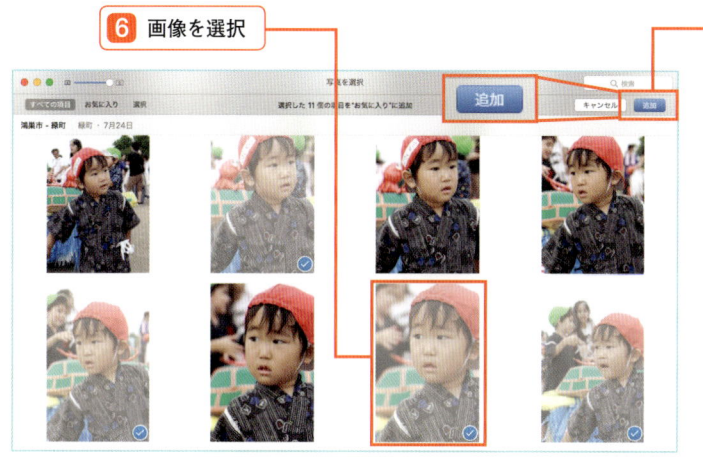

サムネイル一覧から **6** アルバムに追加したい画像を選択して **7** ［追加］をクリックします。

> **💡 イラスワン**　**画像をランダムに選択する方法**
>
> ［command］キーを押しながらクリックすると、複数画像を選択することができます。

8 アルバムを開く

アルバムメニュー内に作成したアルバムが表示されるので **8** アルバム名をダブルクリックして開きます。

アルバムの写真が表示された

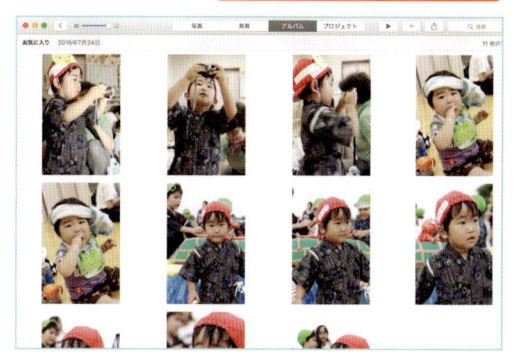

選択したアルバムが開きました。拡大表示はもちろん、印刷などの操作を行うことができます。

💡 イラスワン　スライドショーを再生する

アルバムに追加した写真をスライドショーで楽しむことができます。［▶］からメニューを開いて再生効果やアニメーション、BGMを選択し［スライドショーを再生］をクリックするとスライドショーの再生が開始されます。

1 ［▶］→［ミュージック］を開く

2 BGMを選択

3 ［テーマ］を開く

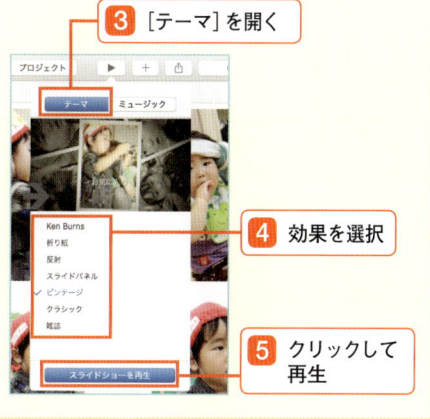

4 効果を選択

5 クリックして再生

開いた写真を印刷する

[写真]アプリには、画像を印刷する機能が搭載されています。ドキュメントと比べて用紙サイズの選択肢が多いため、設定をしっかり確認してから印刷を実行しましょう。

サムネイル一覧から**1**印刷したい画像を選択します。

> 💡 **イラスク** **画像をランダムに選択する方法**
>
> [command]キーを押しながらクリックすると、複数画像を選択することができます。

1 画像を選択

2[ファイル]をクリックし、**3**メニューから[プリント]を選択します。

2 [ファイル]をクリック

3 [プリント]を選択

印刷の設定画面が表示されます。**4**画面右上にあるプルダウンメニューから印刷に利用するプリンタを選択します。

4 プリンタを選択する

5 用紙サイズを選択

6 用紙の種類を選択する

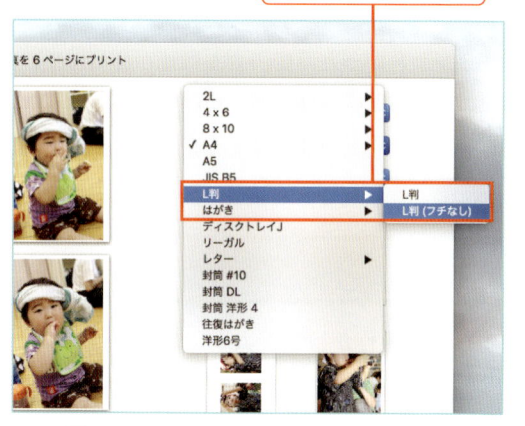

続いて 5 印刷に利用する用紙サイズを選択します。

用紙サイズの下にあるプルダウンメニューから 6 プリンタにセットした用紙の種類を選択します。

7 印刷方法を選択

8 [プリント]をクリック

7 用紙サイズに合わせる[フィット]やフチなし印刷の[フィル]など、サムネイルを確認しながら印刷方法を選択します。すべての印刷設定が完了したら 8 [プリント]をクリックして印刷を実行します。

インデックスシートの印刷にも対応

ヒント

印刷設定画面の右側にある印刷方法の設定画面から[インデックスシート]を選択すれば、選択した画像をサムネイルのように印刷するインデックスシートが印刷できます。表示する列数を設定したり、カメラの機種やシャッター速度といったEXIF情報をキャプションとして表示させることもできます。

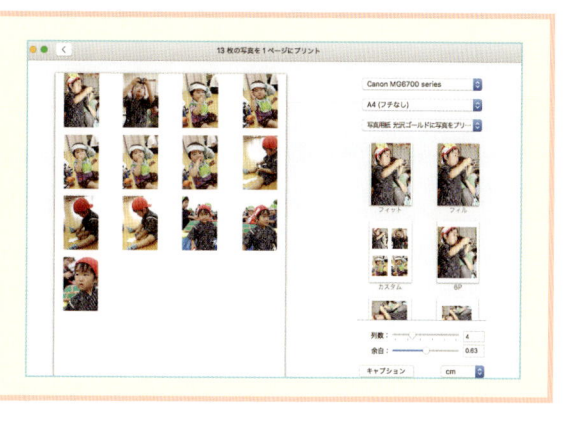

chapter 6

写真を楽しもう

03 写真を編集する

写真アプリには、自動補正や回転、トリミングといった写真の編集機能が備わっています。これらの機能を活用すれば、思い出の写真をより印象的に演出することができます。また、細かな色調整やフィルタ、不要な部分を消すレタッチ操作など、本格的なツールも搭載されているのも特徴です。

知ろう　写真アプリの編集画面

写真アプリの編集画面は、ひとつの画面上ですべての操作が行えるように設計されています。まずは編集画面の見方をしっかり覚えておきましょう。

分割表示
同じ日付に撮影された写真やアルバム内の写真を表示／非表示にします。複数の写真を補正する際に利用すると便利です。

拡大／縮小
スライダーを右にスライドすれば写真を拡大、左にスライドすると縮小します。細部の編集時に活用しましょう。

完了
編集完了時にクリックすると編集した内容を保存してライブラリに戻ります。編集しない場合もここからライブラリに戻れます。

編集画面
写真が表示されます。編集した内容がリアルタイムに反映されるのでサムネイルを参考に編集しましょう。

編集メニュー
編集ツールが一覧表示されます。ここから編集内容に合ったツールを選択しましょう（詳細は P.129-133 を参照）。

使おう　写真を回転する

[回転]メニューを利用すれば、写真の向きを変えることができます。1回クリックするたびに反時計回りに90度回転することができます。

編集したい写真を開いたら**1**[編集]をクリックします。

1 [編集]をクリック

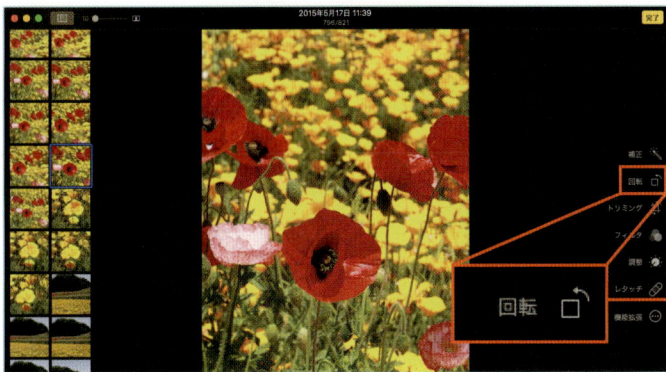

編集画面が開きます。写真を回転する場合は**2**[回転]をクリックします。1回クリックすると反時計回りに90度回転します。

2 [回転]をクリック

写真が回転した

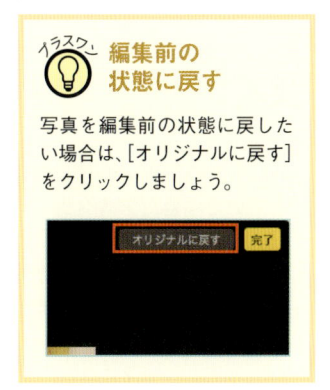

イラスク
💡 **編集前の状態に戻す**

写真を編集前の状態に戻したい場合は、[オリジナルに戻す]をクリックしましょう。

使おう　写真をトリミングする

写真の必要な部分だけを切り取ったり、一部分を拡大したりする場合に活用すると便利なのが[トリミング]と呼ばれる操作です。縦横比を維持したままトリミングできるほか、自由自在にサイズを選択してトリミングすることもできます。

トリミングしたい画像を開いたら **1** [トリミング]をクリックします。

1 [トリミング]をクリック

2 トリミング範囲を調整　　**4** [完了]をクリック

2 写真の四隅をドラッグしてトリミング範囲を調整します。**3** 角度バーをスライドすれば、写真の角度を調整できます。範囲の指定が完了したら **4** [完了]をクリックしてトリミングを実行します。

3 スライドして角度を調整

ヒント ? 縦横比を自由自在にカスタマイズする

トリミング範囲の縦横比が固定されてしまっている場合、[アスペクト]をクリックして[自由形式]を選択することで縦横比の固定が解除できます。あとは選択範囲の四隅をドラッグすることで自由自在にトリミングを行うことができます。

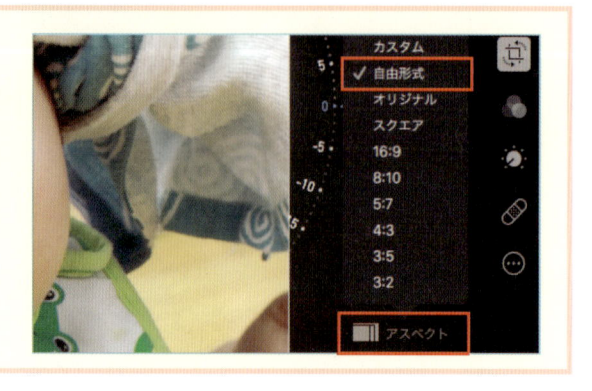

使おう　アートフィルターで写真の印象を変える

フィルタ機能を利用すれば、モノトーンやインスタントといった具合に写真の印象を変えることができます。適用したフィルタを再びクリックすれば適用を取り消せます。

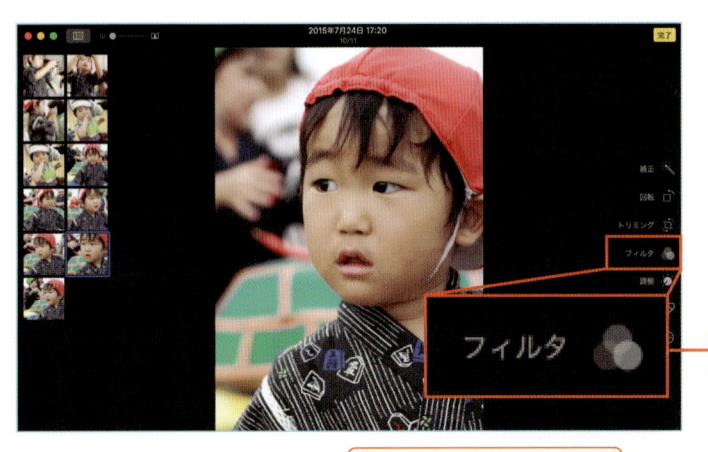

写真を開いたら**1**［フィルタ］をクリックします。

1 ［フィルタ］をクリック

2 適用するフィルタを選択

適用可能なフィルタが一覧表示されるので**2**フィルタを選択し、**3**［完了］をクリックします。

3 ［完了］をクリック

イラスク💡 クリックひとつで自動補正できる

［補正］機能を利用すれば、明るさやコントラストなどをクリックひとつで自動的に補正することができます。補正した写真を元の状態に戻したい場合は、［オリジナルに戻す］をクリックしましょう。

1 ［補正］をクリック

chapter 1
chapter 2
chapter 3
chapter 4
chapter 5
chapter 6
chapter 7
chapter 8
chapter 9
Appendix

写真の色合いやコントラストを細かく調整する

[調整] メニューを利用すれば、写真の色合いやコントラスト、シャープなど細かな調整が行えます。標準設定で表示される項目は3つのみとなりますが、設定を行うことで調整する項目を増やすことができます。

1 [調整] をクリックします。

1 [調整] をクリック

調整項目が表示されます。**2** スライドバーを左右に動かして画質を調整します。

2 画質を調整

3 [追加] をクリック

3 [追加] をクリックすると **4** 調整項目を追加可能です。クリックしてチェックを付けると追加できます。

4 追加する項目を選択

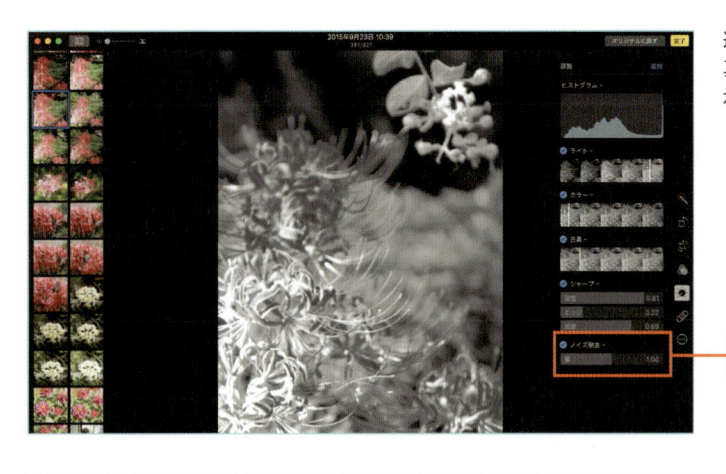

選択した調整項目が追加されました。写真の調整だけでなくヒストグラムの表示などを行うこともできます。

調整項目が追加された

使おう　レタッチ機能で不要なものを消す

写真に写りこんでしまった不要なものを消したい場合、[レタッチ] 機能を利用すると便利です。不要な被写体をブラシでこするだけで手軽に消すことができます。

1 [レタッチ]をクリックし、**2** ブラシのサイズを選択して **3** 消したい被写体をドラッグしてこすります。

1 [レタッチ]をクリック

2 スライドしてブラシのサイズを調整

3 被写体をドラッグ

ドラッグした部分にある不要な被写体が消去されました。

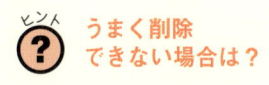

**うまく削除
できない場合は？**

削除がうまくいかない場合は、ブラシのサイズを太めにして被写体の周りを大きく囲んでみましょう。

不要な部分が削除された

chapter 1　chapter 2　chapter 3　chapter 4　chapter 5　chapter 6　chapter 7　chapter 8　chapter 9　Appendix

写真の加工が完了したら新規ファイルとして保存してみましょう。写真アプリでは、写真のファイル形式や品質などを設定して保存することもできます。

1 [ファイル]をクリック

写真の加工が完了したら**1**[ファイル]から**2**[書き出す]→[1枚の写真を書き出す]を選択します。

2 [書き出す]→[1枚の写真を書き出す]をクリック

3写真の保存形式や**4**品質を選択して**5**[書き出す]をクリックします。保存形式はJPEGやTIFF、品質は低品質から最高品質まで4段階から選べます。

3 保存形式を選択

4 品質を選択

5 [書き出す]をクリック

イラスワ
💡 書き出しの際にリサイズする方法

[サイズ]欄のプルダウンメニューから画像のサイズが4段階から選択できます。保存容量に制限のあるSNS向け写真の保存などに利用しましょう。

6 [書き出す]をクリック

保存先を選択して**6**[書き出す]をクリックしましょう。

chapter 6

04

写真を楽しもう

便利な写真編集アプリを使う

外部アプリを利用すれば、標準搭載される写真アプリでカバーしきれない写真の編集を行うことができます。ここでは、写真のサイズを縮小したり圧縮してくれるリサイズアプリを紹介します。アップロードできる容量やサイズが限られたインターネット投稿に役立つので利用方法をマスターしておきましょう。

使おう　写真の編集やリサイズを行う

SNSやブログに掲載する写真には、最大サイズが設けられているためデジカメで撮影した写真がそのまま公開できないということもあります。そんな場合は、リサイズアプリ[Th-MakerX]を使って写真のサイズそのものを縮小してみましょう。

1 [ダウンロード]をクリック

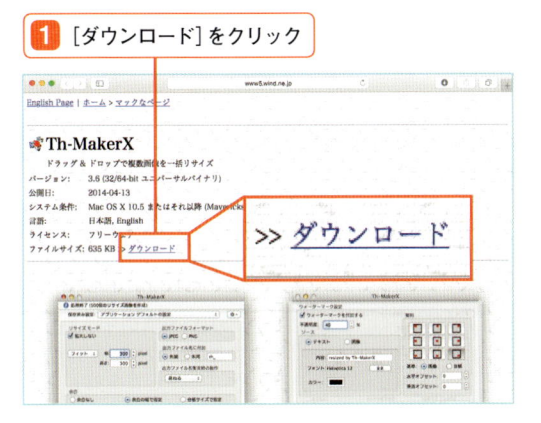

ブラウザで公式サイト（http://www5.wind.ne.jp/miko/mac_soft/th-maker_x）にアクセスし**1**[ダウンロード]をクリックします。

ヒント　セキュリティ設定が必要な場合もある

Webからダウンロードしたアプリは、セキュリティの問題で開けないこともあります。P.220の手順を参考にしてアプリケーションの起動を許可するように設定しましょう。

1 [すべてのアプリケーションを許可]を選択

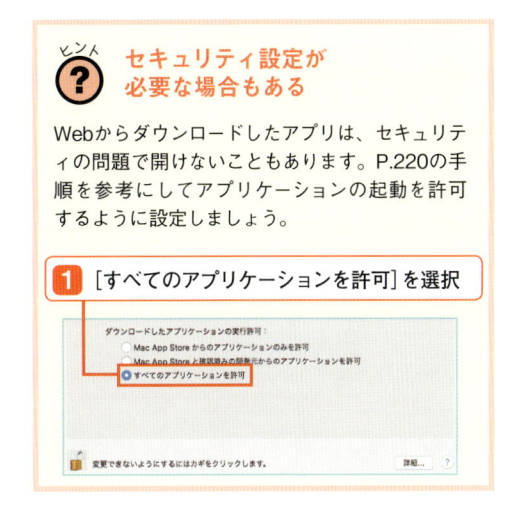

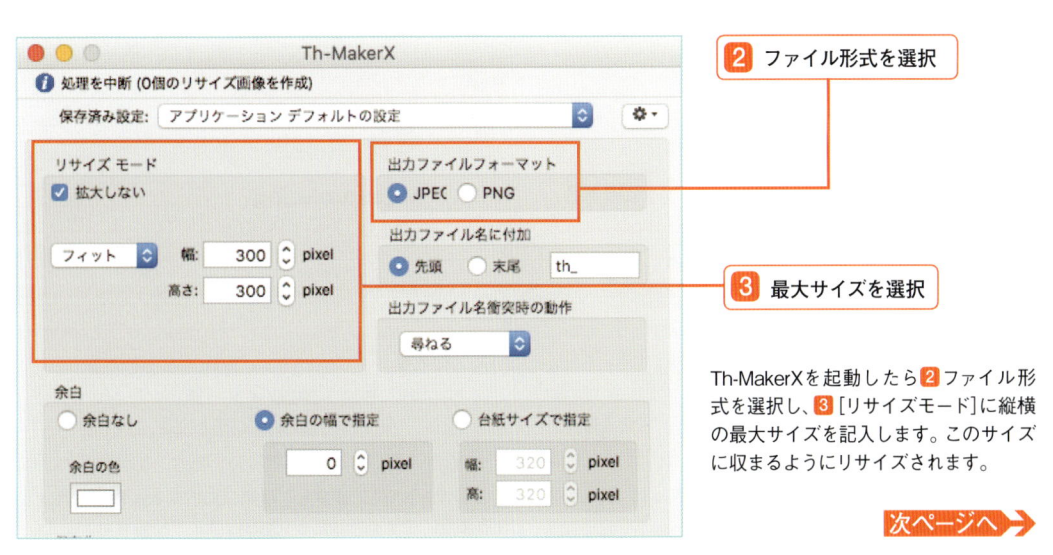

2 ファイル形式を選択

3 最大サイズを選択

Th-MakerXを起動したら**2**ファイル形式を選択し、**3**[リサイズモード]に縦横の最大サイズを記入します。このサイズに収まるようにリサイズされます。

次ページへ ➡

[保存先]欄にあるチェックボックスから
4 保存先を選択します。

4 保存先を選択

5 画面上にドラッグ＆ドロップ

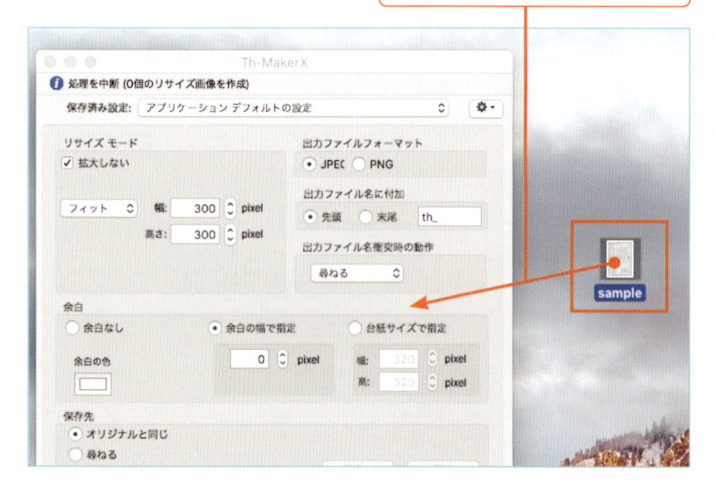

すべての設定が完了したら **5** リサイズ
したい画像ファイルのアイコンを
[Th-MakerX]の画面上にドラッグ＆ド
ロップします。

> **ヒント ?** 設定によっては
> 画像が粗くなる
>
> このアプリは、写真のサイズを
> 小さくすることに加え、解像度
> を落とすことで容量を抑えま
> す。そのため、高解像度の写真
> を変換した場合、粗くなること
> がある点に注意が必要です。

ファイルサイズが低容量になった

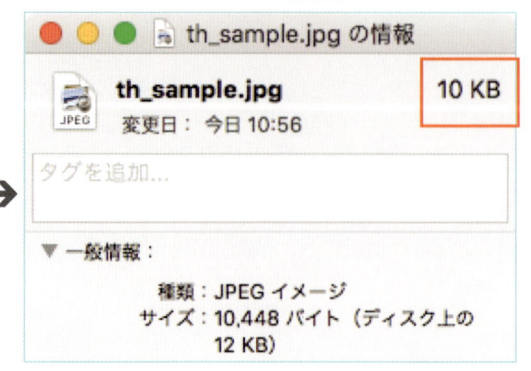

サンプルとして用意した元の画像ファイルは、およそ
100KB。これをリサイズすると…。

保存形式をJPEGに変更し、縦横300ピクセル程度に抑えら
れるようにリサイズしたら10KB程度まで圧縮されました。

chapter

7

動画を楽しもう

chapter 1

chapter 2

chapter 3

chapter 4

chapter 5

chapter 6

chapter 7

chapter 8

chapter 9

Appendix

01

動画を楽しもう

iMovieの基本操作

iMovieは、Appleがリリースしている動画編集ソフトです。新規ユーザーの場合は、1800円の有料ソフトとなりますが、MacBookなどの本体やiMovieが標準搭載されていた旧Mac OSユーザーなら無料で利用することができます。ビデオカメラやスマートフォンなどで撮影した動画を編集してみましょう。

知ろう　iMovieのメインメニュー

iMovieは、ひとつの画面上で素材となるファイルの指定から効果の追加、書き出しといった一連の操作が行えるように設計されています。まずは画面の見方を覚えましょう。

プロジェクトや素材の読み込み
新規／既存のプロジェクトの読み込み画面を表示させたり、外部機器からの素材の読み込みを行ったりする場合に利用します。

画質調整
映像の明るさやコントラスト、トリミングなどの各種操作ツールが表示されます。

ビューア
作成している動画を再生する画面です。編集内容は即座に反映され、その場で仕上がりのイメージが確認できます。

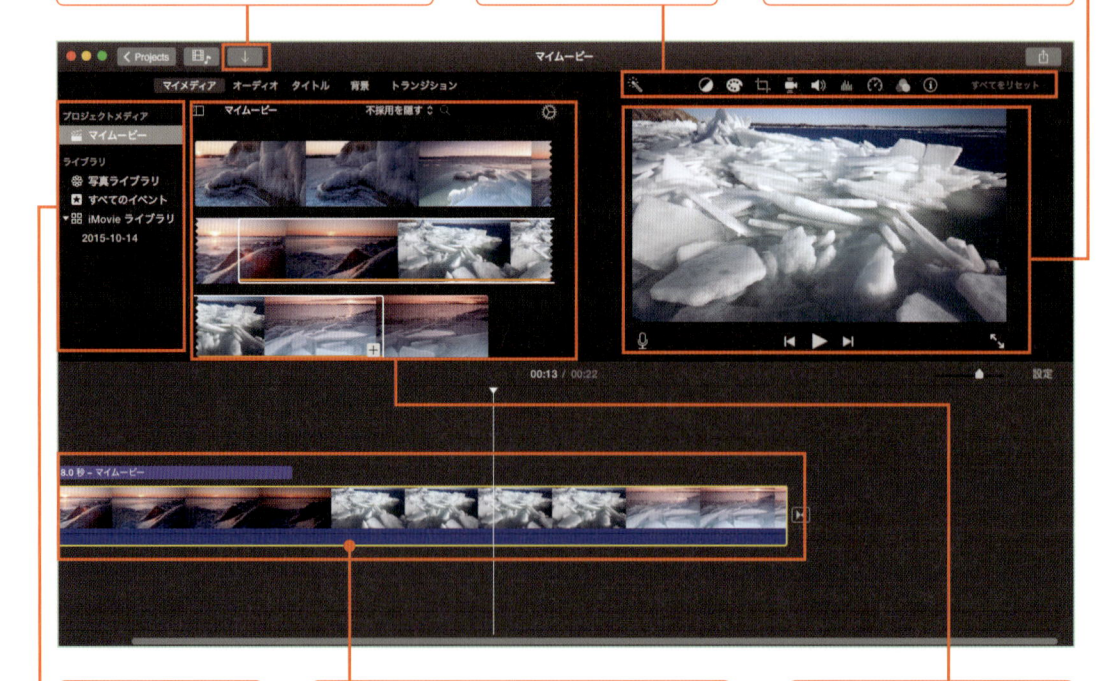

ライブラリ
動画の編集素材となる動画や音楽、写真などのデータを開くことができます。

タイムライン
動画や音楽、写真、字幕など映像を構成する素材が時系列ごとに並びます。ここに表示されている素材を伸ばしたり縮めたりすることで表示タイミングを変えられます。

ブラウザ
ライブラリから選択したフォルダに収録されている動画や音楽、写真などの素材が一覧表示されます。

使おう　新規プロジェクトを作成する

iMovieには、自由度の高い編集が楽しめる［ムービー］と手軽に編集できる［予告編］といった2つの作成方法が選べ、それぞれ［プロジェクト］と呼ばれる編集状態を記録しておくファイルで管理されます。ここではムービーのプロジェクト作成方法を紹介します。

iMovieを起動するとプロジェクトの作成画面が表示されます。ここでは **1** ［新規ムービー］を選択します。

1 ［新規ムービー］をクリック

あらかじめ用意されたテーマが一覧表示されます。**2** 利用したいものを選択して **3** ［作成］をクリックします。

2 テーマをクリック

3 ［作成］をクリック

4 プロジェクト名を入力

プロジェクト名の入力画面が表示されます、**4** 任意の名前を入力して **5** ［OK］をクリックします。

5 ［OK］をクリック

💡 完成イメージを確認しながらテーマを選ぶことができる

テーマの選択画面に表示されるサムネイルをクリックすると完成イメージがつかみやすいサンプルムービーが再生されます。気になるテーマをあらかじめ再生して利用するものを選択してみましょう。

02 動画の取り込み方法

動画を楽しもう

iMovieでは、Mac本体に保存されている動画ファイルはもちろん、iPhoneやiPad、Androidスマートフォンなどの端末、さらにデジカメやビデオカメラから直接動画を取り込むこともできます。動画の取り込みは、動画編集の下準備として重要な操作となるので手順をしっかり覚えておきましょう。

使おう | **Mac本体に保存されている動画を読み込む**

Mac本体に保存されている動画ファイルは、iMovieのライブラリから保存フォルダを選択すれば利用することができます。後に紹介するAndroidスマートフォンから読み込んだ動画ファイルもこの操作でiMovieに登録する必要があります。

iMovieの編集画面を開いたら画面上部にある **1** [読み込む]アイコンをクリックします。

> **1** [読み込む]アイコンをクリック

2 動画があるフォルダを選択

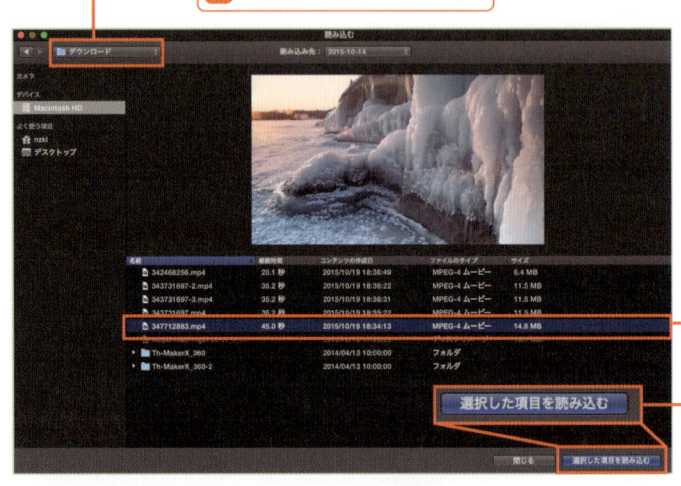

動画の読み込み画面が表示されます。**2** ライブラリから動画ファイルがあるフォルダを選択し、**3** 読み込む動画を選択して **4** [選択した項目を読み込む]をクリックします。

> **3** 読み込む動画を選択

> **4** [選択した項目を読み込む]をクリック

ブラウザに動画が読み込まれ、編集可能な状態になりました。編集方法はP.144を参照してください。

> **動画が表示された**

使おう　iPhoneやiPad内にある動画を読み込む

iPhoneやiPadに保存されている動画ファイルは、読み込みメニューから各デバイスを選択することで読み込むことができます。LightningケーブルやDockケーブルで接続してから読み込み操作を行いましょう。

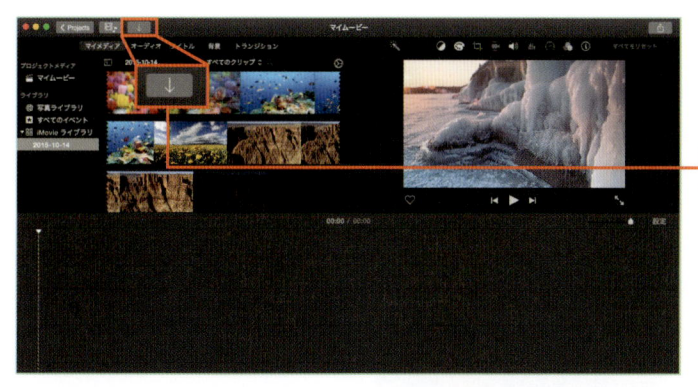

iMovieの編集画面を開いたら画面上部にある**1**［読み込む］アイコンをクリックします。

1 ［読み込む］アイコンをクリック

2 動画があるデバイスを選択　　**3** 読み込む動画を選択

2 ［カメラ］欄からiPhoneやiPadを選択します。しばらくすると動画の一覧が表示されるので**3**読み込む動画を選択して**4**［選択した項目を読み込む］をクリックします。

4 ［選択した項目を読み込む］をクリック

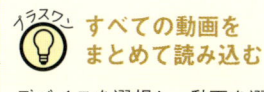

すべての動画をまとめて読み込む

デバイスを選択し、動画を選択せずに［すべてを読み込む］を選択すればすべての動画をまとめて読み込めます。

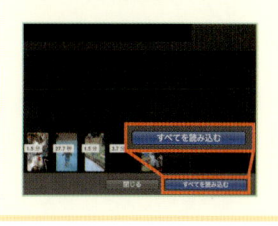

動画が表示された

iPhoneから動画が読み込まれ、ブラウザに表示されます。編集方法はP.144を参照してください。

chapter 1
chapter 2
chapter 3
chapter 4
chapter 5
chapter 6
chapter 7
chapter 8
chapter 9
Appendix

使おう　デジカメやビデオカメラから動画を読み込む

デジカメやビデオカメラから動画を読み込む場合は、USBケーブルを使ってMacと接続し、読み込みメニューから機器を選択しましょう。

P.140の手順に従って読み込み画面を開いたら**1**ライブラリから接続したデジカメやビデオカメラを選択します。

1 読み込む機器を選択する

2読み込む動画を選択して**3**[選択した項目を読み込む]をクリックすれば読み込まれます。

2 読み込む動画を選択

3 [選択した項目を読み込む]をクリック

💡 **写真を読み込むこともできる**

デジカメやビデオカメラで撮影した写真を読み込みたい場合は、画面上部のプルダウンメニューから[写真]を選びます。あとは読み込みたい写真を選択して[選択した項目を読み込む]をクリックすれば取り込まれます。

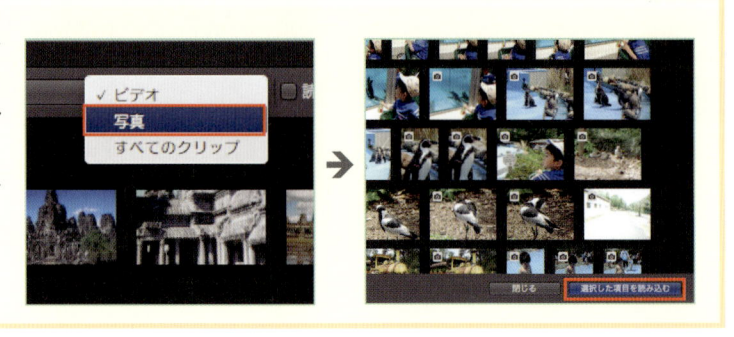

使おう　Androidスマートフォンから動画を読み込む

Androidスマートフォンから動画を読み込む場合は、[Android File Transfer] というツールを使ってスマートフォンから動画ファイルを Mac にコピーします。そのうえで P.140 の手順に従って動画を読み込ませましょう。

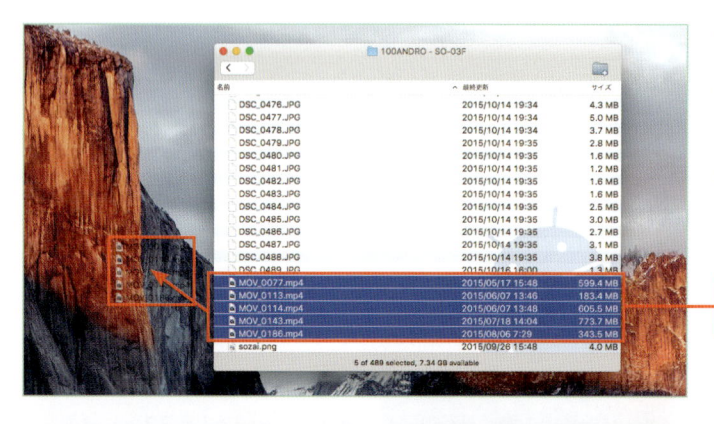

Androidスマートフォンを Mac に接続し、[Android File Transfer]（P.118を参照）を起動したら ①動画が保存されているフォルダを開き、編集に利用する動画をデスクトップや任意のフォルダにコピーします。

1 デスクトップや任意の
　　フォルダにコピー

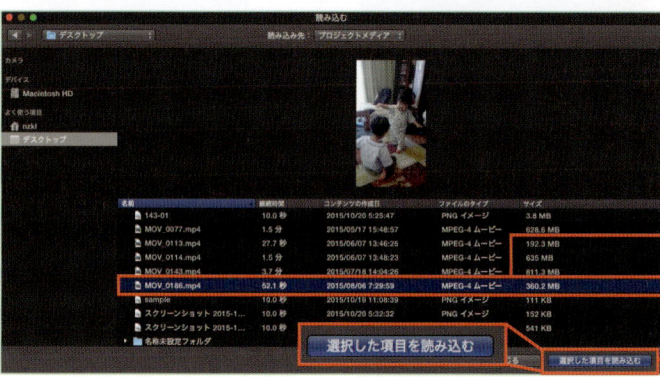

Mac にコピーされた動画ファイルを iMovieで読み込みます。②読み込む動画を選択して ③[選択した項目を読み込む]をクリックします。詳しくは P.140 の手順を参照しましょう。

2 読み込む動画を選択

3 [選択した項目を読み込む]
　　をクリック

Androidを MacBookに接続するには

MacBook Pro、Mac Book Air は一般的なUSB端子を備えていますが、MacBook の場合には新しい USB Type-cという規格を採用しているため、有線での接続には別途アダプタなどが必要です。Apple 純正品としては、[USB-C - USBアダプタ] が2200円で販売されています。

取り込んだ動画を編集する

新規プロジェクトの作成と動画の取り込みが完了したら実際に動画を編集してみましょう。iMovieでは、マウス操作で不要な部分をカットしたり、動画の繋ぎ目にアニメーションを入れたりするといった操作を行うことができます。また、好きなBGMを流すことも可能です。MacBookで動画編集にチャレンジしてみましょう。

使おう クリップをタイムラインに追加する

取り込んだ映像や写真などの素材のことを［クリップ］と呼びます。iMovieでは、これらのクリップをタイムライン上に並べていくことで動画を編集することができます。まずは、クリップをタイムラインに並べていく方法を覚えておきましょう。

1 範囲を選択

ブラウザに表示されているクリップを選択したら **1** タイムラインに追加する範囲をドラッグ操作で選択して **2**［+］ボタンをクリックします。

2 ［+］をクリック

> 💡 **右クリックでさまざまな操作ができる**
>
> クリップを右クリックすれば、分割したりオーディオの無効化、トリム情報の表示、再生速度の編集など様々な操作が行えます。

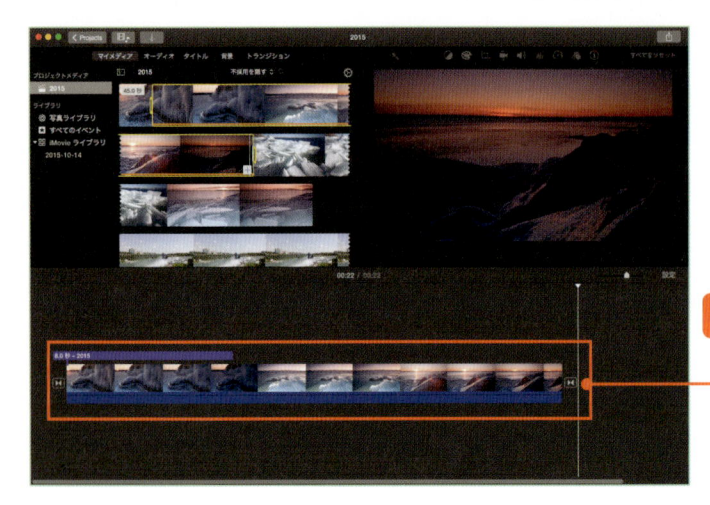

タイムラインに追加された

選択した範囲がタイムラインに追加されました。

取り込んだ動画を編集する | 7-03

chapter 1
chapter 2
chapter 3
chapter 4
chapter 5
chapter 6
chapter 7
chapter 8
chapter 9
Appendix

使おう　動画をプレビュー再生する

タイムラインに配置されたクリップは、プレビュー画面から再生できます。再生したい
部分に編集点を置き［再生］ボタンをクリックすればプレビューが開始されます。

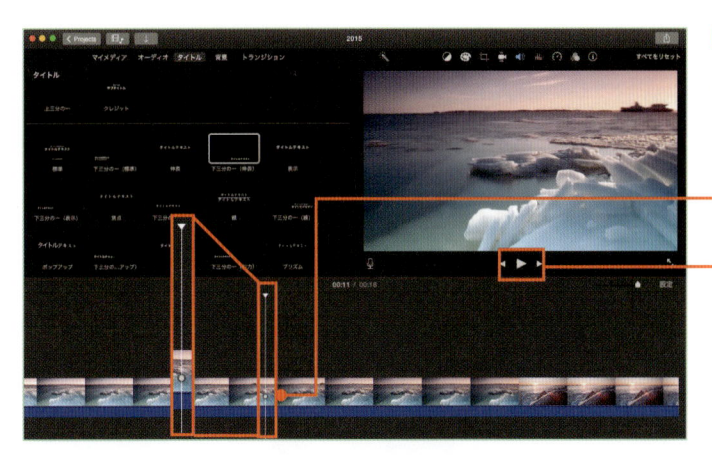

1 タイムラインに登録したクリップか
ら再生したい位置をクリックすると編
集点が表示されます。**2**［再生］ボタン
をクリックすれば再生が開始されます。

1 クリックして編集点を表示

2 クリックで再生

使おう　クリップの不要な部分をトリミングする

タイムラインに配置した動画の無駄な部分を省きたい場合は、［トリミング］と呼ばれる
操作を行ってみましょう。不要な部分をドラッグするだけで削除することができます。

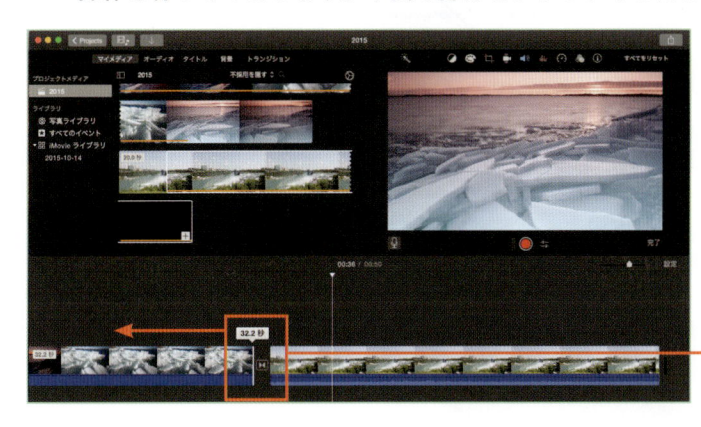

1 タイムラインに表示されたクリップ
の端を内側にドラッグするとトリミング
できます。

> **ヒント**
> **? トリミングは
> クリップ単位で行う**
>
> iMovieのトリミング操作はクリ
> ップごとに行う必要があります。
> クリップの途中を編集したい場
> 合は分割してから行いましょう。

1 スライドしてトリミング

イラスク　トリミングは後から調整できる

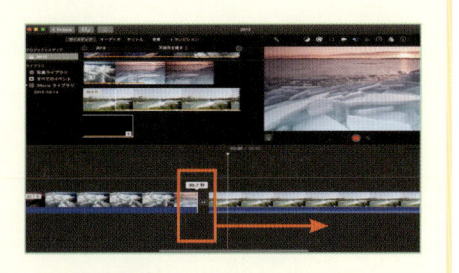

トリミングは、クリップの始点と終点部分をクリップの
内側へ向けてドラッグすることで、クリップを縮める
（＝表示されている部分のみ再生する）操作です。表示
されていない部分は、削除されたわけではないので、ド
ラッグして元に戻したり調整したりできます。

クリップを分割する

タイムラインに登録したクリップは、2つに分割することができます。P.145で紹介した
トリミング操作は、基本的に動画の端でしか操作できないため、動画の途中をトリミン
グするにはクリップを分割してから行う必要があります。

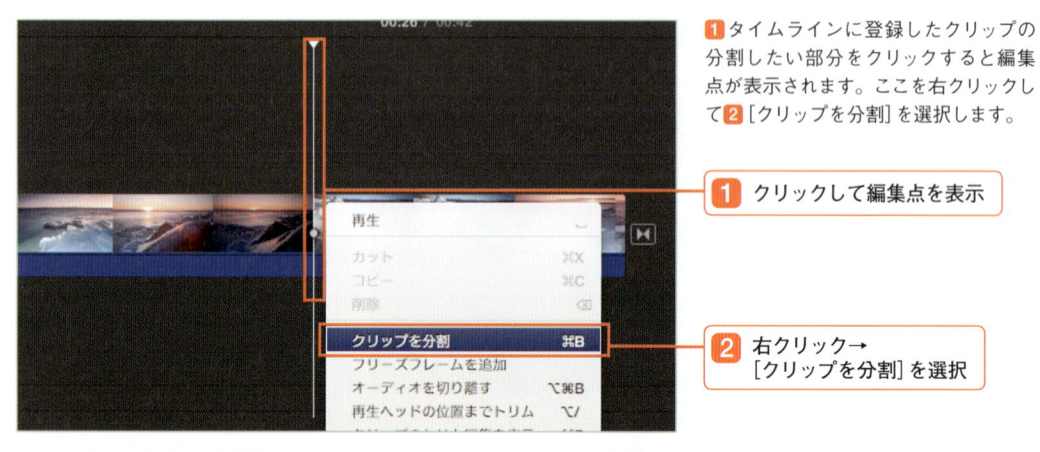

1 タイムラインに登録したクリップの
分割したい部分をクリックすると編集
点が表示されます。ここを右クリックし
て **2** [クリップを分割] を選択します。

1 クリックして編集点を表示

2 右クリック→
[クリップを分割] を選択

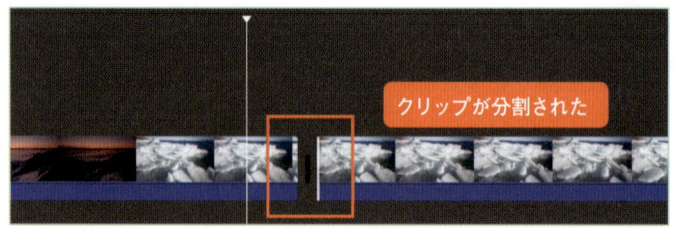

クリップが分割されました。ここからト
リミング操作や移動などが行えます。

シーンの繋ぎ目に効果を付ける

複数のクリップを繋ぎ合わせる際に利用する効果を [トランジション] と呼びます。個性
あふれるトランジションを活用すれば、動画の印象をガラリと変えることができます。

ブラウザの上部にあるメニューから **1**
[トランジション] をクリックします。

1 [トランジション]をクリック

取り込んだ動画を編集する 7-03

chapter 1
chapter 2
chapter 3
chapter 4
chapter 5
chapter 6
chapter 7
chapter 8
chapter 9
Appendix

2 トランジションを選択

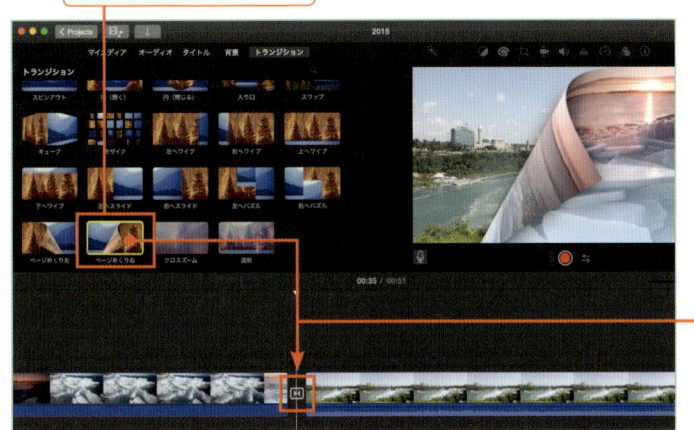

2 トランジションの一覧から挿入したいものを選択したら 3 クリップの繋ぎ目にあるアイコンへドラッグ&ドロップします。

3 ドラッグ&ドロップ

追加したトランジションは、基本的に1秒間のアニメーションで次の動画へ繋ぎます。この設定を変更したい場合は、4 トランジションのアイコンを右クリック→[詳細編集を表示]を選択します。

4 右クリック→[詳細編集を表示]を選択

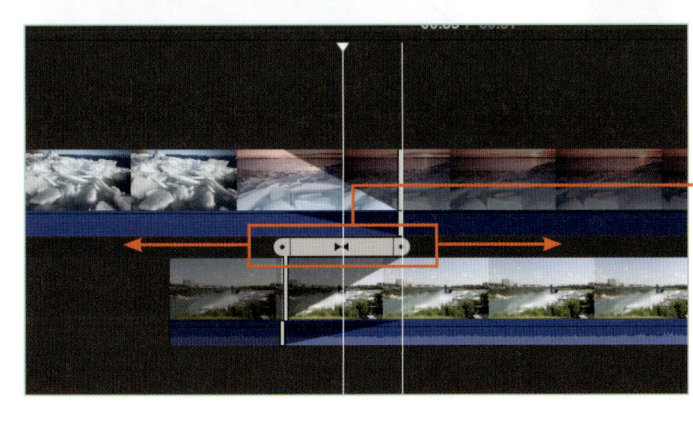

5 スライドで時間を調整

タイムラインに繋ぎ合わせる2つの動画が重なるように表示されます。5 矢印をスライドするとアニメーションの時間が調整できます。

トランジションを削除するには

追加したトランジションを削除したい場合は、クリップとクリップの間に表示される 1 [トランジションの設定]アイコンを選択して[delete]キーを押しましょう。

1 選択して[delete]キーを押す

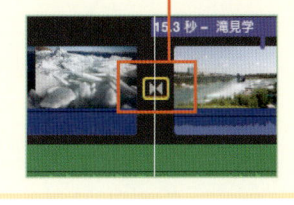
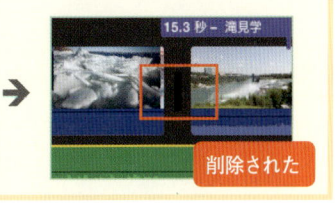

削除された

映像に字幕を挿入する

作成した映像に字幕を挿入することも可能です。表示させる位置や時間、文字など自由自在に設定することができます。

1 [タイトル]をクリック　　**2** タイトルを選択　　**3** ドラッグ＆ドロップ

ブラウザの上部にあるメニューから**1**[タイトル]をクリックします。

2 タイトル一覧から挿入したいタイトルを選択して**3** タイムラインにドラッグ＆ドロップします。

4 タイトルを選択　　**5** 文字を入力　　**6** クリックして確定

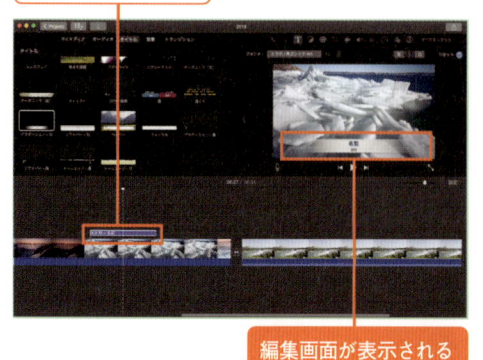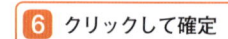

編集画面が表示される

4 挿入されたタイトルを選択すると、プレビュー画面にタイトルの編集画面が表示されます。

5 字幕となる文字を入力して**6** チェックボタンをクリックすれば反映されます。

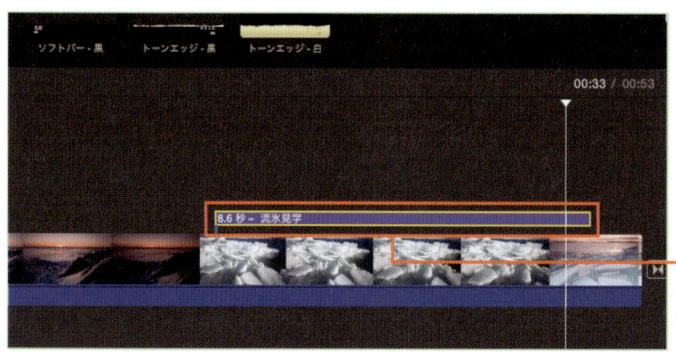

字幕の挿入が完了しました。**7** タイムライン上のタイトルをドラッグしたりスライドすれば、表示するタイミングや時間を調整できます。

7 表示タイミングや時間を調整

使おう　映像にBGMを挿入する

Mac本体に保存されている音楽をタイムラインにドラッグ＆ドロップすれば、ムービーのBGMとして再生されます。

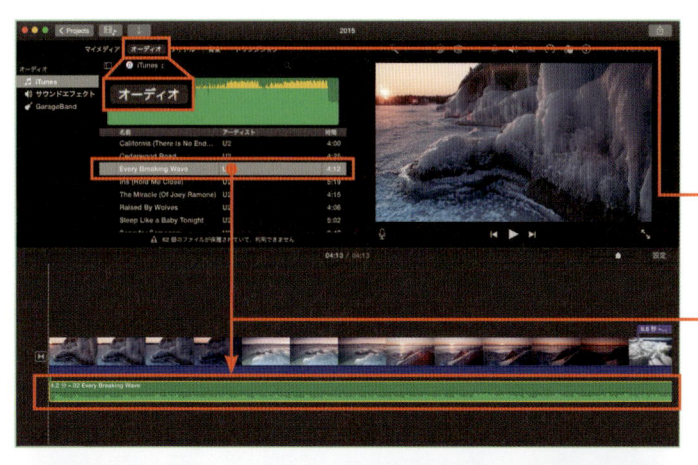

ブラウザの上部にあるメニューから **1**[オーディオ]をクリックし、**2**BGMとして利用する音楽をタイムラインにドラッグ＆ドロップします。

1 [オーディオ]をクリック

2 音楽をドラッグ＆ドロップ

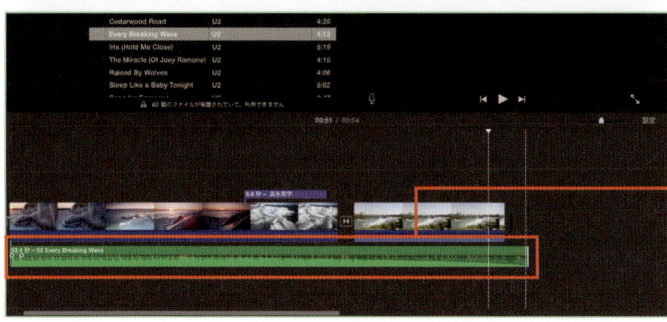

タイムラインにBGMのバーが表示されました。**3**バーをドラッグすれば再生位置、スライドして伸縮すれば再生時間が調節できます。

3 ドラッグで再生位置
伸縮させて再生時間を調整

💡 BGMの音量や再生速度を調整する

BGMの再生音量や再生速度の調整は、タイムラインに表示されるBGMバー内にあるスライダーから行うことができます。しかし、再生速度の調整スライダーは、右クリックメニュー→[速度エディタを表示]から表示させる必要があります。

1 スライドして音量を調整

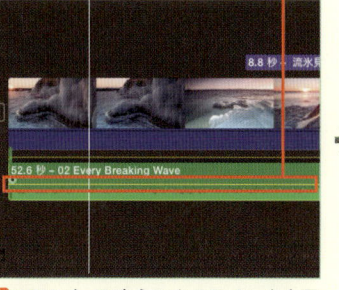

1BGMバーの中心にあるラインを上下に移動すると音量が調整できます。

2 スライドして再生速度を調整

右上にあるスライダーを**2**左右に移動すると再生速度が調整できます。

04 ムービーの書き出し&メディア保存

ムービーの作成が完了したら動画ファイルとして保存してみましょう。iMovieでは、Macの本体に保存する以外にも、直接YouTubeなどの動画共有サイトやFacebookなどのSNSに最適化された動画を作成して自動的にアップロードすることもできます。

使おう 作成したムービーを動画ファイルとして保存する

ムービーの保存は、[共有] メニューから行うことができます。動画ファイルとして保存したい場合は [ファイル] を選択します。

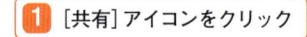

1 [共有]アイコンをクリック

2 [ファイル]を選択

画面右上にある**1**[共有]アイコンをクリックして**2**[ファイル]を選択します。

3 ファイル名を入力

ファイルの作成画面が表示されます。まずは**3**動画の名前を入力します。

4 タグ名を入力

続いて**4**タグ名を入力します。このタグを入力しておくことで動画ファイルが見つけやすくなります。

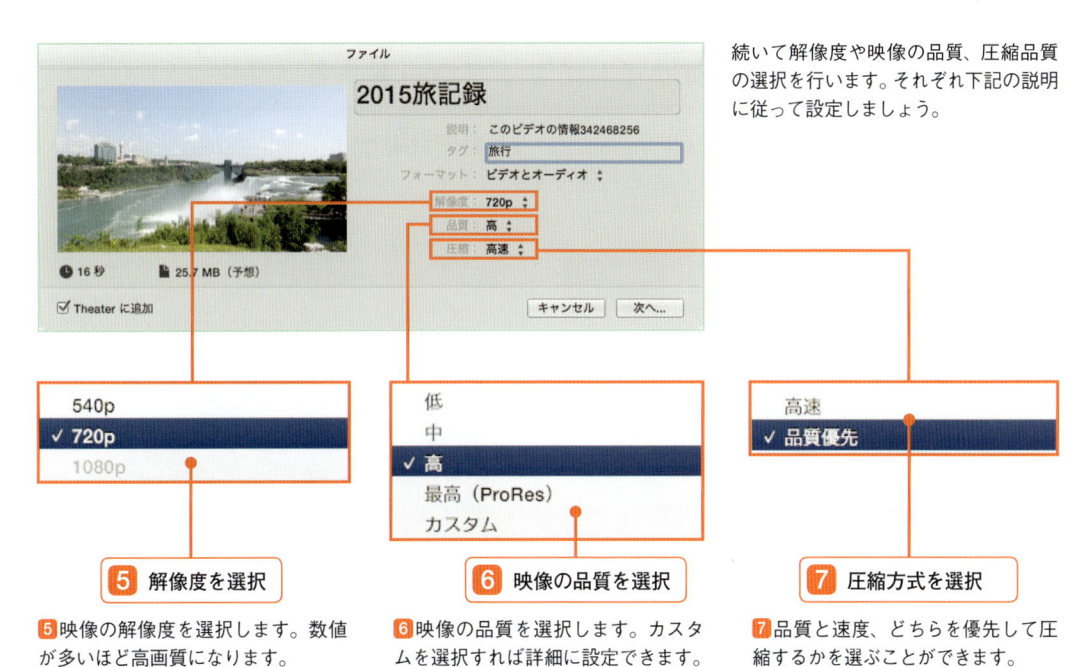

続いて解像度や映像の品質、圧縮品質
の選択を行います。それぞれ下記の説明
に従って設定しましょう。

5 解像度を選択

5映像の解像度を選択します。数値
が多いほど高画質になります。

6 映像の品質を選択

6映像の品質を選択します。カスタ
ムを選択すれば詳細に設定できます。

7 圧縮方式を選択

7品質と速度、どちらを優先して圧
縮するかを選ぶことができます。

すべての設定が完了したら8[次へ]を
クリックします。

8 [次へ]をクリック

9 ファイル名と保存先を指定

10 [保存]をクリック

事前にファイルの容量を確認する

動画ファイルの作成画面にある
プレビュー画像の下に、おおよ
そのファイルサイズが表示され
るので、動画ファイル作成の目
安にしてみましょう。

9ファイル名と保存先をそれぞれ指定
したら10[保存]をクリックして動画ファ
イルの書き出しを開始します。

SNSや動画共有サイトにアップロードする

作成したムービーをYouTubeやVimeoといった動画共有サイトや、Facebookなどの
SNSに直接アップロードすることも可能です。

1 [共有] アイコンをクリック

2 [Facebook] をクリック

1 [共有] メニューを開いて**2**アップロードするサービ
スを選択します。ここではFacebookを例に説明します。

3 [サインイン] をクリック

ムービーの書き出しメニューを開いたらプレビューの直
下にある**3** [サインイン] をクリックします。

4 アカウント情報を入力

5 [OK] をクリック

サインインメニューが開くので**4**ユーザIDとパスワー
ドを入力して**5** [OK] をクリックします。

6 共有範囲を選択

7 [次へ] をクリック

6 [再生できるユーザ] から共有範囲を選択して**7** [次へ]
をクリックします。

ムービーがアップロードされた

ムービーのアップロードが完了すると
タイムラインに表示されます。

chapter 1
chapter 2
chapter 3
chapter 4
chapter 5
chapter 6
chapter 7
chapter 8
chapter 9
Appendix

使おう　DVDプレイヤーで再生可能なDVDビデオを作成する

DVDビデオを作成すれば、外部のDVDプレイヤーでの再生もできるようになります。iMovieにはDVDの書き込み機能が搭載されていないため、ここでは [Burn] というソフトを使ったDVDビデオを作成方法を紹介します。

1 DVD-Rドライブに空のDVD-Rを挿入　　**2** [Burn] を起動

Burn
ダウンロードURL／
http://burn-osx.sourceforge.net/Pages/English/home.html

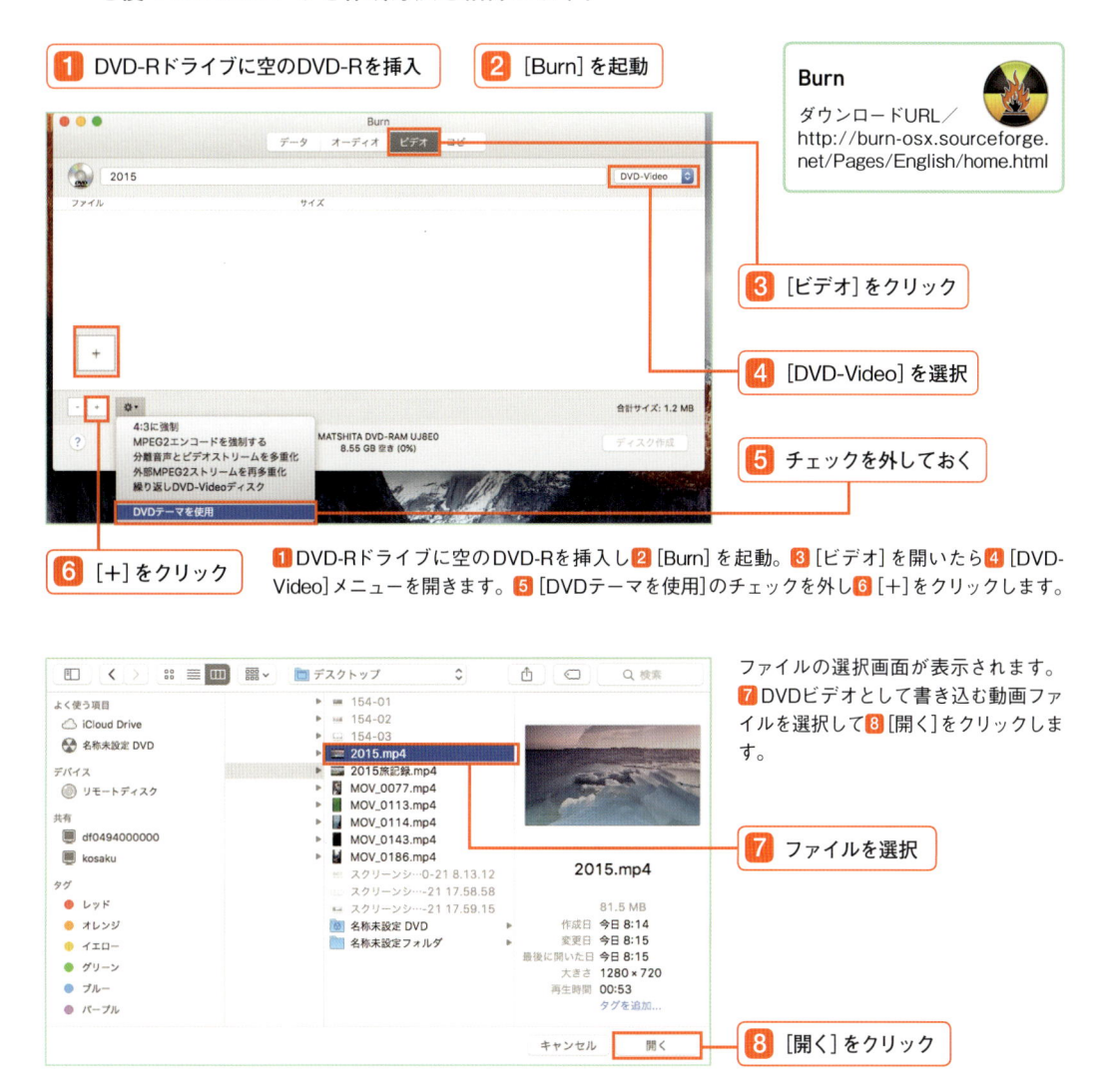

3 [ビデオ]をクリック

4 [DVD-Video] を選択

5 チェックを外しておく

6 [+]をクリック

1 DVD-Rドライブに空のDVD-Rを挿入し **2** [Burn] を起動。**3** [ビデオ]を開いたら **4** [DVD-Video] メニューを開きます。**5** [DVDテーマを使用]のチェックを外し **6** [+]をクリックします。

ファイルの選択画面が表示されます。**7** DVDビデオとして書き込む動画ファイルを選択して **8** [開く]をクリックします。

7 ファイルを選択

8 [開く]をクリック

[互換性の無いファイル] 画面が表示されたら **9** [変換]をクリックします。

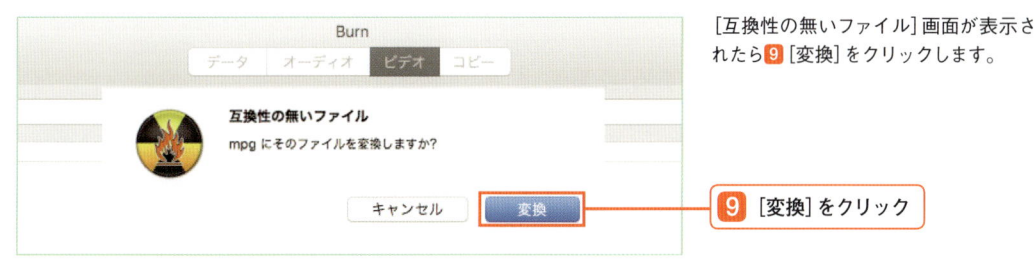

9 [変換]をクリック

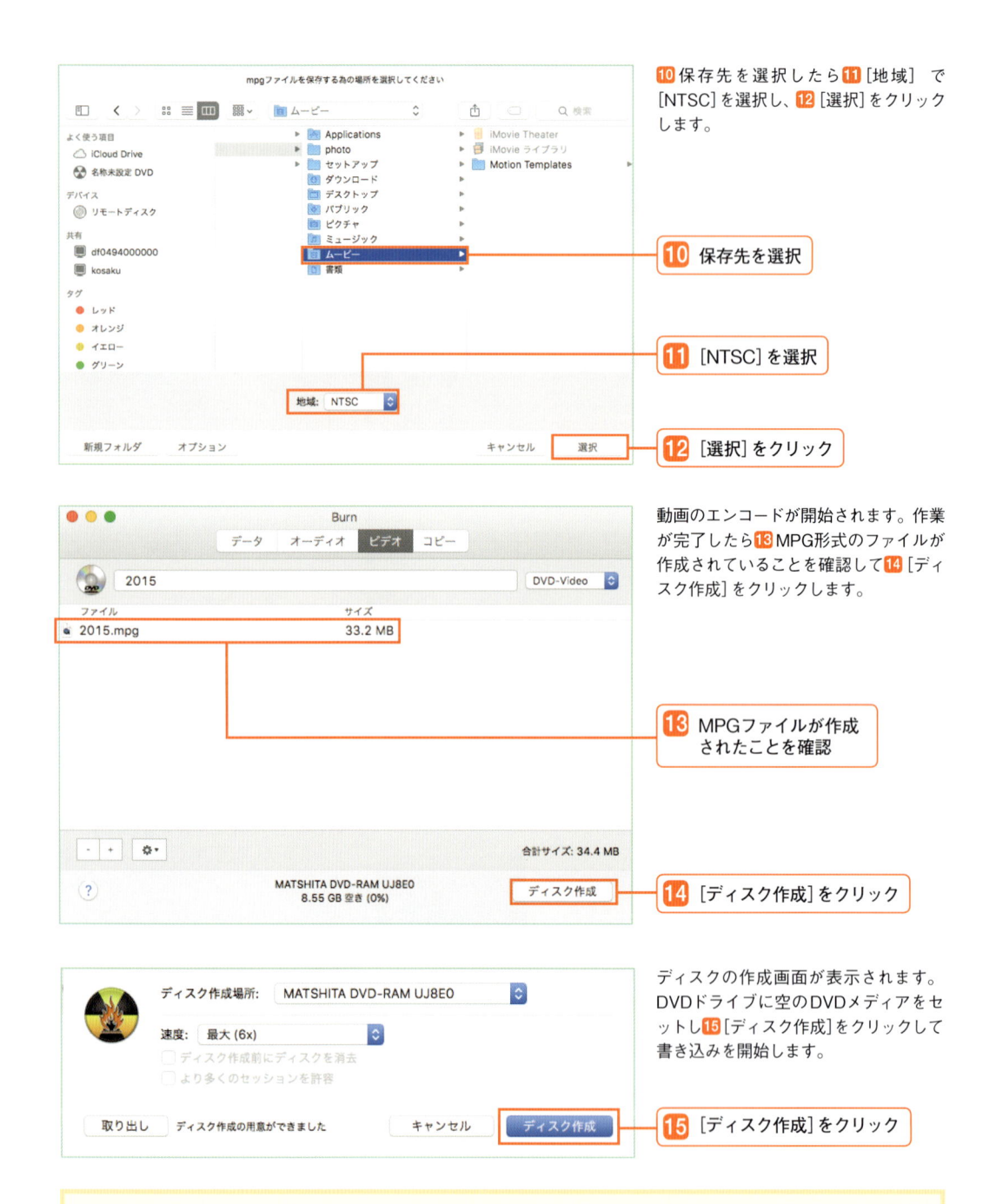

10 保存先を選択したら**11**[地域] で[NTSC]を選択し、**12**[選択]をクリックします。

10 保存先を選択

11 [NTSC]を選択

12 [選択]をクリック

動画のエンコードが開始されます。作業が完了したら**13** MPG形式のファイルが作成されていることを確認して**14**[ディスク作成]をクリックします。

13 MPGファイルが作成されたことを確認

14 [ディスク作成]をクリック

ディスクの作成画面が表示されます。DVDドライブに空のDVDメディアをセットし**15**[ディスク作成]をクリックして書き込みを開始します。

15 [ディスク作成]をクリック

動画をMPEGに変換する必要性は？

DVDビデオを構成する映像は、MPEG-2形式で収録されるため下位フォーマットとなるMPEG-1形式に保存するといった操作が一般的になります。ソフトによっては、さまざまな動画形式を自動的にMPEG-1形式に変換して書き込みが行えますが、Burnではこの作業を手動で行う必要があります。

chapter 7
05

動画を楽しもう

作成したムービーを再生する

作成した動画ファイルは、iMovieのTheaterと呼ばれる機能を使って再生することができます。再生と停止、そして動画の早送りや巻き戻しといったシンプルな機能が備わっており使いやすいのが特徴です。

使おう　作成したムービーを再生する

作成したムービーは、iMovieの [Theater] 機能で再生できます。メイン画面上部にある [Theater] メニューから起動して再生を楽しみましょう。

1 [Theater] を選択　　**2** ムービーを選択

ムービーの再生が開始された

メディアやプロジェクト選択画面から **1** [Theater] メニューをクリックし、**2** 再生するムービーを選択します。

全画面モードに移行し、選択したムービーが再生されます。画面下部にあるパネルで再生操作が行えます。

使おう　作成したDVDビデオを再生する

市販やレンタルされるDVDビデオはもちろん、自分で作成したDVDビデオは、プリインストールされているDVDプレイヤーで再生することができます。

DVDビデオの再生が開始された

1 再生操作を実行

DVDビデオのディスクをドライブにセットすると、自動的に再生が開始されます。再生操作は、**1** コントロールパネルから行うことができます。

column
外部プレイヤーで動画を再生する

Mac OS El Capitanには、QuickTime PlayerやDVDプレイヤーなどの動画やDVDビデオの再生機能が備わっています。とはいえ、再生するメディアごとにプレイヤーを変えるのは煩わしいのでまとめて再生できる外部プレイヤーを使ってみましょう。

≫ VLC Media Player (ブイエルシー メディア プレイヤー)

VLC Media Playerは、MacだけでなくWindowsやLinuxといったさまざまなOS上で動作するオープンソースの定番プレイヤーソフト。一般的な動画ファイルの再生に対応しているのはもちろん、DVDドライブにセットされたDVDビデオやネットワーク上にある動画の再生にも対応しています。

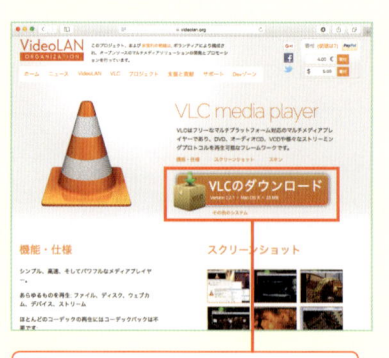

1 [VLCのダウンロード]をクリック

本体は公式サイト (https://www.videolan.org/vlc/download-macosx.html)の**1** [VLC のダウンロード] から入手できます。

2 [メディアを開く]を選択

画面上に動画ファイルをドラッグ&ドロップすれば再生できます。**2** [メディアを開く]をクリックすれば、DVD などのメディアを指定することもできます。

3 [ディスク]を開いてディスクを選択

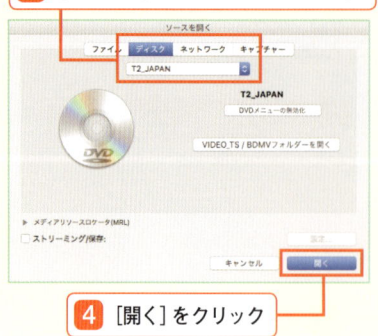

4 [開く]をクリック

DVD ビデオを再生する場合は**3** [ディスク]を開き、再生するディスクを選択して**4** [開く]をクリックします。

DVDビデオが再生された

DVD ビデオが読み込まれると再生画面が表示されます。ほかの動画ファイルやネットワーク上にある動画も同様に再生が開始されます。

chapter

8

音楽を楽しもう

chapter 1
chapter 2
chapter 3
chapter 4
chapter 5
chapter 6
chapter 7
chapter 8
chapter 9
Appendix

01 iTunesを使ってみよう

音楽や動画などのマルチメディアを再生したりコンテンツを購入したりする場合に活用すると便利なのがiTunesです。MacBook内にある音楽の再生はもちろん、iTunes Storeから購入したコンテンツや音楽ＣＤから取り込んだ楽曲など、さまざまなメディアの管理と再生ができるので音楽ライフがより充実するでしょう。

知ろう　iTunesの基本画面を知る

多彩な機能を持つiTunesですが、操作画面はいたってシンプルです。使いたい機能をメニューから選択すれば、メイン画面に拡大表示される仕組みを持っています。

≫ iTunesの画面の見方

再生コントロール
音楽の再生や一時停止、早送りや巻き戻しといった再生操作を行うためのパネルです。ボリュームもここから調整できます。

情報ウィンドウ
再生中の音楽情報が表示されます。ここからシャッフル操作や次に再生される音楽の表示、ミニプレイヤーの表示などが行えます。

検索ボックス
iTunesに登録されているコンテンツを検索することができます。iTunes Storeで販売されているコンテンツを探すこともできます。

アルバム一覧
iTunesに登録されたアルバムが一覧表示されます。初期設定では、ミュージックメニューを開くとアルバム一覧が表示されます。

曲一覧
選択したアルバム内に収録されている音楽が一覧表示されます。ここから聴きたい音楽を選択すれば再生が開始されます。

ツールバー
各種機能を呼び出したりiTunes Storeにアクセスする際に利用します。iPhoneやiPadなどの外部機器もここからアクセスできます。

知ろう　iTunesのモード切替と音楽の再生方法

iTunesを起動すると初期設定ではアルバムメニューが表示されます。プレイリストや曲全体から音楽を選択して再生したい場合は、再生メニューを切り替える必要があります。まずは、音楽の選択モードの変更方法と再生操作を覚えておきましょう。

マイミュージック

iTunesに登録した音楽すべてを一覧表示したい場合は **1** [マイミュージック]をクリックします。ここから音楽を選んで再生しましょう。

1 [マイミュージック]をクリック

プレイリスト

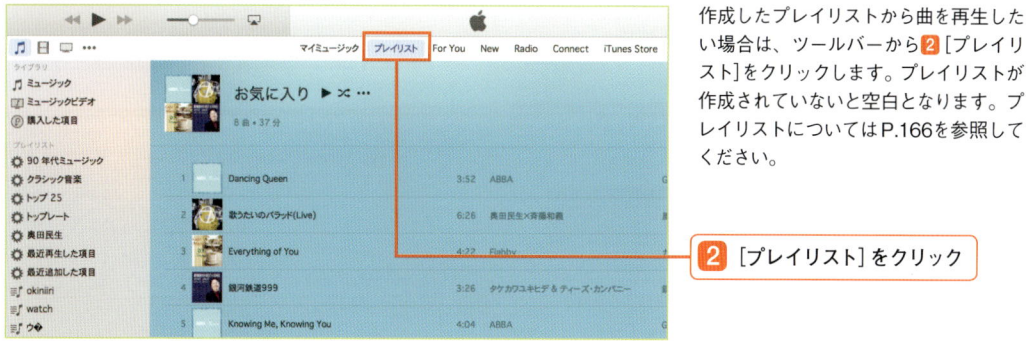

作成したプレイリストから曲を再生したい場合は、ツールバーから **2** [プレイリスト]をクリックします。プレイリストが作成されていないと空白となります。プレイリストについてはP.166を参照してください。

2 [プレイリスト]をクリック

≫ 再生パネルの使い方

再生 ▶ ／一時停止 ⏸
クリック操作で再生と一時停止操作を行うことができます。

早送り ⏩ ／巻き戻し ⏪
クリックで次や前の曲に移動します。長押しすると早送りや巻き戻しが行えます。

次はこちら
次に再生される曲のリストが表示されます。任意の曲を選ぶことも可能です。

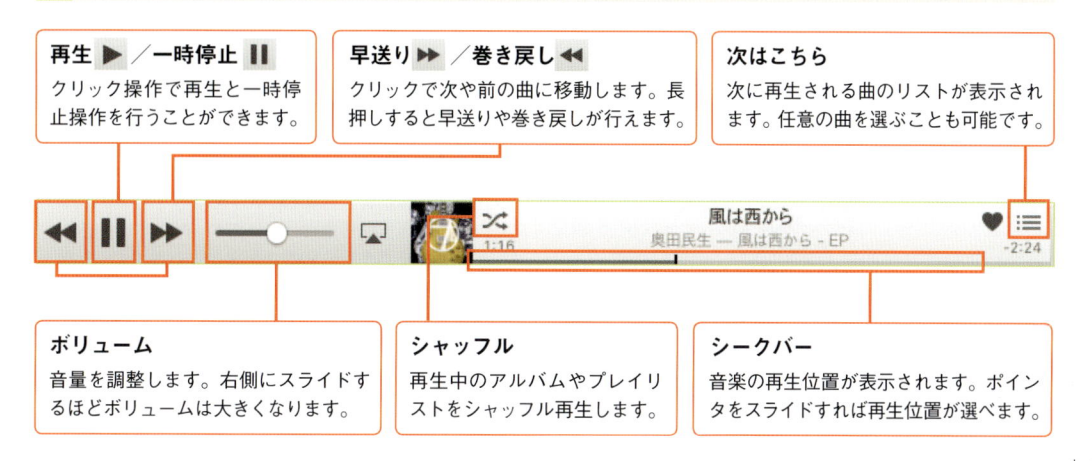

ボリューム
音量を調整します。右側にスライドするほどボリュームは大きくなります。

シャッフル
再生中のアルバムやプレイリストをシャッフル再生します。

シークバー
音楽の再生位置が表示されます。ポインタをスライドすれば再生位置が選べます。

02 CDから曲を取り込んでみよう

iTunesには、音楽CDから曲を取り込むための機能が搭載されており、音質の調整や
アルバムアートを追加するといったさまざまな機能を利用できます。取り込んだ音楽
ファイルはiTunesで再生したり管理できるほか、お気に入りの音楽だけを集めたオ
リジナルの音楽CDを作成することもできます。

知ろう 音楽CDの読み込み設定

標準設定のiTunesでは、接続したドライブに音楽CDがセットされると自動的に読み込
み画面が表示されます。ここでは、あらかじめ取り込む音楽ファイルの形式や音質を設
定する方法を紹介します。なお、この設定は特に変更しなくても取り込みは行えます。

1 [iTunes] をクリック

3 [一般] タブを開く

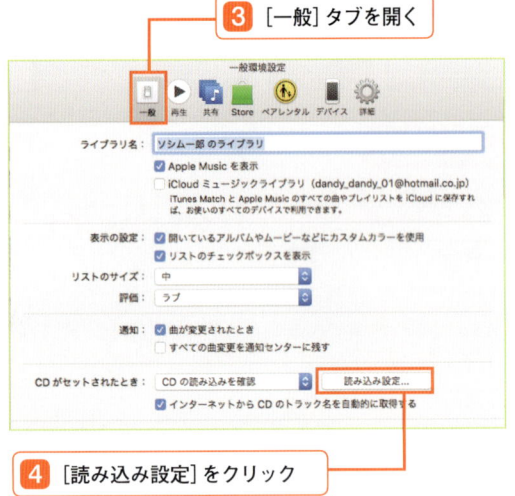

2 [環境設定] を選択

4 [読み込み設定] をクリック

5 ファイル形式を選択

6 音質を選択

7 [OK] をクリック

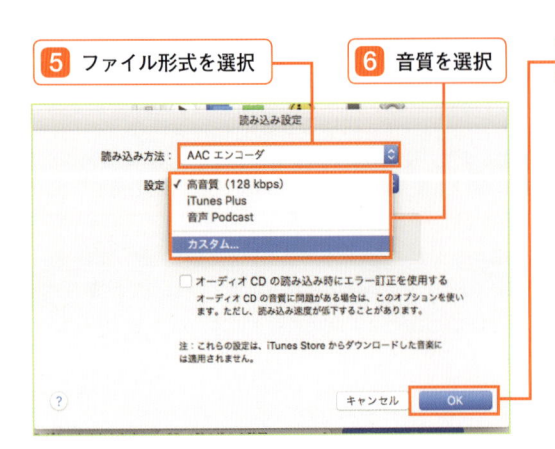

音質は、プリセットから選択できるほか [カスタム] を選択
すると詳細設定が行えます。

> **ヒント**
> **読み込み方法は
> どれを選ぶのが最適？**
>
> 読み込み方法は、音楽CDから取り込んだファイル
> の形式を選択する項目となります。再生する機器に
> よって再生できる音楽形式が異なるため、読み込み
> 方法は再生機器に合わせるのが一般的です。Macや
> スマートフォンなどの機器で再生するなら高音質
> で容量も小さな [AAC]、多彩な機器で再生するな
> ら汎用性の高い [MP3]、高音質で再生したいなら
> 圧縮ロスの少ない [Appleロスレス] が最適です。

使おう 音楽CDから曲を読み込む

読み込み設定が済んだら読み込みを行ってみましょう。光学ドライブにCDをセットすると自動的に読み込み画面が表示され、すぐに読み込むことができます。

1 音楽CDを接続した光学ドライブにセット

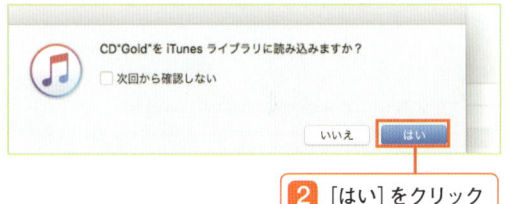

2 [はい]をクリック

[次回から確認しない]にチェックを入れておくと、この画面は表示されなくなります。

進捗状況が表示される

楽曲の取り込みが開始されます。作業の進捗状況は曲名の左側に表示されます。この作業は収録時間やドライブの性能によって異なりますが数分で完了します。

3 [マイミュージック]をクリック

取り込んだ楽曲は、[マイミュージック]にアルバムとして表示されます。アルバムをクリックすると、楽曲の一覧が表示されます。

4 アルバムをクリック

取り込んだ楽曲が表示された

 ヒント インポート画面が自動表示されない場合は!?

インポート画面が自動表示されない場合、CDの音楽情報画面で [読み込み] をクリックし手動でインポートをしましょう。手動の場合は、読み込み前に設定画面が表示されます（設定についてはP.160を参照）。

1 [読み込み]をクリック

2 音質を設定

3 [OK]をクリック

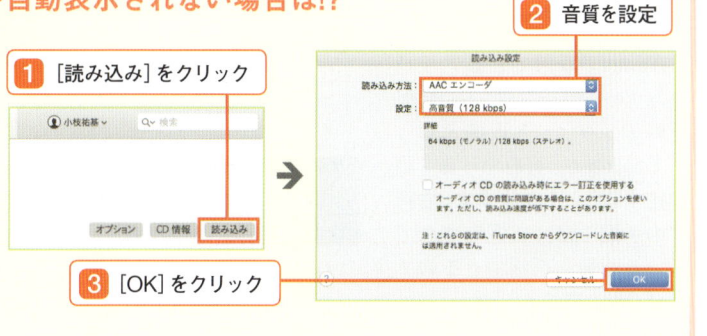

iTunesには、音楽CDのジャケットを入手して適用する［アルバムアートワーク］と呼ばれる機能が搭載されています。標準設定のiTunesなら音楽を取り込む際、自動的に適用されますが、適用されていない場合は手動でダウンロードして適用してみましょう。

1 アルバムを右クリック

2 ［アルバムアートワークを入手］をクリック

3 ［アルバムアートワークを入手］をクリック

アルバムアートワークが表示された

アルバムアートワークは自動取得され、すぐに反映されます。複数のアルバムアートワークが存在する場合は、選択画面が表示されるので好みのものを選択しましょう。

イラスク

💡 **アルバムアートワークを好みの画像に設定する**

iTunesで取得できるアルバムアートワークは、CD発売時のジャケット画像となっていますが、好みの写真を設定することもできます。右記の手順でMacに保存されている画像を選択できるのでぜひ試してみましょう。

1 右クリックして［情報を見る］を選択

2 ［アートワーク］の［アートワークを追加］をクリック

3 ［OK］をクリック

CDから曲を取り込んでみよう | 8-02

chapter 1
chapter 2
chapter 3
chapter 4
chapter 5
chapter 6
chapter 7
chapter 8
chapter 9
Appendix

使おう 取り込んだ楽曲をCD-Rに書き込む

音楽CDから取り込んだりiTunes Storeで購入した楽曲は、空のCD-Rディスクに書き込むことで音楽CDとしてさまざまな機器で再生することができます。

1 プレイリストを右クリック

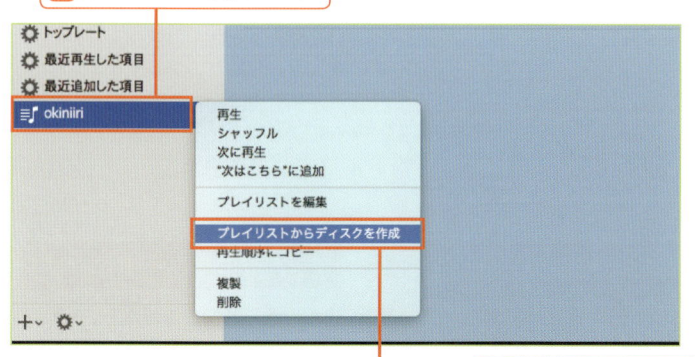

ミュージックメニューから書き込みたい**1**プレイリストを（プレイリストの作成方法はP.166を参照）右クリックし、メニューから**2**［プレイリストからディスクを作成］を選択します。

2 ［プレイリストからディスクを作成］を選択

光学ドライブに空のCD-Rディスクをセットし、書き込み操作に移ります。

次ページへ

💡 イラスワン データ用と音楽用CD-Rの違いは!?

量販店などで販売されているCD-Rディスクには、音楽用とデータ用の2種類があります。データ用は文字通り通常データを記録するディスクで、音楽用CDは記録面のコーティングがより強力で劣化しにくく、著作権料を含んだ製品となります。データ記録面の構造はどちらも同じでデータの書き込み方法は変わりません。

音楽用CD-R
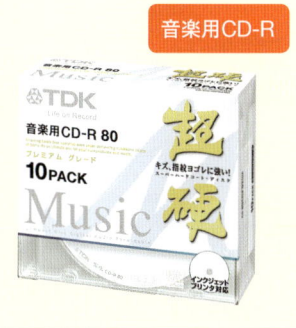

データ用CD-R
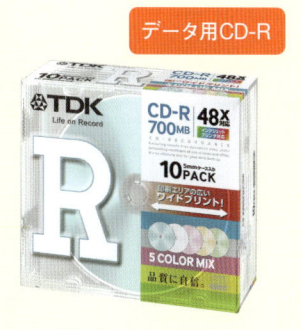

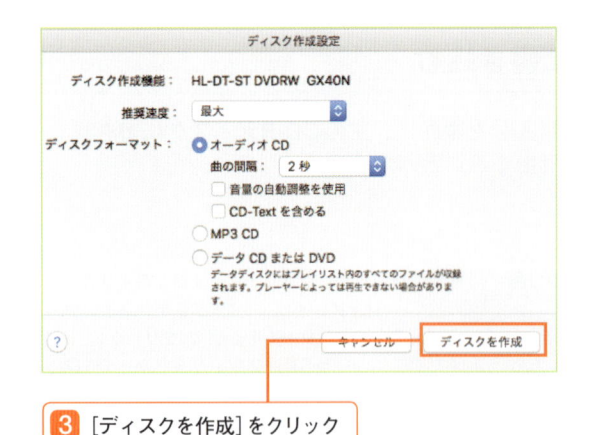

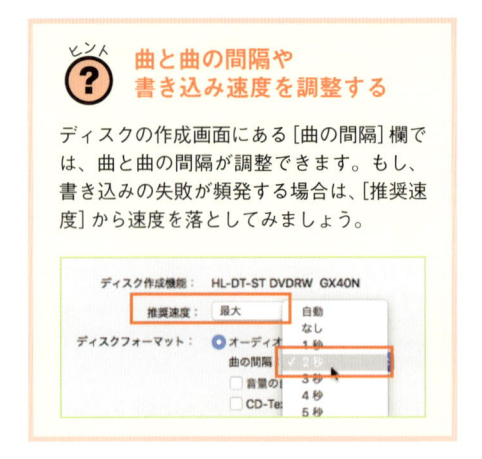

ヒント

**曲と曲の間隔や
書き込み速度を調整する**

ディスクの作成画面にある[曲の間隔]欄では、曲と曲の間隔が調整できます。もし、書き込みの失敗が頻発する場合は、[推奨速度]から速度を落としてみましょう。

3 [ディスクを作成]をクリック

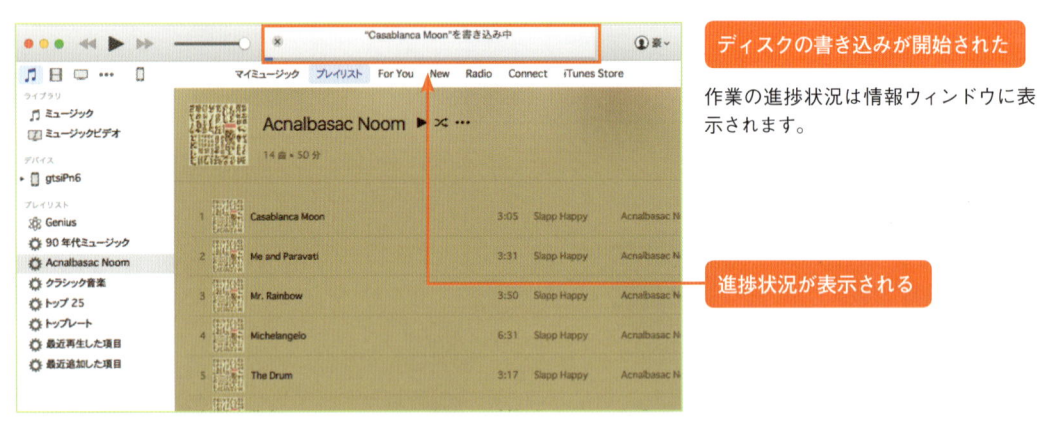

ディスクの書き込みが開始された

作業の進捗状況は情報ウィンドウに表示されます。

進捗状況が表示される

使おう　楽曲の情報を編集する

音楽CDから取り込んだ楽曲には、アーティストや曲名、アルバム名などを記録するID3タグと呼ばれる情報が記録されています。もし取り込んだ曲名やアーティスト名が異なっていたら、ここから修正できます。

1 楽曲を右クリック

2 [情報を見る]を選択

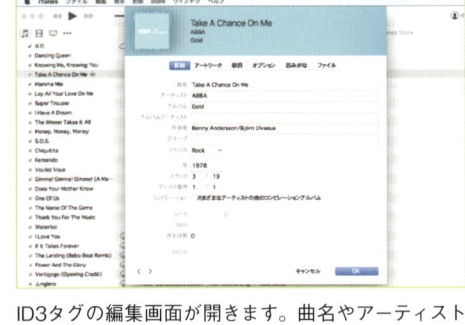

ID3タグの編集画面が開きます。曲名やアーティスト名、収録アルバムやジャンルなど必要事項を編集しましょう。編集できたら、画面下方にある[OK]をクリックします。

chapter 1
chapter 2
chapter 3
chapter 4
chapter 5
chapter 6
chapter 7
chapter 8
chapter 9
Appendix

chapter 8

音楽を楽しもう

03 取り込んだ曲を再生する

音楽CDから取り込んだ楽曲は、iTunesで手軽に再生することができます。単純にア ルバムを再生するだけでなく、お気に入りの曲を集めてプレイリストとして登録して おけば、さまざまなシーンにあった最適な音楽を楽しむことができます。ここでは、 再生の基本操作からプレイリストの活用法を覚えておきましょう。

使おう　取り込んだ楽曲を再生する

音楽CDから取り込んだ楽曲は、[最近追加した項目]というプレイリストでも確認できま す。まずはプレイリストを開いて取り込んだ曲を再生してみましょう。音楽単体の再生 はもちろん、プレイリスト内すべての曲をまとめて再生することもできます。

》　曲を指定して再生する

1 [プレイリスト]を選択

3 楽曲をダブルクリック

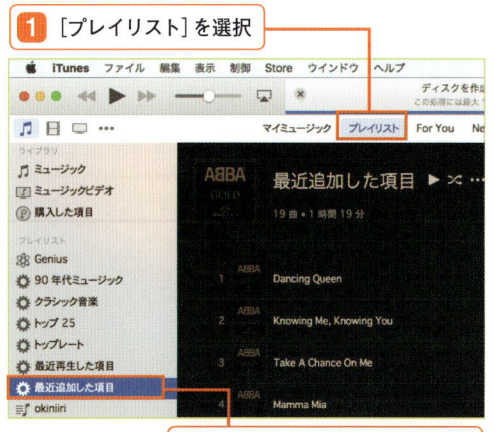

2 再生するプレイリストを選択

》　取り込んだ音楽をまとめて再生する

プレイリスト名をダブルクリックすれ ば、プレイリストを丸ごと再生できます。

1 プレイリストをダブルクリック

取り込んだアルバム単位ではなく、自分の好きな曲を集めてプレイリストを作成することもできます。

1 [+]をクリック

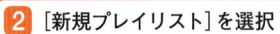

2 [新規プレイリスト]を選択

3 プレイリスト名を入力

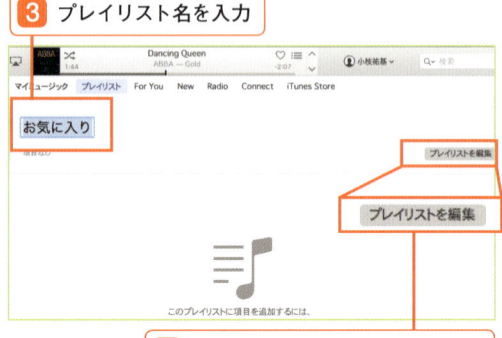

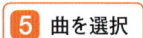

4 [プレイリストを編集]をクリック

5 曲を選択

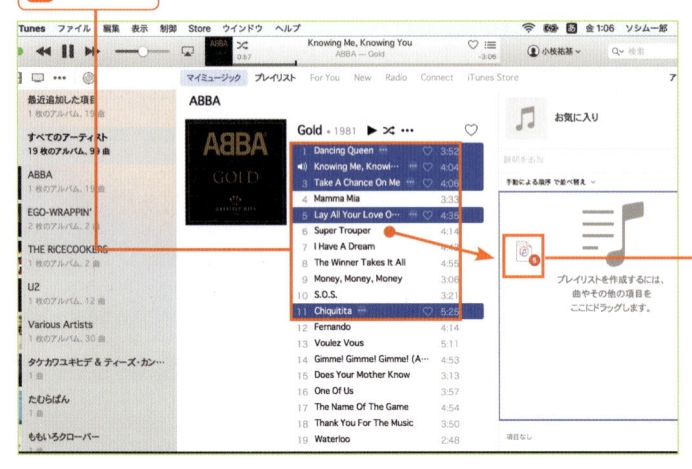

6 ドラッグ＆ドロップ

プレイリストの編集画面が表示されます。[マイミュージック]や[プレイリスト]メニューから**5**プレイリストに追加したい曲を選択したら**6**[プレイリストを作成するには、曲やその他の項目をここにドラッグします。]にドラッグ＆ドロップします。

7 [完了]をクリック

取り込んだ曲を再生する | 8-03

chapter 1
chapter 2
chapter 3
chapter 4
chapter 5
chapter 6
chapter 7
chapter 8
chapter 9
Appendix

使おう　スマートプレイリストを作成する

アーティスト名やジャンルといった条件を設定することで、ライブラリ内にある共通の楽曲を自動的に集められる［スマートプレイリスト］という機能があります。運動時に最適なリズムを持った音楽だけを集めるといった一風変わった使い方も可能です。ここでは例として［アーティストが］［奥田民生］という条件を設定しています。

1 画面左下の［＋］をクリック

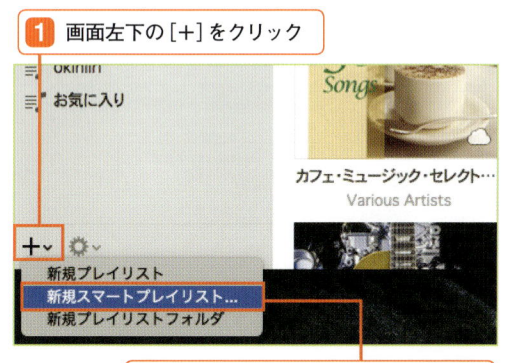

2 ［新規スマートプレイリスト］を選択

3 ひとつ目の条件を選択　**4** キーワードを入力

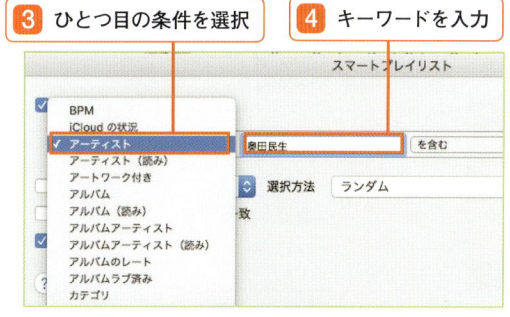

スマートプレイリストの作成画面が表示されます。ひとつ目の条件に［アーティストが］を選択、テキストボックスに「奥田民生」と入力し、画面右下の［OK］をクリックします。

自動的に条件に合う音楽が収集されプレイリストが作成されます。

作成したプレイリストは左側の［プレイリスト］欄に表示される

スマートプレイリスト

プレイリスト

スマートプレイリストが作成された

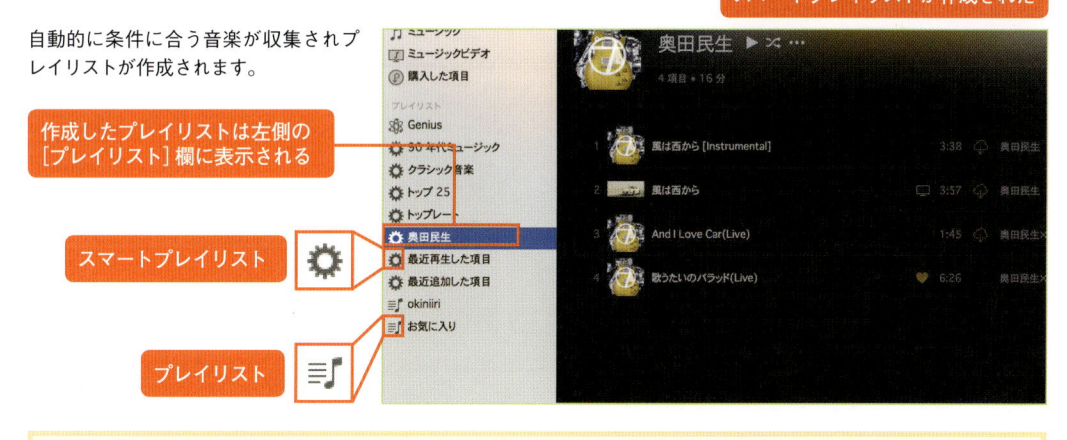

収録する楽曲数や追加する曲の優先度を設定できる

楽曲数や収録時間などの上限が設定できます。最大25曲の楽曲を追加したい場合は、**1**上限にチェックを入れ、「25」と入力し**2**［項目］を選択します。よく聴く曲を追加したい場合は、［選択方法］で**3**［再生頻度の最も高い項目］を選択します。

1 チェックを入れて入力

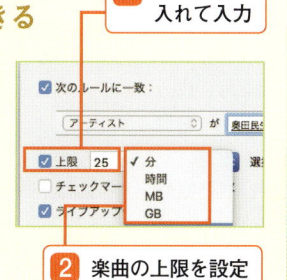

2 楽曲の上限を設定

3 ［再生頻度の…］をクリック

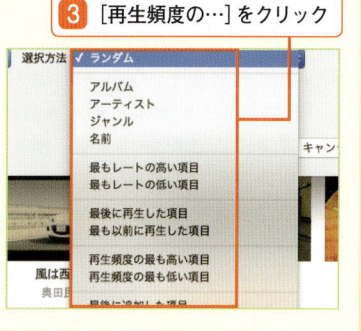

再生したい楽曲やアーティストが見つからない場合は、検索機能を活用してみましょう。
iTunes Storeのコンテンツを探して購入することもできます。

1 検索ボックスをクリック

3 キーワードを入力

2 [マイライブラリ]をクリック

4 コンテンツをクリック

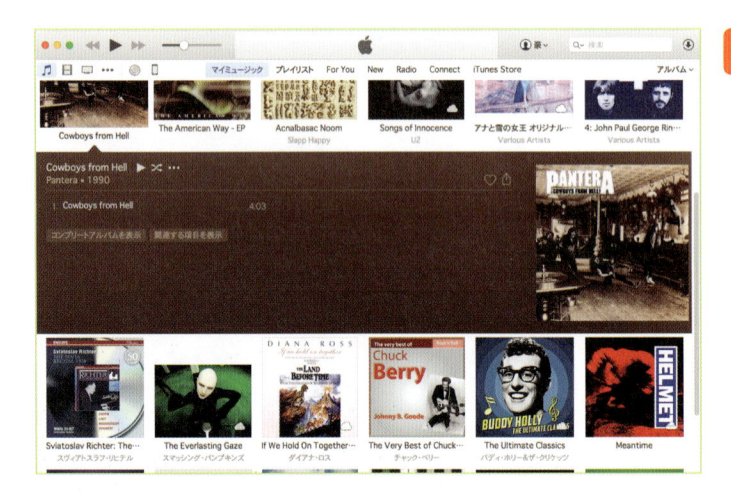

選択したコンテンツが表示された

 範囲を指定して検索する

標準設定のiTunesに表示される検索ボックスは、iTunes全体からキーワードが検索されます。しかし、検索結果が膨大になった場合は、範囲を絞って検索する方法が便利です。検索ボックス左側の**1**虫眼鏡のプルダウンメニューを開いて**2**[ライブラリ全体を検索]のチェックを外し、**3**曲やアルバムといった範囲を指定して検索すれば、目的のファイルが見つけやすくなるでしょう。

1 虫眼鏡を
クリック

2 チェックが外れた
状態にする

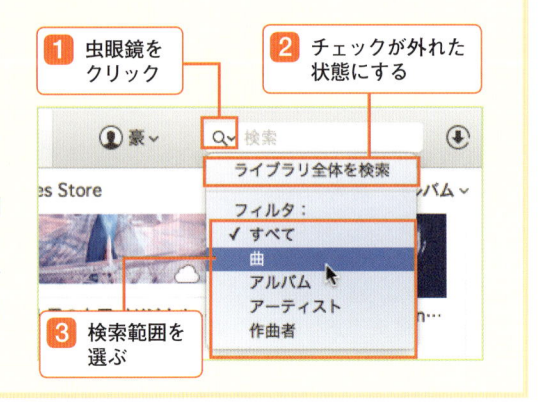

3 検索範囲を
選ぶ

使おう 音楽CDの取り込み先を変更する

iTunesのライブラリは、管理する音楽や動画が増えると膨大なサイズとなります。Mac本体のストレージ容量が圧迫されるので、外部ドライブでデータを管理する方法を覚えておきましょう。

1 [iTunes] をクリック

3 [詳細] をクリック

2 [環境設定] を選択

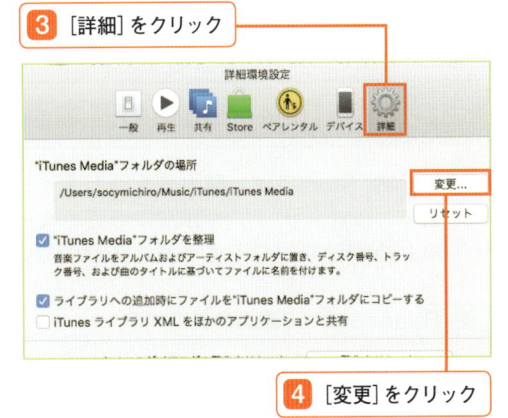

4 [変更] をクリック

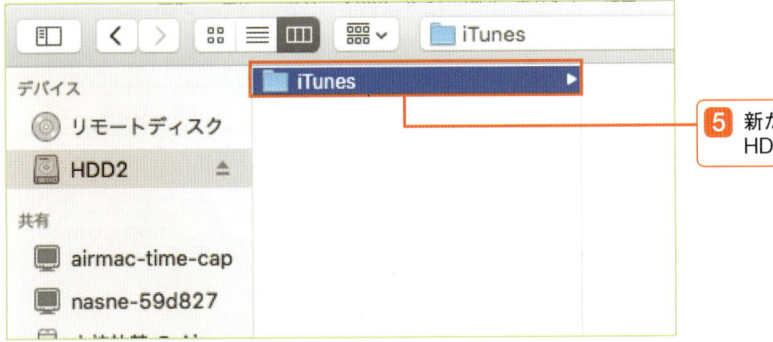

5 新たな保存先となる外付けHDDなどのフォルダを選択

6 指定したフォルダが表示されていることを確認

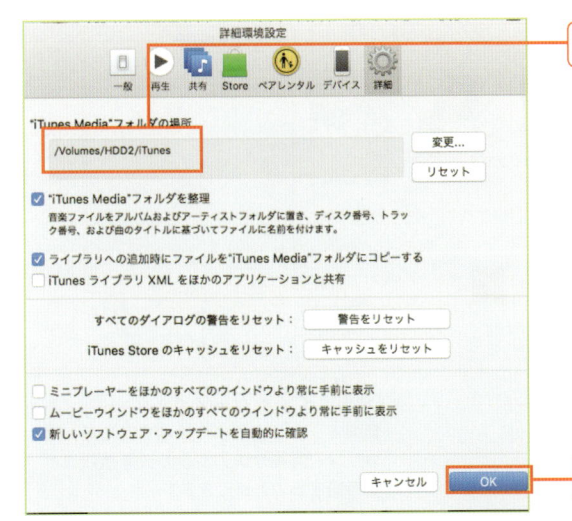

7 [OK] をクリック

> **ヒント**
> **音楽CDから取り込んだデータを [iTunes Media] に保存する**
>
> 変更設定画面内にある [ライブラリへの追加時にファイルを "iTunes Media" フォルダにコピーする] にチェックを入れておくと、音楽CDから取り込んだ楽曲やPodcastがこのページの手順で指定したフォルダに保存されます。

音楽を楽しもう

iTunes Storeで音楽を購入する

iTunes Storeにアクセスすれば、音楽や動画をはじめPodcastなどさまざまなコンテンツを入手することができます。お気に入りの作品を購入したり定期的に配信されるPodcastなどのコンテンツを自動的に入手したりと、欲しいと思ったその瞬間にダウンロードできるのがiTunes Storeの魅力といえるでしょう。

知ろう iTunes Storeの基本画面を知る

iTunes Storeでは、国内外を問わずさまざまなアーティストのコンテンツが扱われています。ラインナップも非常に豊富となっており、ダウンロードによる販売が行われているため24時間いつでもお気に入りのコンテンツを入手することができます。

≫ iTunes Storeの画面の見方

おすすめ情報
新着の音楽の中から注目度が高いアーティストの音楽やアルバム情報が表示されます。

検索ボックス
キーワードを入力することでiTunes Storeで扱われているコンテンツを探すことができます。

新着ミュージック
新着の楽曲から注目のものが表示されます。[最新リリース]から、最新の音楽が一覧表示されます。[全て見る]ですべてのコンテンツを確認できます。

ミュージックナビリンク
音楽をジャンルごとに表示させたり、アカウント情報や購入済みの音楽情報などを確認することができます。

知ろう　Apple IDを作成してログインする

iTunes Storeからコンテンツを入手するためには、Apple IDと呼ばれるアカウントの登録が必要となります。会員の登録は無料で行えますが、コンテンツ購入に利用するクレジットカードが必要になりますので手元に準備して登録作業を行いましょう。

1 [サインイン] をクリック

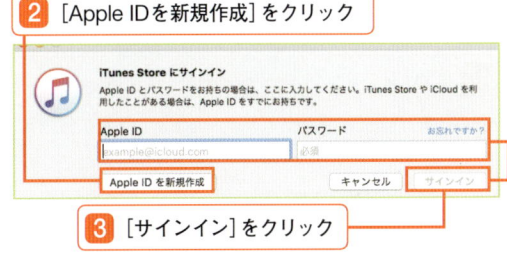

2 [Apple IDを新規作成] をクリック

3 [サインイン] をクリック

Apple IDを作成する場合は **2** [Apple IDを新規作成] をクリックします。すでにApple IDを持っている場合は、**3** アカウント情報を入力して [サインイン] をクリックします。ここでは **2** の操作の続きを説明していきます。

4 [続ける] をクリック

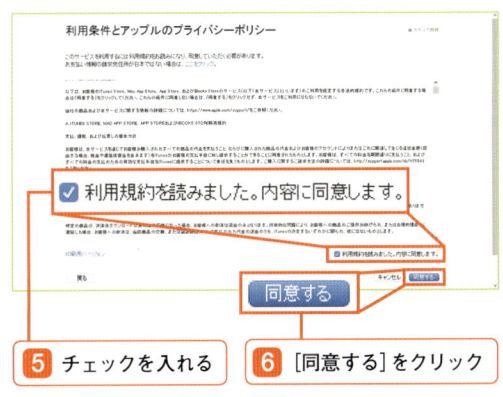
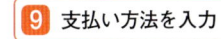

5 チェックを入れる

6 [同意する] をクリック

7 必要情報を入力

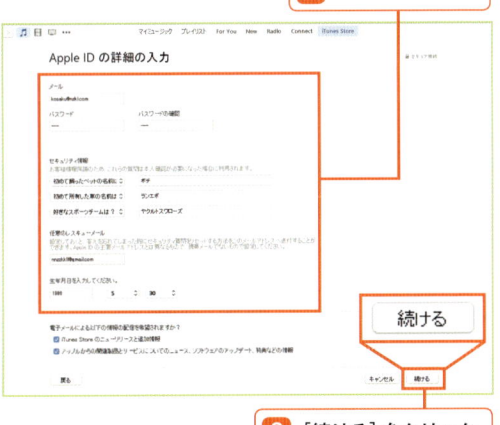

8 [続ける] をクリック

9 支払い方法を入力

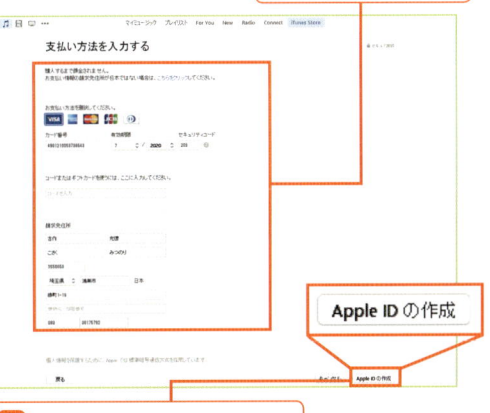

10 [Apple IDの作成] をクリック

次ページへ

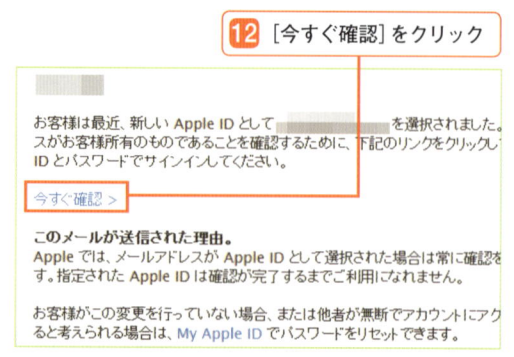

12 ［今すぐ確認］をクリック

11 ［OK］をクリック

Apple ID作成画面に入力されたメールアドレス宛に確認メールが送信されるので、［OK］をクリックします。

メールソフトを開き、Appleから届いたメールを開き、［今すぐ確認］をクリックします。

13 アカウント情報を入力

14 ［メールアドレスの確認］をクリック

15 ［Storeに戻る］をクリック

使おう　iTunes Storeからコンテンツをダウンロードする

Apple IDの登録が完了するとiTunes Storeからコンテンツの購入やダウンロードを行えます。検索機能を使って目的のコンテンツを探せば効率よく入手することができます。

1 検索ボックスをクリック→［iTunes Store］を選択

2 キーワードを入力　　**3** ［return］キーを押す

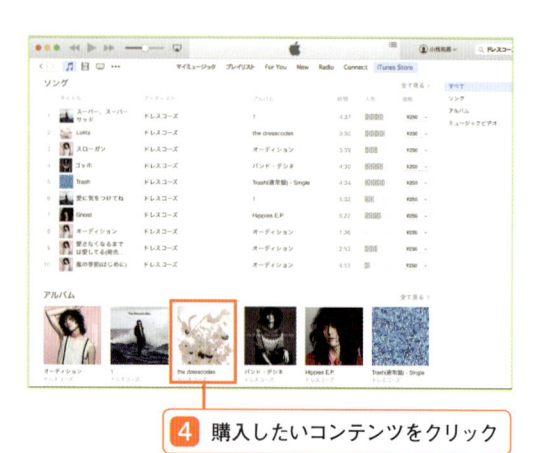

4 購入したいコンテンツをクリック

iTunes Storeで音楽を購入する | 8-04

chapter 1
chapter 2
chapter 3
chapter 4
chapter 5
chapter 6
chapter 7
chapter 8
chapter 9
Appendix

5 金額をクリック

曲単位

アルバム全体

選択したコンテンツの詳細画面が表示されます。音楽の場合は、アルバム全体や楽曲単体で購入することができます。

6 ［購入する］をクリック

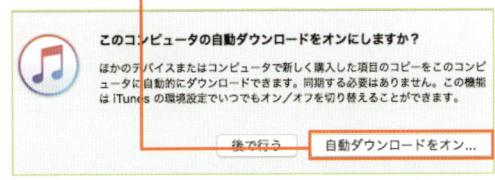

[今後、曲の購入について確認しない。]にチェックを入れておくと、今後この画面の表示を省略することができます。

7 ［自動ダウンロードをオン］をクリック

[自動ダウンロードをオン]を選択すると、同一Apple IDを利用し、ほかのデバイスで購入したコンテンツが自動的にダウンロードされるようになります。

購入したコンテンツが表示された

コンテンツの購入が完了するとダウンロードが開始されます。音楽の場合、ライブラリを開いて[最近追加した項目]でコンテンツを開くことができます。

8 ［最近追加した項目］をクリック

購入したコンテンツを再ダウンロードする

コンテンツの再ダウンロードは、ミュージックナビリンクにある **1**［購入済み］を開き、**2**［すべてダウンロード］を選択して行えます。各コンテンツに表示される［iCloud］のアイコンをクリックすれば個別にダウンロードすることも可能です。

1 ［購入済み］をクリック

2 ［すべてダウンロード］をクリック

音楽聞き放題サービスを利用しよう

Apple Musicは、2015年7月にサービスが開始されたばかりの、Appleが提供する音楽聞き放題サービスです。iTunesで取り扱われているすべての楽曲が聴けるわけではありませんが、数百万曲が今後ラインナップされる予定です。個人向けは月額980円、6人まで利用できるファミリー向けは月額1480円で利用ができます。

知ろう　Apple の音楽聞き放題サービス Apple Music

Apple Music は月額 980 円から利用できます。3 カ月間の無料期間を設けていますので（2015 年 10 月現在）、とりあえず気になるという人はぜひ活用したいサービスです。

音楽が聞き放題

Macに保存も可能

Apple Music で扱っている楽曲は自由に視聴できます。またユーザーの嗜好に合わせて、好みのジャンルやアーティストをピックアップしてくれます。

ネットでのストリーミング再生に加え、楽曲を Mac や iPhone にダウンロードも可能。ファイルの保護（DRM）が施されており制限はありますが、オフラインでの再生も行えます。

使おう　Apple Music の利用を開始する

Apple Music は iTunes 上から手軽に始めることができます。利用を開始するには支払い情報の登録がされている Apple ID が必要となります。

1 iTunesを開き、Apple IDでサインイン

4 好みのジャンルをクリック

2 [For You] をクリック

3 プランを選択し決済

5 [次へ] をクリック

使おう　Apple Music で楽曲を探す

Apple Musicで取り扱っている曲は、ジャンルや検索から探すことができます。また、ユーザーの好みに合いそうな曲を自動的にピックアップしてくれます。

ジャンルで探す　**1** [New] タブをクリック

2 [全てのジャンル] でジャンルを選択

検索で探す　**1** キーワードを入力

2 [Apple Music] タブをクリック

使おう　Apple Music の曲をマイミュージックに登録する

検索で見つけた曲やアルバムはそのままでも再生を楽しめますが、[マイミュージック] に登録すればいつでも曲が呼び出せるようになり、聴きたいときにすぐ曲が楽しめます。

1 曲名の右側のアイコンをクリック　**曲単位で登録**

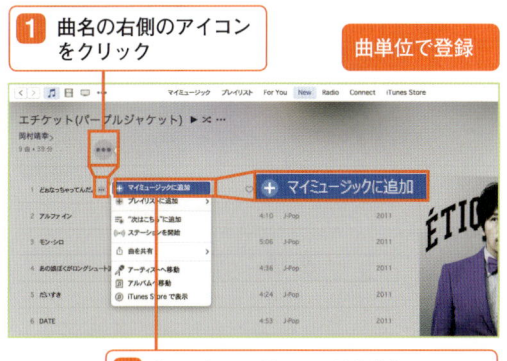

2 [マイミュージックに追加] をクリック

アルバムごと登録

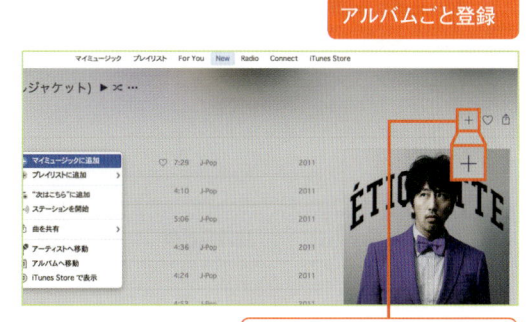

1 [+] アイコンをクリック

イラスク゜ ダウンロードしたApple Musicの曲ファイルは iTunes以外では利用できない

Apple Musicで追加した曲もiTunes Storeで購入した場合と同様、Mac本体へダウンロードできます。ただしDRMによる保護が施されており、iTunes以外のプレイヤーでは再生ができません。

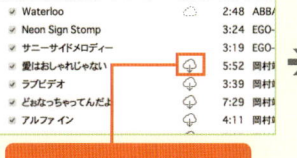

マイミュージックから曲のダウンロードは可能

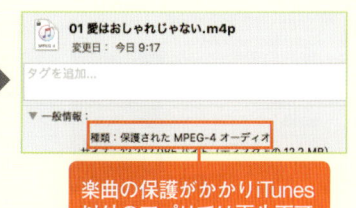

楽曲の保護がかかりiTunes以外のアプリでは再生不可

iCloudで曲を管理しよう

Apple Musicを開始するとiCloudミュージックライブラリという機能が利用できます。同一アカウントを利用している3台までのMacやiPhone・iPadなどのデバイスと楽曲を共有できる機能で、CDから取り込んだ楽曲も対象。iTunesで購入した曲や取り扱っていない曲でも共有が可能です。

知ろう　iCloud に PC の音楽ライブラリを保管できる

iCloud ミュージックライブラリを使用すると、同一の Apple ID を利用中の端末間で CD から取り込んだ音楽などの共有が行えるようになります。

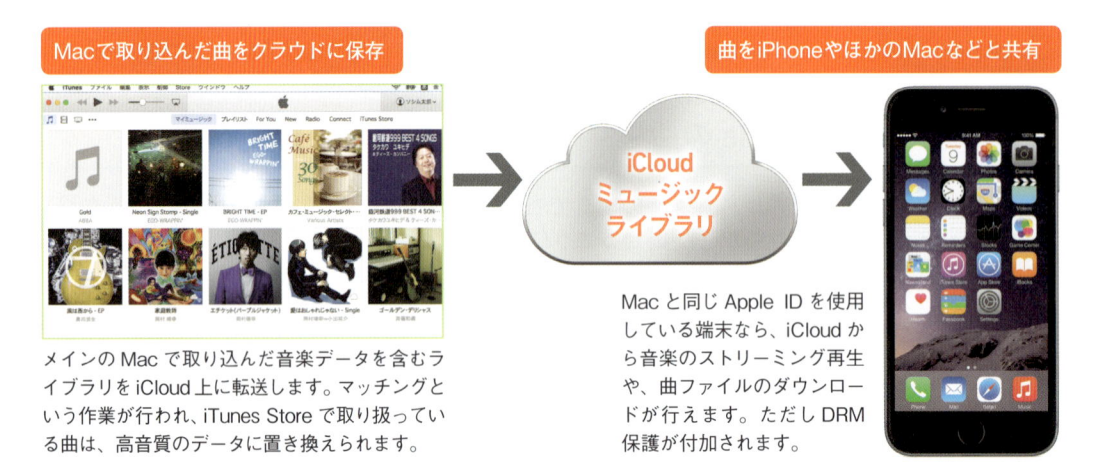

Macで取り込んだ曲をクラウドに保存

曲をiPhoneやほかのMacなどと共有

iCloud ミュージック ライブラリ

メインの Mac で取り込んだ音楽データを含むライブラリを iCloud 上に転送します。マッチングという作業が行われ、iTunes Store で取り扱っている曲は、高音質のデータに置き換えられます。

Mac と同じ Apple ID を使用している端末なら、iCloud から音楽のストリーミング再生や、曲ファイルのダウンロードが行えます。ただし DRM 保護が付加されます。

使おう　Mac で iCloud ミュージックライブラリをオンにする

iCloud ミュージックライブラリを利用するには、あらかじめ設定が必要です。機能をオンにすると、あとは自動的に iCloud 上に CD 音源を含む楽曲が追加されます。

1 [iTunes] をクリック

2 [環境設定] をクリック

3 [一般] タブをクリック

4 [iCloudミュージックライブラリ] にチェックを入れる

使おう　Mac の楽曲を iPhone で共有する

iCloudミュージックライブラリの楽曲は同一アカウントを利用すれば、iPhoneやほかのMacなどでも共有ができます。ここではiPhoneでの設定方法を紹介します。

1 [設定]→[ミュージック]をタップ

iPhoneであらかじめiCloudとiTunesにログインしている状態で、[設定]の[ミュージック]をタップします。なおiOS 8.4以上にアップデートしておきます。

2 [iCloudミュージックライブラリ]を[オン]に

3 [ミュージック]アプリを起動→[My Music]タブをタップ

[My Music]画面に切り替わります。MacでCDから取り込んだ曲が表示され、ネット経由ですぐに再生ができます。もちろんダウンロードしてオフライン再生も可能です。

> Macの[マイミュージック]と同じ内容のライブラリが表示される

❓ ヒント　iCloudミュージックライブラリとiTunes Matchの違いは？

Appleはクラウドに保存した楽曲を共有できる[iTunes Match]というサービスも展開しており、こちらは年間3980円で利用できます。iCloudミュージックライブラリはiTunes Matchに加入していると、すべての楽曲がDRMフリーとなり、iTunes以外のアプリでも再生が可能です。またiTunes Matchにはマッチングされずデータをアップした曲でも、2万5000曲まで保存可能。ライブラリの曲数が多いユーザーにおすすめのサービスです。

> iTunes Match は iTunes 上で加入手続きが行える

chapter 1
chapter 2
chapter 3
chapter 4
chapter 5
chapter 6
chapter 7
chapter 8
chapter 9
Appendix

column
Apple Musicの自動更新に注意

Apple Musicは開始から3カ月間は無料で利用できますが、無料期間が過ぎると自動更新となり、支払いが開始されます。もし使ってみて、あまり必要ではないというユーザーは、自動更新が行われる前に登録を解除する必要があります。

≫ Apple Musicの解除方法

iTunesを起動しておく

1 [Store] をクリック

2 [アカウントを表示] を選択

アカウントにサインイン

[登録 1] と表示されている

3 [管理] をクリック

購読の編集画面に移動

4 [オフ] をクリック

ダイアログが表示される

5 [オフにする] をクリック

chapter

9

iPhone・iPad
とつなげよう

chapter 1

chapter 2

chapter 3

chapter 4

chapter 5

chapter 6

chapter 7

chapter 8

chapter 9

Appendix

01 MacとiPhoneをiTunesで同期する

音楽や動画などのマルチメディアを管理するiTunesには、MacとiPhoneやiPadなどのデバイスを管理する機能も搭載されています。音楽や動画、アプリの転送をはじめ、データのバックアップやリストア、アップデートなどさまざま操作が行えるほか、自動バックアップや同期、Wi-Fiによる同期設定などを行うことができます。

知ろう　MacとiPhone・iPadはiTunesで同期する

iPhoneやiPadなどの機器をMacと接続するとデバイスの管理画面が表示されます。ここから音楽の転送やバックアップ、各種設定を行うことができます。

デバイスアイコン
iPhone や iPad などのデバイスを接続すると表示されます。これをクリックすると概要が表示されます。

デバイスの概要
接続したデバイスに導入されている OS の情報やストレージの容量、電話番号などの情報が表示されます。

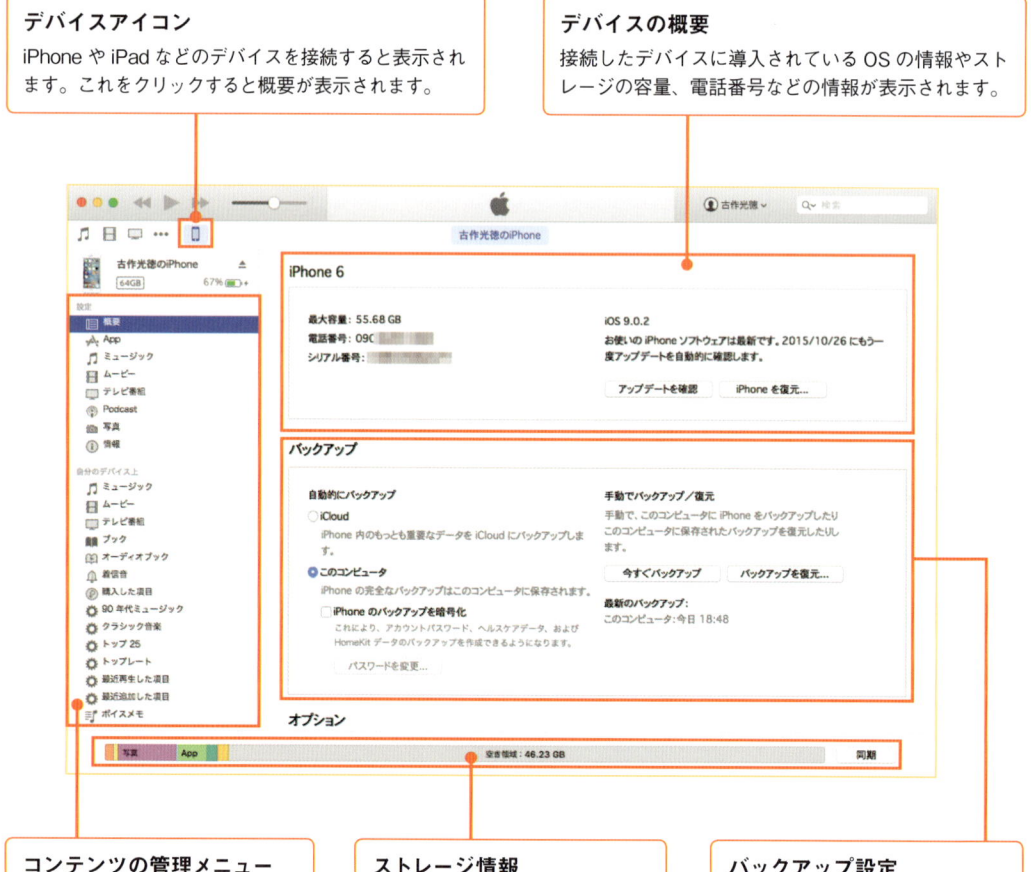

コンテンツの管理メニュー
動画や音楽など Mac 内にあるコンテンツを確認したり iPhone や iPad などのデバイスへ転送したりすることができます。

ストレージ情報
デバイスに搭載されるストレージの容量と音楽や動画、アプリなどがどれだけ容量を利用しているかが表示されます。

バックアップ設定
iPhone や iPad などのデータ保存方法を選択することができます。iCloud へのバックアップ設定もここから行えます。

使おう iPhoneやiPadをMacに接続する

iPhoneやiPadなどのデバイスは、USBケーブルを使ってMacとつなぐのが基本的な操作となります。Macと接続するデバイスの双方を設定すればWi-Fiでつなぐこともできます。

1 [デバイス]アイコンをクリック

USBケーブルなどを使ってMacとデバイスをつないだら[デバイス]アイコンをクリックします。

デバイス情報が表示された

使おう iOSデバイスとMacを同期する

iTunesで管理している音楽や動画などの各種データは、同期を行うことでiOSを搭載するデバイスに転送されます。音楽や動画の転送設定を行ってから同期してみましょう。

1 [ミュージック]を選択　　音楽の同期設定

1 [ムービー]を選択　　動画の同期設定

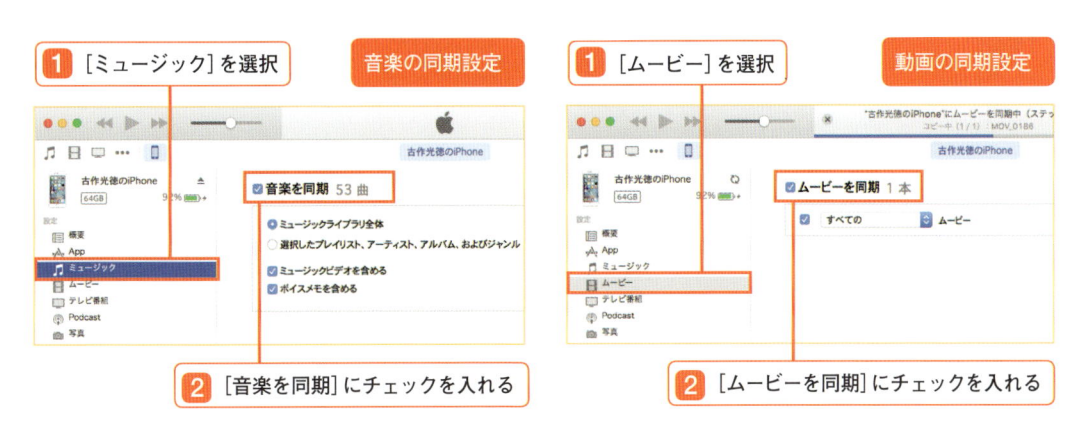

2 [音楽を同期]にチェックを入れる

2 [ムービーを同期]にチェックを入れる

同期設定が完了したらクリックして同期を開始する

iPhone・iPadとつなげよう

iPhoneやiPadをMacにバックアップ

iPhoneやiPadなどのiOSデバイスに含まれるデータをMacにバックアップしておけば、デバイスを紛失したり機種変更などを行った際にすばやくリカバリーすることができます。iCloudにもバックアップが残せますが、ここではすばやくリカバリーできるMacを使ったバックアップとリカバリー方法を紹介していきます。

使おう　iOSデバイスのデータをMacにバックアップする

iOSデバイスのバックアップは、iTunesから行います。iCloudの自動バックアップを利用していない場合は、同期時に自動バックアップされますが、手動でも行えます。

1 [デバイス]アイコンをクリック

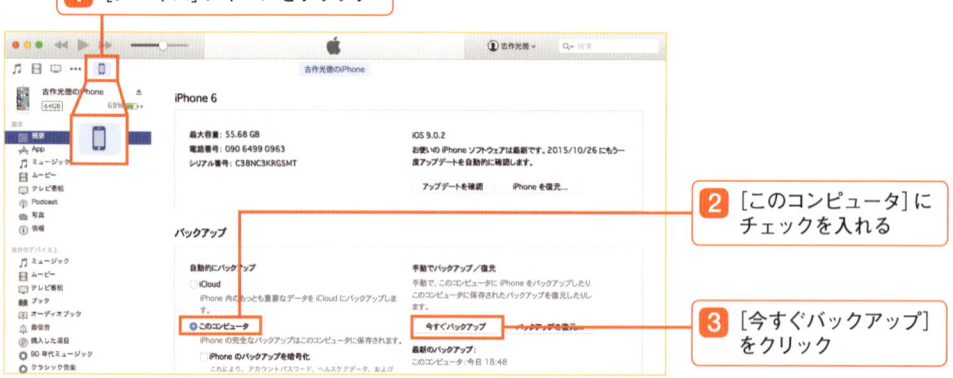

2 [このコンピュータ]にチェックを入れる

3 [今すぐバックアップ]をクリック

バックアップが開始された

 バックアップデータを暗号化して保存する

[iPhoneのバックアップを暗号化]にチェックを入れてバックアップを行えば、パスワードやヘルスケアデータなどの個人情報もバックアップできます。この操作を行うには、管理者権限でログインする必要があります。

1 チェックを入れる

2 パスワードを入力

3 クリックしてバックアップ

使おう バックアップデータからiOSデバイスを復元する

バックアップしたデータからiOSデバイスを復元する場合もiTunesを利用します。基本設定はもちろん、連絡帳やアプリの利用状態を復元することができます。

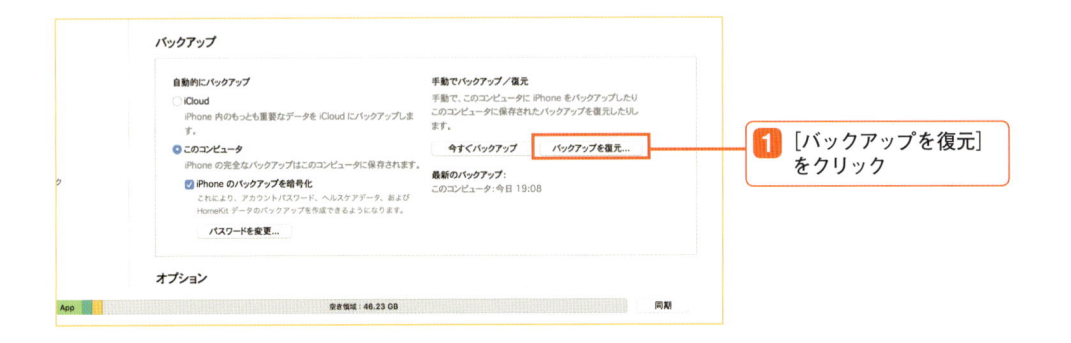

1 [バックアップを復元]をクリック

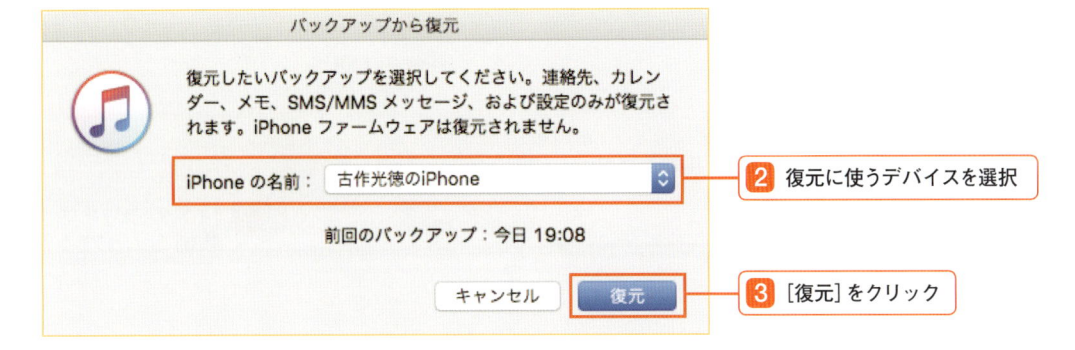

2 復元に使うデバイスを選択

3 [復元]をクリック

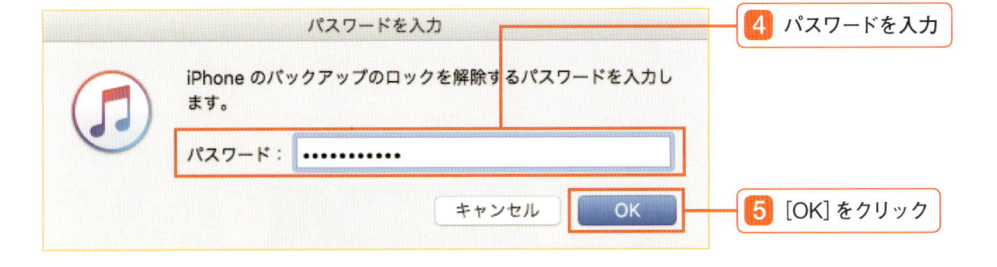

4 パスワードを入力

5 [OK]をクリック

 ### 機種変更や工場出荷時の状態に戻した場合は初期設定で復元する

機種変更で新しいiPhoneに交換した場合や初期化を実行した場合は、初回起動時にデバイスとMacを接続しておけば初期設定画面から復元することができます。[このバックアップから復元]からデバイスを選択して復元してみましょう。

iPhone・iPadとつなげよう

テザリングを使ってみよう

MacBookを外出先で利用する際、Wi-Fiなどの環境がない場所では満足にインターネットも行えません。そんなときに活用したいのがスマホのテザリング機能です。契約中のキャリアでテザリングに申し込みしていれば、スマホの回線を経由してPCでもインターネットができるようになります。iPhone・Androidともに対応しています。

使おう　iPhoneでテザリングを設定しよう

テザリングはiPhoneでは［インターネット共有］、Androidでは［無線とネットワーク］で設定できます。接続方法は複数ありますが、まずは機能の設定を解説します。

≫ iPhone でテザリングの設定を行う

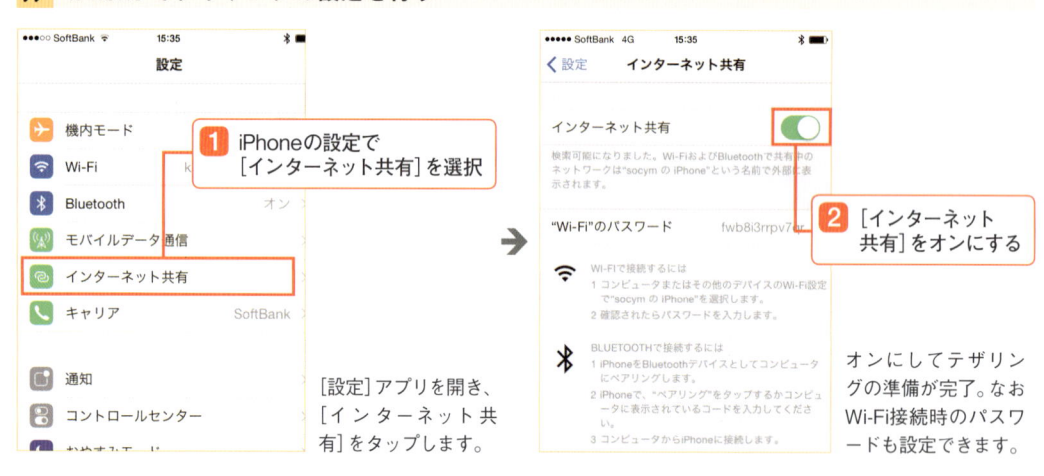

1 iPhoneの設定で［インターネット共有］を選択

［設定］アプリを開き、［インターネット共有］をタップします。

2 ［インターネット共有］をオンにする

オンにしてテザリングの準備が完了。なおWi-Fi接続時のパスワードも設定できます。

≫ Android でテザリングの設定を行う

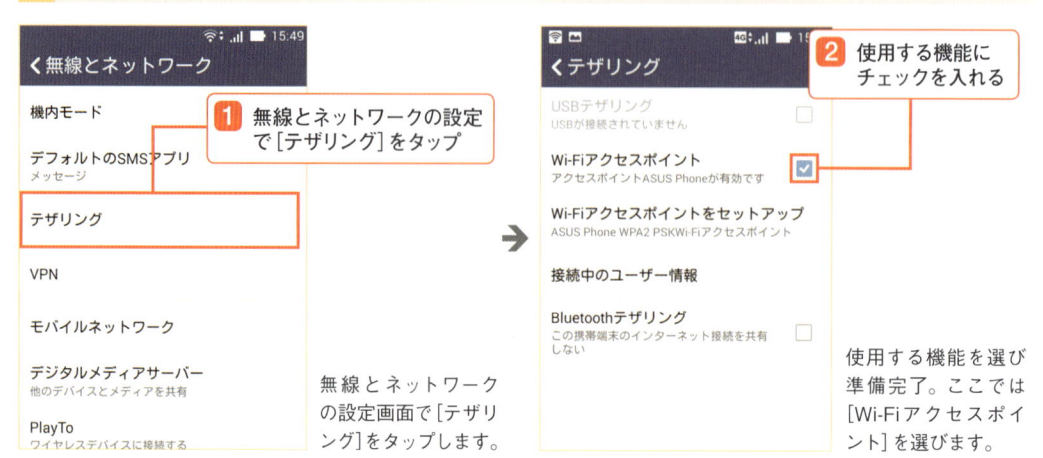

1 無線とネットワークの設定で［テザリング］をタップ

無線とネットワークの設定画面で［テザリング］をタップします。

2 使用する機能にチェックを入れる

使用する機能を選び準備完了。ここでは［Wi-Fiアクセスポイント］を選びます。

使おう　**Wi-Fiテザリングに接続する**

テザリングでスマホとPCを接続する方法はWi-Fi、Bluetooth、USBの3パターンがあります。ここでは、無線で速度も速い、Wi-Fiによる接続方法を紹介します。

1 ［ネットワーク］アイコンをクリック

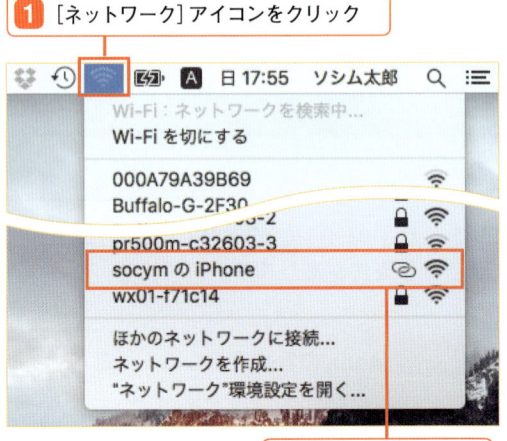

2 iPhoneをクリック

3 iPhoneで設定したパスワードを入力

4 ［接続］をクリック

5 ステータスが［接続済み］になれば完了

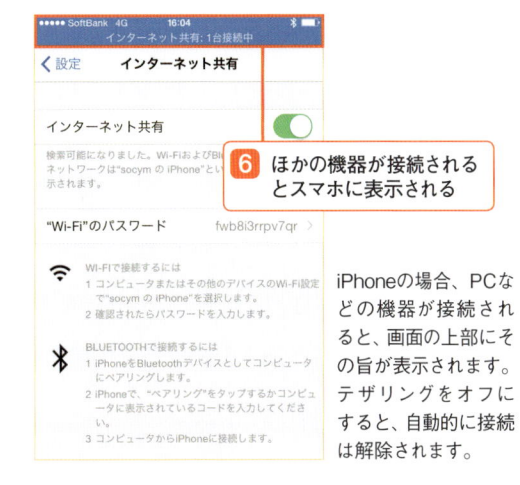

6 ほかの機器が接続されるとスマホに表示される

iPhoneの場合、PCなどの機器が接続されると、画面の上部にその旨が表示されます。テザリングをオフにすると、自動的に接続は解除されます。

💡 イラスク Wi-Fi以外のテザリング方法を選ぶメリットはある？

Bluetoothテザリングは、通信速度がWi-Fiよりも遅くなる反面、Wi-Fiに比べて省電力で、機能のオン／オフを親機（スマホ）ではなく、子機（PC）だけで行えるメリットがあります。設定は、親機（スマホ）と子機（PC）でペアリングを行う必要があり、Wi-Fiよりも多少手間がありますが、一度設定を行えば以降はスムーズに使えます。またUSBテザリングは、Wi-Fiのように複数マシンを接続させることはできませんが、電波の干渉を受けないため、通信が安定するのがポイント。ただし、USBテザリングはモデムの設定を行うなどやや複雑で、PC以外の機器では基本的に使えません。

chapter 9

04

iPhone・iPadとつなげよう

SMSや電話をMacBookで受信

前回のYosemiteからOS XはiOSとの連携がますます強化されました。その代表的な機能がHandoffです。同一のApple IDでサインインをしているMacとiPhone・iPadの間で、メールなどの編集作業を引き継ぐなどのやり取りが行えます。iPhoneにかかってきた電話をMacのFaceTimeで受信するといったことも可能です。

知ろう　Handoffの設定を行おう

Handoff機能を利用するには共通のApple IDでのサインイン、同一Wi-Fiへの接続、HandoffやBluetoothの設定がオンになっているという条件があります。

条件1　同一のアクセスポイントに接続

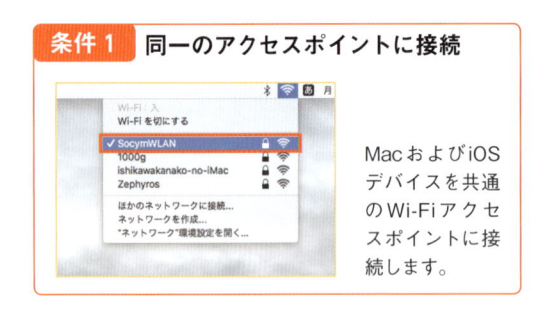

MacおよびiOSデバイスを共通のWi-Fiアクセスポイントに接続します。

条件2　Aplle IDも共通のものを設定

使用するApple IDもMacとiOSとで同じアカウントを設定しておきます。

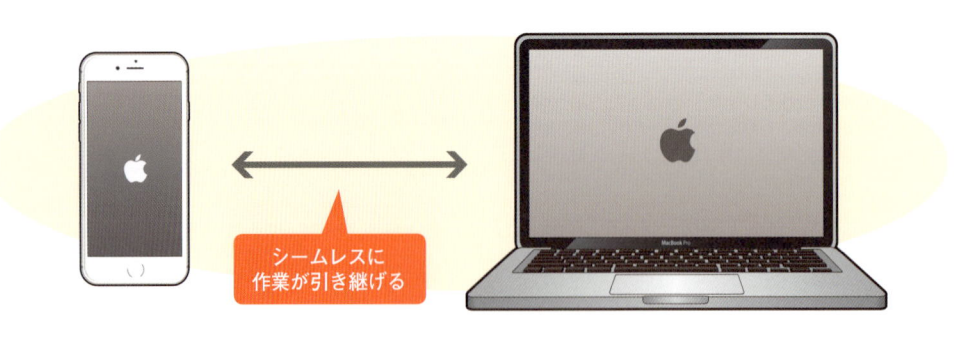

シームレスに
作業が引き継げる

条件3　Bluetoothをオンにする

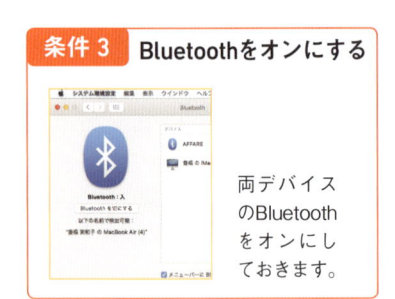

両デバイスのBluetoothをオンにしておきます。

条件4　Handoffをオンにする

Macはシステム環境設定の[一般]、iOSは設定の[一般]でHandoffをオンにします。

知ろう　Macから電話をできるよう設定する

FaceTimeの設定を行っておくと、MacでiPhoneの着信を受けられるようになります。環境設定で［iPhoneから通話］をオンにすることができます。

① Launchpadから［FaceTime］を開く　② ［FaceTime］をクリック　④ ［iPhoneから通話］をオン

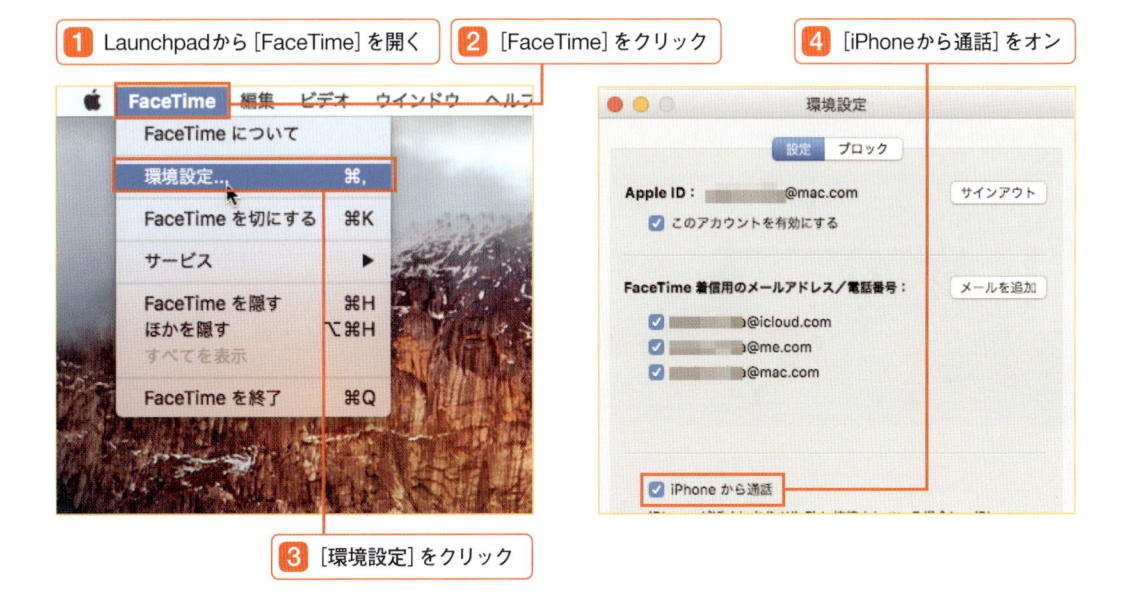

③ ［環境設定］をクリック

使おう　iPhoneへの着信をMacで受ける

［iPhoneから通話］をオンにすると、iPhoneに着信があった際にMacの画面右上にも通知があらわれます。［応答］をクリックするとMacBookでのハンズフリー通話が開始されます。

① ［応答］をクリック

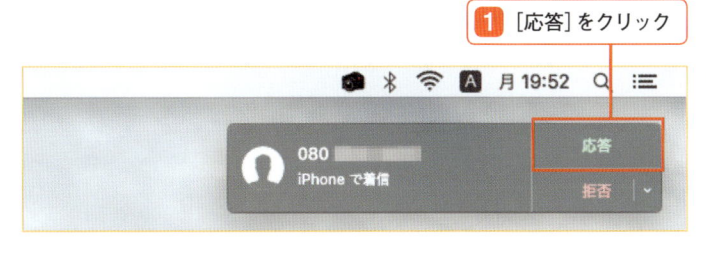

iPhoneに電話がかかってくると、Macにも着信中の通知が表示されます。［応答］をクリックすると本体のスピーカーおよびマイクで通話ができます。

② ［終了］をクリック

［終了］を押すとiPhoneには一切触れずに通話が終えられます。

Macから電話を発信することも可能です。ダイヤルには対応しておらずあらかじめ連絡先に相手の番号を登録しておく必要がありますが、FaceTimeがより便利に使えます。

1 [電話] アイコンをクリック　　**2** 電話番号をクリック

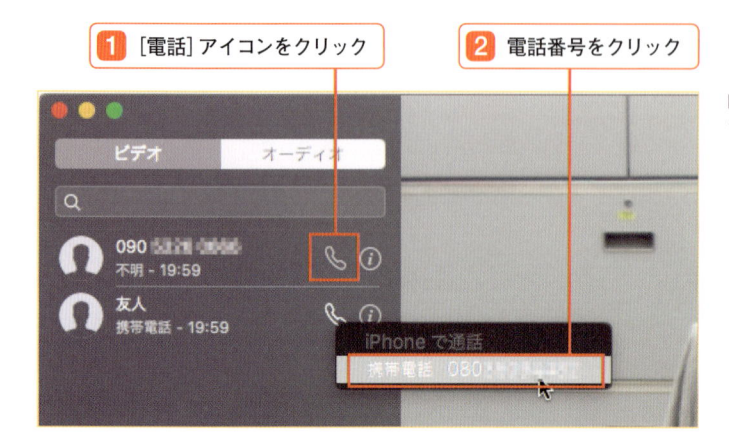

FaceTimeで連絡先を表示させ、[電話] アイコンをクリックし[電話番号]を選択します。

3 [終了] をクリック

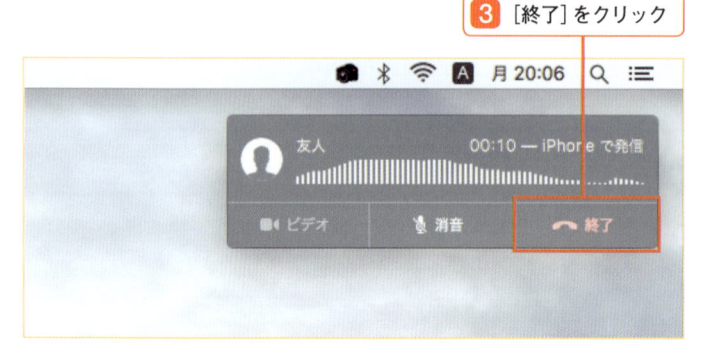

着信時と同じく、[終了] をクリックして通話を終了させられます。

 **電話に出られないときには
通知を活用**

作業中などですぐに電話に出られないときにはMacに表示される通知で[拒否]を選択すれば、着信を切ることができます。その際に、後でかけ直すのを忘れないように、通知を設定しておくこともできます。5分後や1時間後など落ち着きそうな時間を選んで通知を設定しておくとよいでしょう。

使おう　Macで閲覧しているページをiPhoneで開く

Handoffでは、Macの画面に表示されたWebページをiPhoneの方にシームレスに送ることができます。外出前にMacで読みかけのページを引き継ぐといった使い方も便利です。

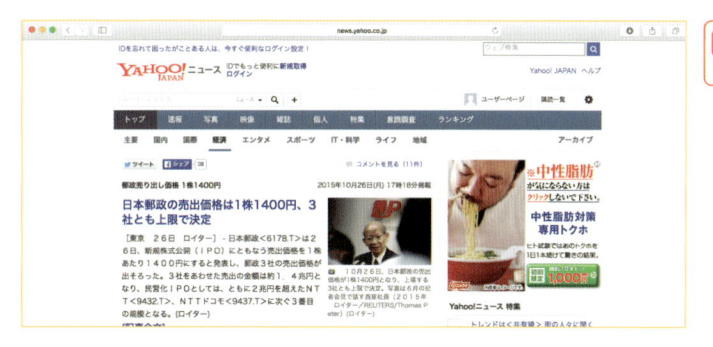

1 MacのSafariで
Webページを開く

2 [Safari] アイコンを上方向にスワイプ

3 ロックを解除

Webページが開いた

ロックを解除すると、Macで閲覧していたWebページがiPhoneで開きます。

使おう　iPhoneで閲覧しているページをMacで開く

MacからiPhoneだけでなく、iPhoneからMacでもページの引き継ぎが可能です。Dockの左端にiPhoneで使用しているアプリのアイコンが表示されるのでクリックします。

1 Dockから [Safari] をクリックして起動

Webページが開いた

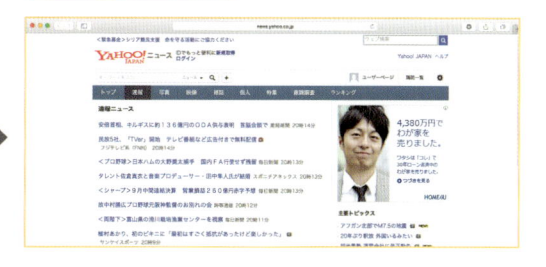

iPhone・iPadとつなげよう

AirDropでファイルを手軽に送る

Macには、対応マシン同士で手軽にファイルのやり取りができるAirDropという機能も備わっています。iOSデバイスにも搭載される機能で、iPhoneとMacBookでファイルを送受信したり、Webページやマップなど、見ているページを送ることもできます。特にアカウントの制約もなく、近くにいるほかの人とやり取りするのにも便利です。

使おう MacからiPhoneにファイルを送ってみよう

AirDropは、Finderウィンドウのサイドバーにあるメニューから、簡単に呼び出すことができます。送信可能なユーザーは自動的に検出されます。

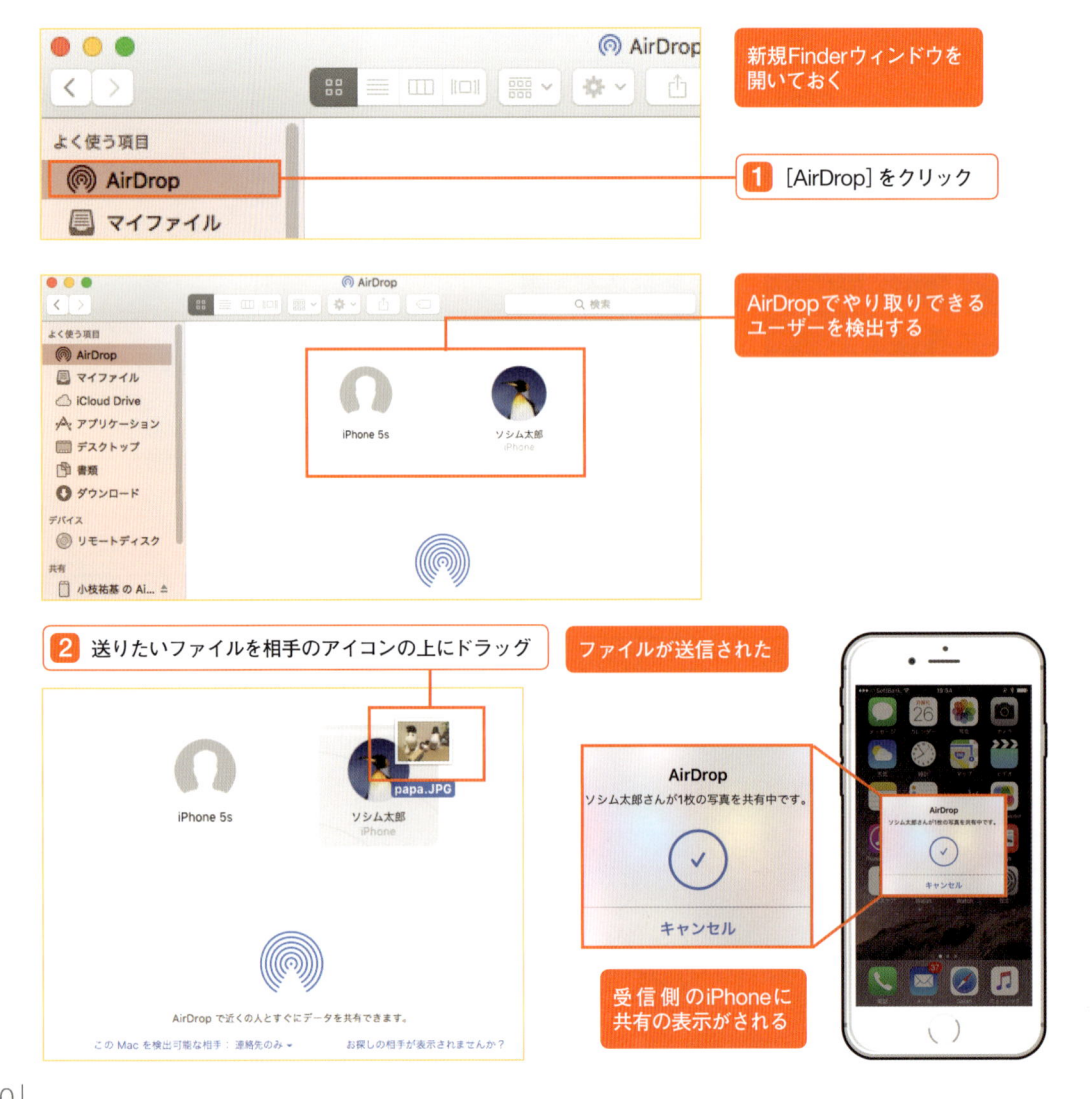

新規Finderウィンドウを開いておく

1 [AirDrop] をクリック

AirDropでやり取りできるユーザーを検出する

2 送りたいファイルを相手のアイコンの上にドラッグ

ファイルが送信された

受信側 のiPhoneに共有の表示がされる

使おう 開いている写真やページを送る

AirDropは共有メニューから呼び出すことも可能です。開いている写真やWebページ、地図などをウィンドウのメニューからそのまま送ることもできます。

写真を開いておく

1 [共有] アイコンをクリック

2 [AirDrop] をクリック

送信可能な相手が検出される

3 ユーザー名をクリック

選択した相手に写真が送られる

≫ マップなどのページを送る

マップを開く

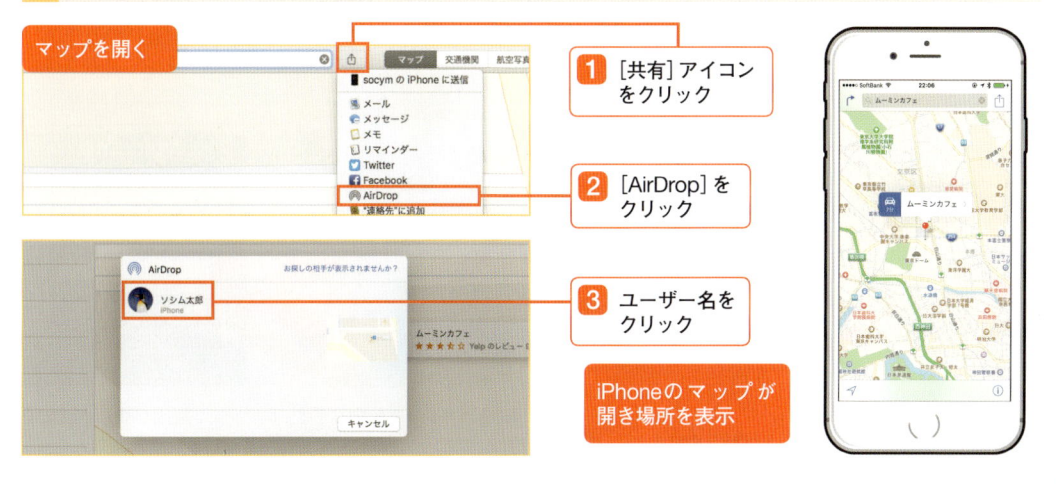

1 [共有] アイコンをクリック

2 [AirDrop] をクリック

3 ユーザー名をクリック

iPhoneのマップが開き場所を表示

iOSデバイスでMacの画面を表示

Astropad miniやTwomon USBというアプリを利用すれば、iPhoneやiPadなどのiOSデバイスにMacの画面を表示することができます。筆圧感知に対応するスタイラスペンを使ってiOSデバイスをペンタブレット代わりに利用したり作業領域を広げたりできるなど、Macでの作業効率向上に一役買ってくれます。

知ろう　Astropad miniをMacとiOSデバイスにインストール

Astropad miniは、MacのデスクトップをそのままiOSデバイスに映し出すアプリです。少人数のプレゼンで画面を他人に見せたり、スタイラスペンを使ってiOSデバイスを液晶ペンタブレットのように活用すると便利です。

1 タップしてダウンロード

2 ダウンロードが始まらない場合はクリック

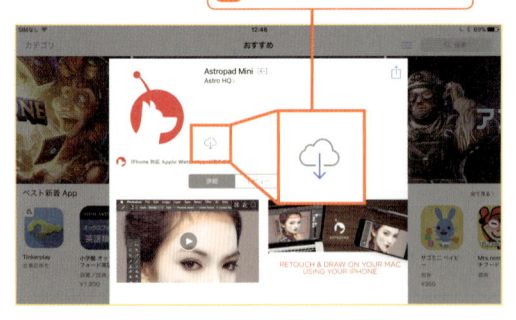

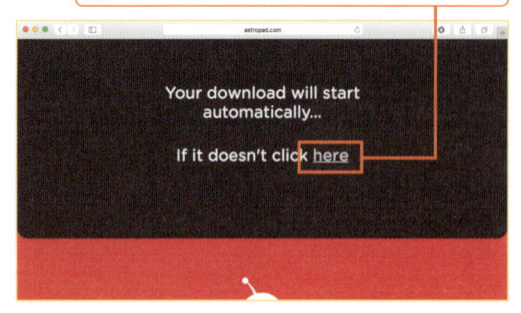

iPhoneやiPadなどのiOSデバイス向けアプリは、Appストアにアクセスして[Astropad mini]をダウンロードします。

Mac向けのアプリは、公式サイト（http://astropad.com/）にアクセスすると自動的にダウンロードされます。

使おう　iPhoneやiPadをMacに接続する

MacとiOSデバイスをUSBケーブルで接続するか同一のWi-Fiネットワークに接続しましょう。双方でアプリを起動すればMacの画面がiOSデバイスで表示されます。

iPhone・iPadの起動画面

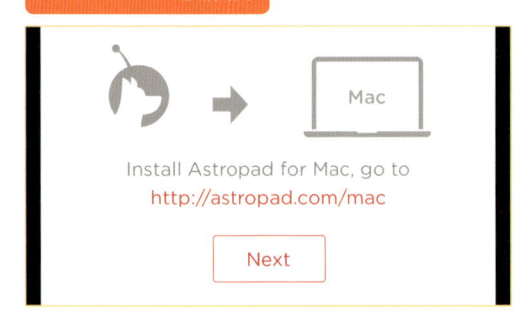

iOSデバイスで[Astropad mini]を起動します。

MacBookの起動画面

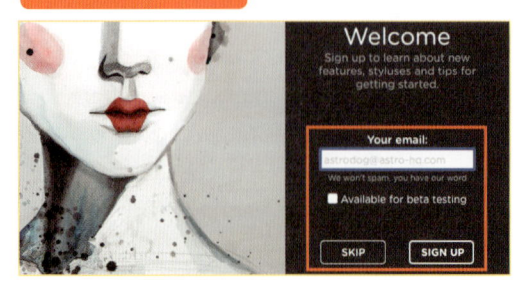

Macでアプリを起動します。サインイン画面が表示されますが、サインインしなくても利用することができます。

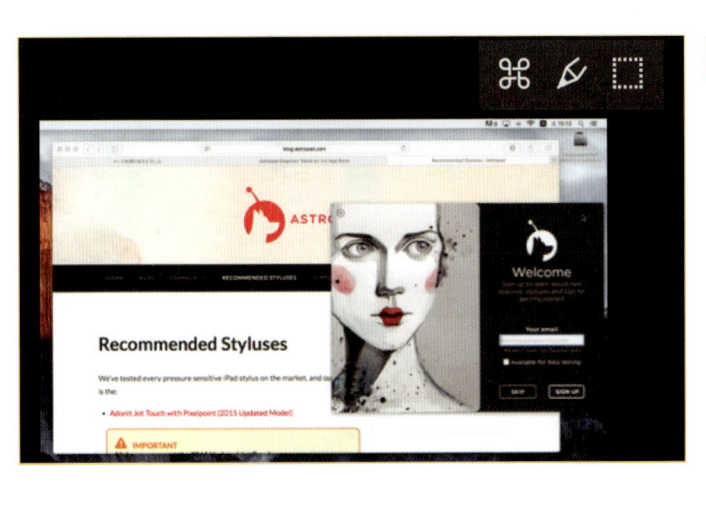

Macの画面が表示された

接続が完了するとMacの画面がiOSデバイスのディスプレイに表示されます。

使おう iOSデバイスの表示設定を変更する

iOSデバイスに表示されているMacの画面は、表示領域やサイズを変更することができます。この操作はピンチイン／ピンチアウトできめ細やかに行えます。

画面右上に表示されるツールバーから[SCREEN SELECTION]アイコンをタップして設定画面を開きます。

1 [SCREEN SELECTION]をタップ

2 ピンチイン／ピンチアウトで表示サイズを調整

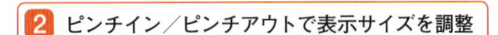

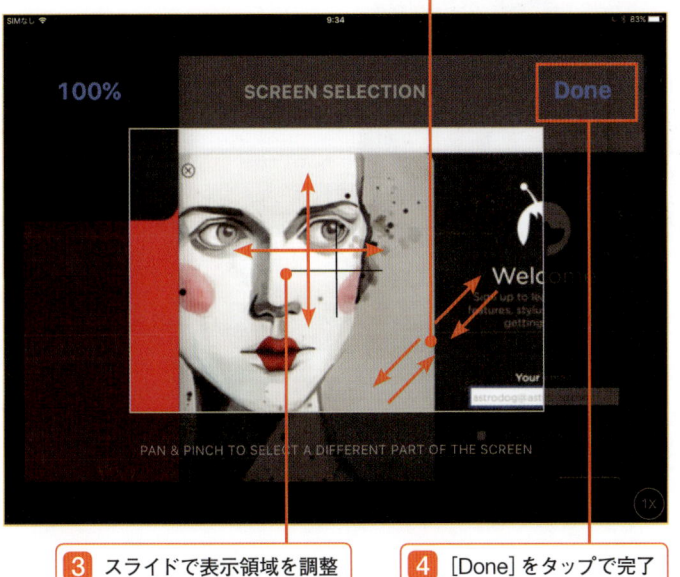

3 スライドで表示領域を調整

4 [Done]をタップで完了

スタイラスペンを有効にする

ツールバーの中央にあるペンのアイコンをタップし、メーカーを選択すれば、スタイラスペンが認識されます。

Twomon USBでiOSデバイスをサブディスプレイにする

Twomon USBを利用すれば、iOSデバイスをサブディスプレイとして利用できます。表示領域を広げられるため、作業効率を大きく上げることができます。

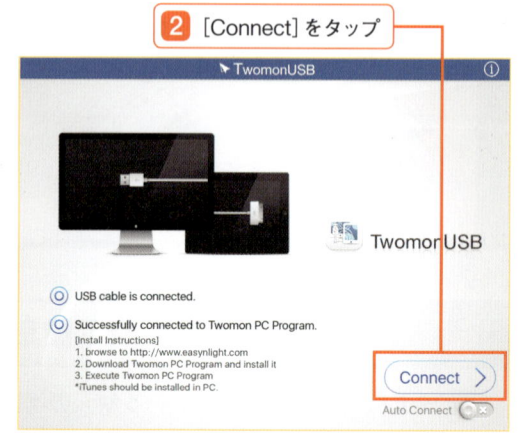

2 [Connect]をタップ

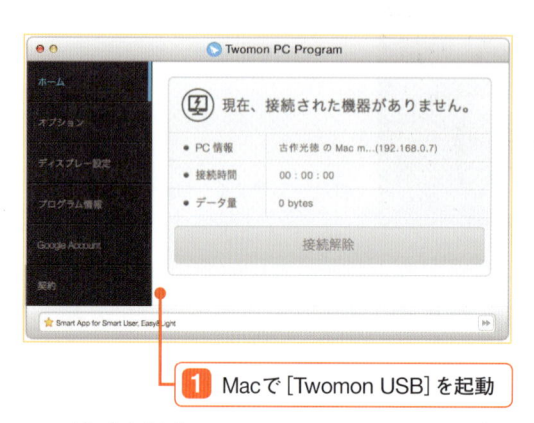

1 Macで[Twomon USB]を起動

Macで公式サイト（http://devguru.co.kr/easynlight-en/）にアクセスしたら、本体をダウンロードして起動します。

iOSデバイスとMacをUSBケーブルで接続したら、iOSデバイスの[Twomon USB]を起動し[Connect]をタップします。

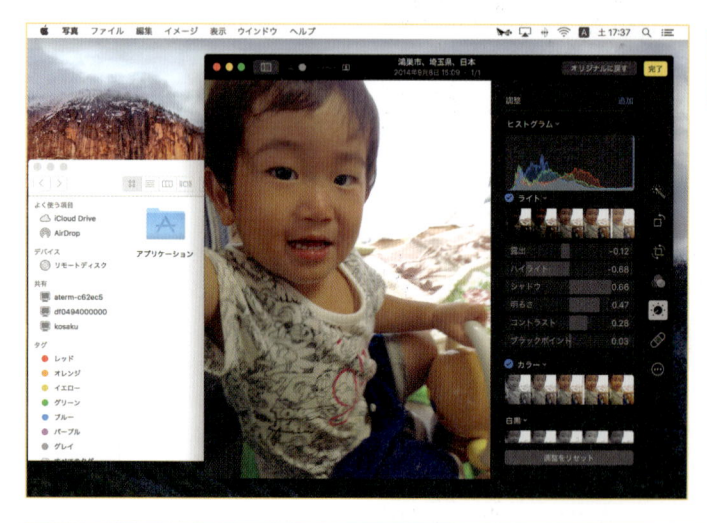

サブディスプレイとして表示された

接続が完了するとiOSデバイスがサブディスプレイとして利用できるようになります。

解像度やディスプレイの配置を変更する

サブディスプレイとして認識されるiOSデバイスの表示設定は、Macの[システム環境設定]→[ディスプレイ]→[配置]から行うことができます。サブディスプレイをドラッグすると配置が変更でき、サブディスプレイに表示されるウィンドウから解像度が選択できます。

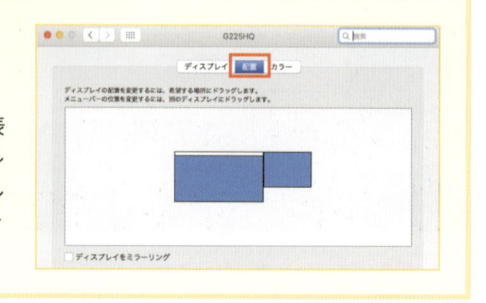

chapter
10

マップを活用する

chapter 11

chapter 12

chapter 13

chapter 14

chapter 15

chapter 16

chapter 17

Appendix

標準搭載のマップアプリを使う

OS X El Capitanに標準搭載されるマップアプリを利用すれば、現在地周辺の地図はもちろん、任意の場所の地図も自由自在に表示させることができます。指定した2点間を移動するための経路検索や乗り換え案内も行えるなど、単なる地図表示といった枠を超え、ナビゲーションツールとして活用することもできます。

知ろう　マップアプリの見方を知る

マップアプリは、ひとつの画面上でマップの表示や検索、縮尺の変更やナビゲーションなど利用可能なすべての機能を利用できるように設計されています。

経路
選択した2点間を移動するための経路を表示します。自動車、徒歩、公共交通機関の経路表示に対応します。

現在地を表示
クリックすると現在地周辺のマップが表示されます。

検索ボックス
住所や施設名などのキーワードを入力して検索を行うことができます。

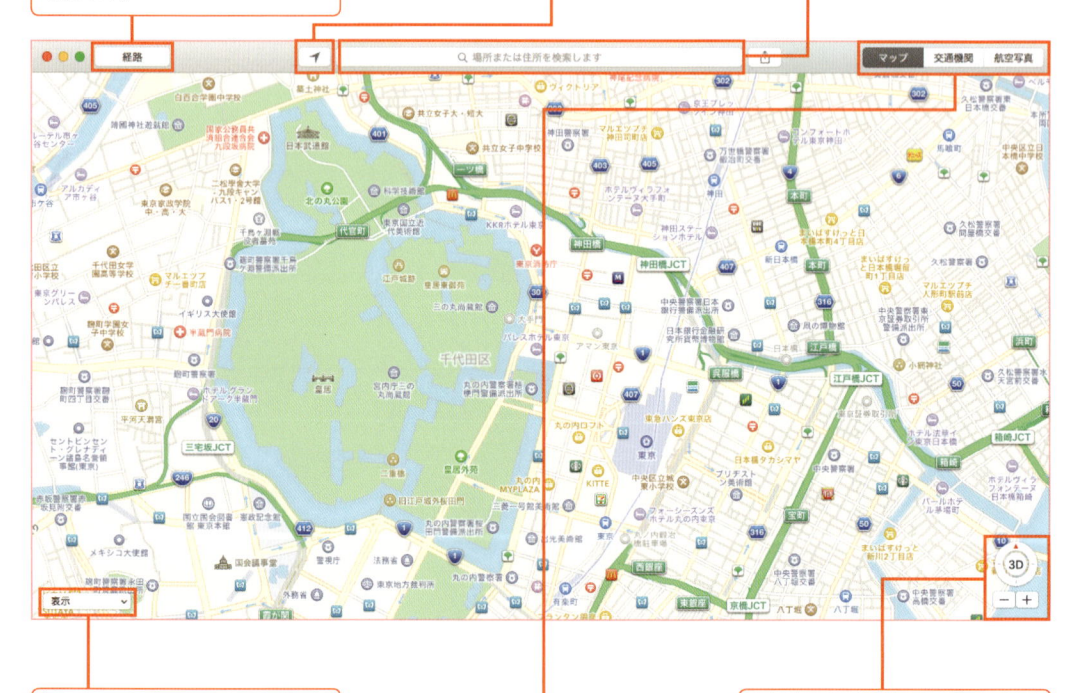

表示切替
渋滞情報を表示する「交通情報を表示」や建物を立体表示する「3D」表示などが切り替えられるプルダウンメニューです。

マップ切り替え
マップの表示や航空写真など、マップの表示を切り替えることができます。

縮尺変更／3D表示
マップの縮尺を変更できます。[3D]をクリックすると都市部など3D表示に対応した地域の建物などが立体表示されます。

使おう　地図の表示位置調整や拡大／縮小を行う

マップアプリを利用すれば、全世界の詳細な地図を見ることができます。まずは地図のスクロールや拡大／縮小といった基本となる操作をマスターしておきましょう。

≫ 地図をスクロールする

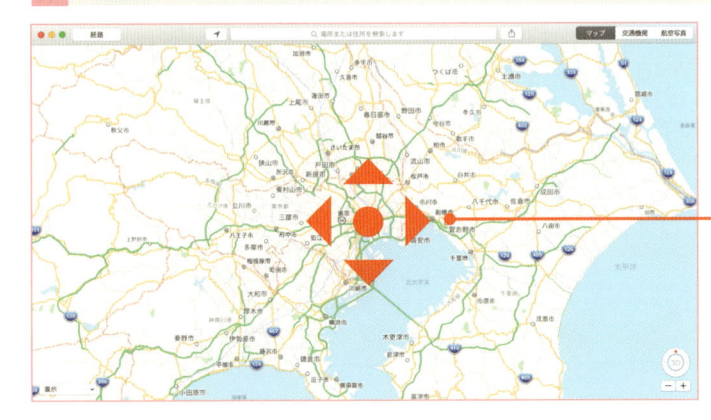

マップアプリを起動すると地図が表示されます。マップの表示位置は、地図を上下左右にドラッグすることで変更することができます。

上下左右にドラッグ

≫ 地図の縮尺を変更する

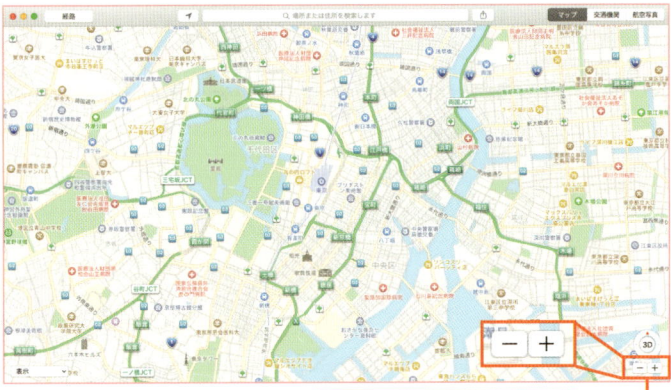

地図の縮尺変更は、**1** 画面右下にある「＋」「－」ボタンから行うことができます。

1 ［－］や［＋］をクリック

> 💡 **建物や店舗名も詳細に表示できる**
>
> 地図を拡大すれば、飲食店や商店などの店名が表示されるといった具合に詳細なマップを表示させることができます。
>
>

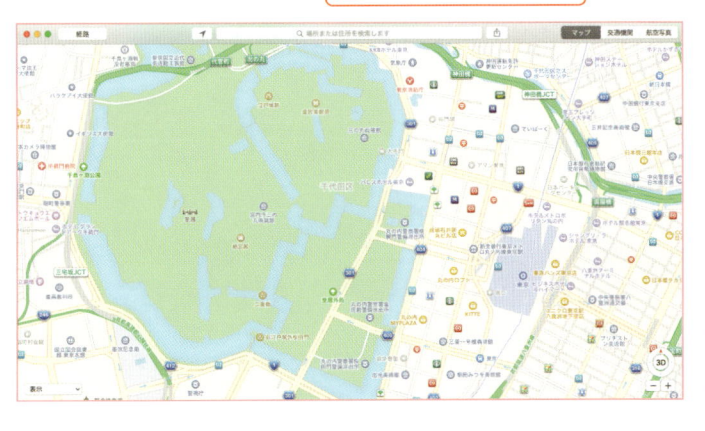

地図を拡大すると細かな道路や建物の名前などが詳細に表示されるようになります。

使おう　交通機関のマップを表示させる

[交通機関] をクリックすると、道路やランドマークといったスポット情報が最小限に抑えられ、JRや私鉄などの駅が表示されるようになります。都市部の地下鉄など通常の地図では表示されない場所もこの方法で表示することができます。

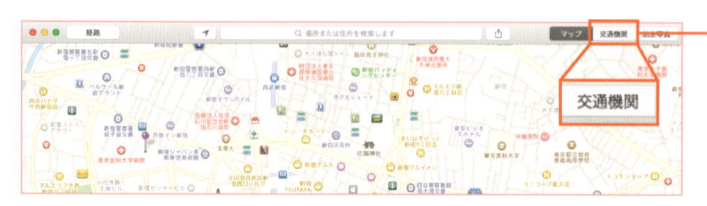

1 [交通機関] をクリック

1 画面右上にある [交通機関] をクリックします。

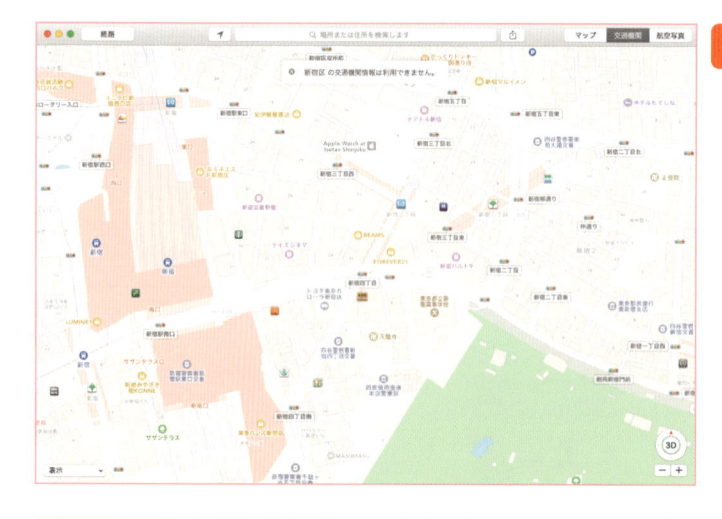

交通機関の情報が表示された

表示されている地図の範囲内にある公共交通機関の情報が表示されます。

複数の地図を同時に表示することもできる

出発地や目的地といった具合に複数の地図を表示させたい場合、新規ウィンドウを開くと便利です。この機能はマップアプリのウィンドウ内でなく、メニューバーから利用する必要がある点に注意して操作を行いましょう。

1 [ファイル] →
[新規ウインドウ] をクリック

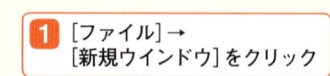

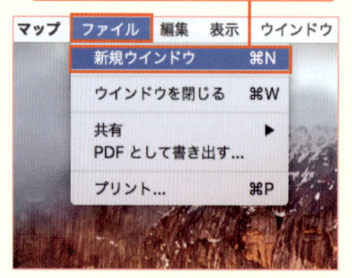

メニューバーの **1** [ファイル] から [新規ウインドウ] を選択します。

新しいウィンドウが表示された

新しいウィンドウが開きます。操作方法は、元から開いている地図と変わりません。

chapter 10
02
マップを活用する
経路を検索してナビを利用する

マップアプリには、目的地まで案内してくれるナビ機能が搭載されています。自動車や徒歩、そして電車などの公共交通機関などから移動手段を選んで経路検索することができます。また、検索したルートはiPhoneやiPadなどの端末に転送することができ、音声付きのナビゲーションを利用することも可能です。

知ろう　経路検索の基本操作

経路検索は [経路] メニューを開いて行うのが基本操作となります。現在地から目的地を検索できるのはもちろん、任意の地点同士の経路案内にも対応しています。なお、表示中の地図内から目的地を指定して経路案内することもできるので併せて紹介します。

≫ [経路] メニューから検索する

1 [経路]をクリック　　　　**2** 出発地と目的地名を入力して検索

3 候補リストから目的地を選ぶ

1 [経路]をクリックし、**2** 検索ボックスに出発地と目的地に関するキーワードを入力して [return] キー押し、**3** 候補から目的地を選びます。

ルートと道順が表示された

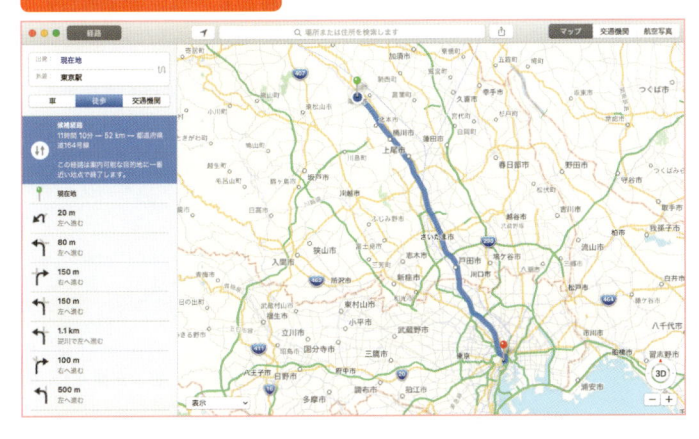

経路の検索が開始され、目的地までのルートとその詳細が表示されます。

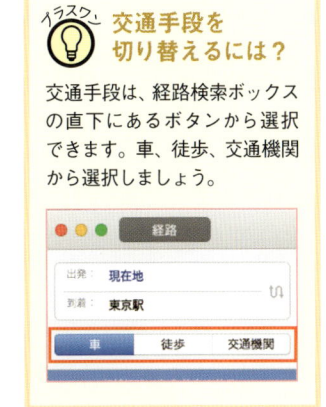

🔍 **イラスク！** 💡 **交通手段を切り替えるには？**

交通手段は、経路検索ボックスの直下にあるボタンから選択できます。車、徒歩、交通機関から選択しましょう。

使おう　現在地周辺の地図を表示させる

マップアプリには、現在地周辺の地図を表示させる機能が搭載されています。ボタンひとつで手軽に表示できるので周辺地図を確認したい場合に利用してみましょう。

1 [現在地を表示します]
アイコンをクリック

現在地が表示された

検索ボックスの左側にある **1** [現在地を表示します]アイコンをクリックすると現在地周辺の地図が表示されます。

使おう　目的地を検索して地図を表示する

画面上部の検索ボックスに目的地に関するキーワードを入力すれば、その周辺地図を表示させることができます。地名や駅名、店舗名などから検索することができます。

1 キーワードを入力

2 目的地をクリック

目的地が表示された

1 検索ボックスに目的地に関するキーワードを入力して[return]キー押し、**2** 候補から目的地を選びます。

> **複数キーワードで検索できる**
>
> 複数のキーワードを入力して検索すれば、検索結果を絞り込めます。画面左側のリストから表示させたい地点を選択することができます。

選択した目的地周辺にピンが置かれ、周辺の地図が表示されます。

≫ 検索した目的地からルートを検索

1 [ルート検索] アイコンをクリック

地図の検索機能を使って目的地を表示すると、目的地名の左側に [ルート検索] アイコンが表示されます。**1** これをクリックすると現在地からのルート検索が行えます。

≫ 表示されている地図内から目的地を指定する

1 施設名をクリック

2 [ルート検索] アイコンをクリック

地図内にあるスポット名やアイコンをクリックすると詳細が表示されます。**1** ここから施設名をクリックし、**2** [ルート検索] アイコンをクリックすればルートが表示されます。

💡 イラスク 複数の経路から利用するものが選べることもある

経路検索を実行するとルートが複数表示されることがあります。この場合は、表示されたルートをそれぞれクリックすれば詳細と到着までの時間が表示されるので好みのものを選択してみましょう。

クリックして別ルートを表示

濃く表示されているのが選択中のルートとなっています。複数のルートがある場合は、他のルートが薄く表示されるのでクリックして切り替えましょう。

検索したルート情報は、手持ちのiPhoneやiPadに送信することができます。それぞれの
端末で受け取ったルート情報をマップアプリで表示することができるほか、音声案内付
きでナビゲートを行うこともできます。

1 [共有メニュー]をクリック　　**2** 転送するデバイスを選択

1 [共有メニュー]をクリックし、**2** 転送
するデバイスを選択します。

設定 **同一 Apple ID で**
ログインを実行

ルートを転送する場合は、
MacとiPhone・iPadの双方が
同じ Apple IDでログインされ
ている必要があります。

≫ **iPhone で受信したルートを開く**

待ち受け画面表示時

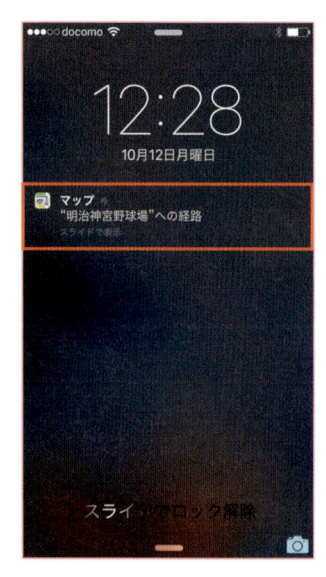

iPhoneロック時に受信すると、この
画面が表示されます。メッセージを
タップすると経路が表示されます。

ホーム画面や
他のアプリ起動時

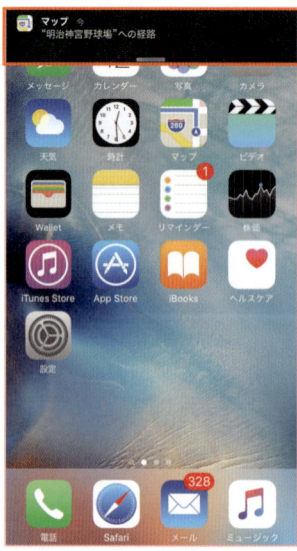

ホーム画面や他のアプリ起動時に
受信すると通知領域に表示される
ので、タップして経路を表示します。

マップアプリ起動時

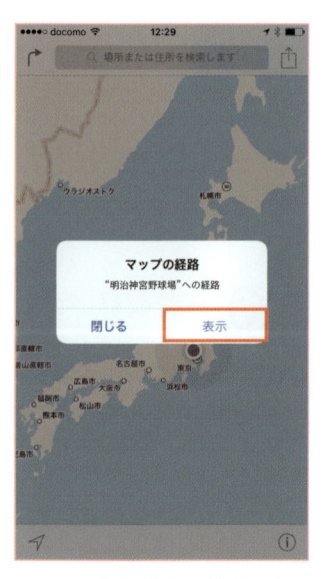

マップアプリ起動時に受信するとポ
ップアップが表示されます。[表示]
をタップしてルートを表示します。

≫ 受信したルートを iPhone でナビゲートする

受信したルートを開いたら**1**[出発]をタップしてナビゲーションを開始します。

1 [出発]をタップ

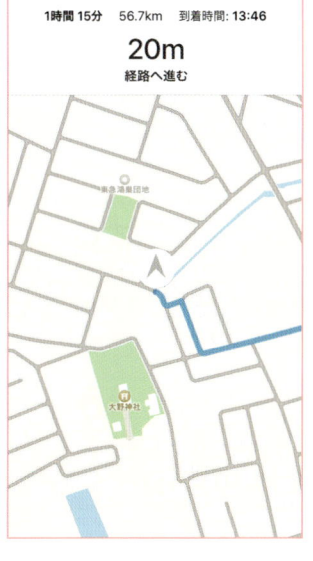

ナビゲーションが開始されると音声と共に案内が開始されます。縮尺変更も行えます。

経路アプリを併用して乗り換え案内を行う

Macから送られたルートをiPhoneで開いた場合、連携する乗り換え案内アプリがインストールされている場合は、それを活用することで路線案内を行えます。電車を頻繁に利用するなら使い方を覚えておきましょう。

1 [経路Appを表示]をタップ

2 利用したい路線を選択

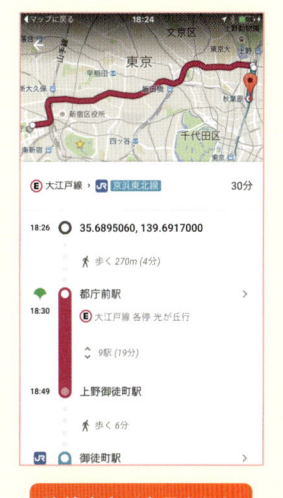

路線案内が表示された

ルートを開いたら**1**[経路Appを表示]をタップし、[GoogleMapsを選択しましょう]で先に進みましょう。

複数の乗り換えルートが表示されるので**2**利用したい路線をタップしてみましょう。

選択した路線の乗り換え案内が表示されます。各駅をタップすれば電車の発車時間などが確認できます。

3D表示や実写地図を活用する

マップアプリには、平面的な2D地図だけでなく、建物を立体的に表示してくれる3Dや実際の航空写真を使った実写地図を表示する機能が備わっています。実写を立体化するといった合わせ技も行えるため、初めて行く場所でも周辺の地理をつかみやすくすることができます。ただし、3D表示は一部の都市部のみの対応となります。

使おう　3D地図を表示する

3D地図では対応する地域を立体的に表示することができます。基本的に都市部を中心とした地域に限られますが、土地勘のない場所などを下調べするのにも便利です。

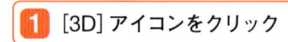
1 [3D] アイコンをクリック

1 画面右下にある [3D] アイコンをクリックします。

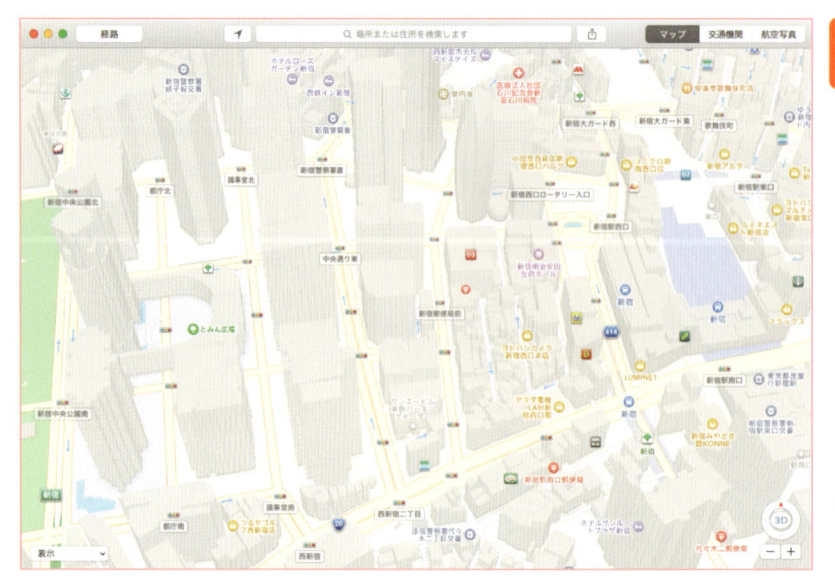

地図上の建物が
立体化された

地図上にある建物が立体表示されます。初めていく土地でも建物を頼りに目的地が探せます。

使おう　実写地図に切り替える

マップアプリには、上空から撮影した実写による地図表示にも対応しています。目的地やその周辺の状況を視覚的に捉えたい場合などに活用すると便利です。

1 [航空写真] をクリック

1 画面右上にある [航空写真] をクリックすると地図が実写に切り替わります。

使おう　地図を回転する

立体地図や実写地図を表示させた場合、陰になる部分があって他の角度から確認したいという場合があります。そういった場合は、地図の表示向きを変えてみましょう

1 [▲] をドラッグして回転

1 画面右下にある回転バーにある [▲] を左右にドラッグすると動かすことができます。

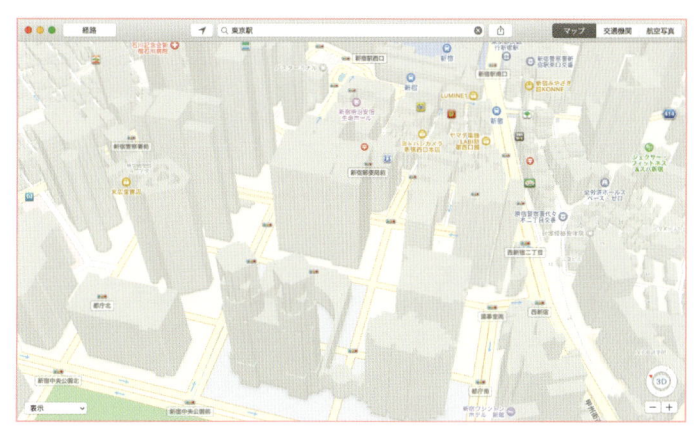

地図が回転表示された

回転バーの動きに合わせて地図が回転します。バー内にある [▲] は北の方角を示しています。

Googleマップを利用する

Googleが提供するGoogleマップもポピュラーなマップとして親しまれています。このマップは、アプリを使わずにWebブラウザからアクセスできるのが大きな特徴です。また、ストリートビューと呼ばれる機能を利用すれば、あたかもその場にいるような一人称視点で現地が確認できます。

知ろう Googleマップの見方を知る

Googleマップは、Webブラウザで［https://maps.google.co.jp/］にアクセスすると利用できます。ひとつの画面でマップの表示や検索、縮尺の変更など様々な機能を利用することができます。

検索ボックス
住所や施設名などのキーワードを入力して検索を行うことができます。

経路
選択した2点間を移動するための経路を表示します。自動車、徒歩、公共交通機関の経路表示に対応します。

現在地を表示
クリックすると現在地周辺のマップが表示されます。

マップ切り替え
航空写真など、マップの表示を切り替えることができます。

ストリートビュー／写真
一人称視点でマップ内が確認できるストリートビューやユーザーによって投稿された選択地周辺の写真が確認できます。

縮尺変更／3D表示
マップの縮尺を変更できます。［＋］で拡大、［－］で縮小することができます。

使おう　地図のスクロールと拡大／縮小をする

Googleマップで表示されている地図の表示位置を調整したい場合は、上下左右にスクロールしましょう。また［−］や［＋］ボタンをクリックすれば縮尺が変更できます。

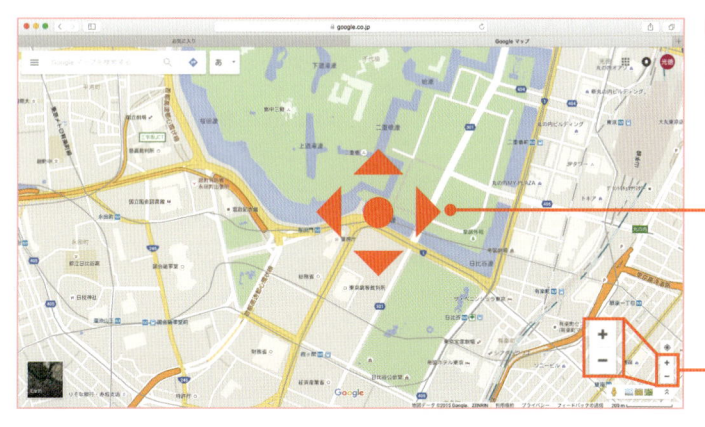

1 地図を上下左右にスクロールすれば表示位置が調整できます。2 縮尺の変更は［−］［＋］ボタンから行えます。

1 スクロールで位置を調整

2 ［−］や［＋］で縮尺変更

使おう　ストリートビューを利用する

Googleマップには、一人称視点で街並みがチェックできるストリートビュー機能が備わっています。人型アイコンを地図上にドラッグ＆ドロップすれば画像が確認できます。

1 画面右下にある人型アイコンをドラッグすると表示可能な道路が青く表示されるので、見たい個所にドロップします。

1 人型アイコンを
ドラッグ＆ドロップ

ストリートビューが表示された　　　　2 ドラッグで視点を変更

人型アイコンをドロップした周辺の画像が表示され、2 上下左右にドラッグすれば視点が変えられます。

💡 イラスク 地図上を歩くように進むことも可能

画像内に表示されている道路に沿ってクリックするとその位置まで移動することもできます。目的地までの道のりを調べる時などに利用すると便利です。

表示したい地域や施設を検索する

検索ボックスに表示したい地域や施設名などのキーワードを入力して検索すれば、検索結果が一覧表示されます。ここから表示したい地域や施設を選択しましょう。

1 地域名や施設名を入力

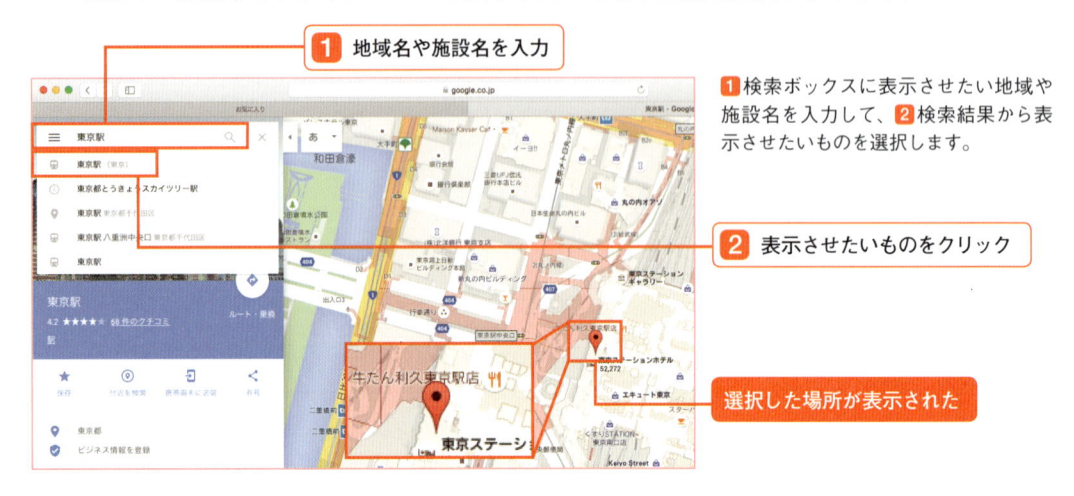

1 検索ボックスに表示させたい地域や施設名を入力して、**2** 検索結果から表示させたいものを選択します。

2 表示させたいものをクリック

選択した場所が表示された

使おう ## 目的地までのルート案内を行う

目的地を検索して [ルート・乗換] をクリックすれば、車や徒歩、電車などの公共交通機関を使ったルートが検索でき、実際の道案内も行ってくれます。

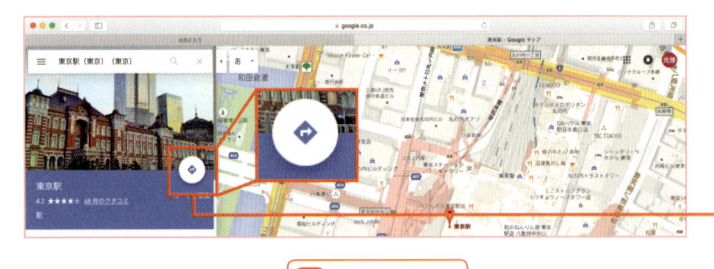

目的地を検索したら **1** [ルート] アイコンをクリックします。

1 [ルート] アイコンをクリック

2 出発地を検索

ルート検索画面が表示されます。**2** 出発地を検索して **3** 結果一覧から選択します。

3 検索候補から出発地を選択

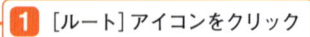

4 ルートの一覧を表示

4 ルートが自動的に検索され、候補が表示されます。車で移動する場合は、**5** 車のアイコンが付いた候補をクリックします。

5 候補のルートをクリック

6 地域名や施設名を検索

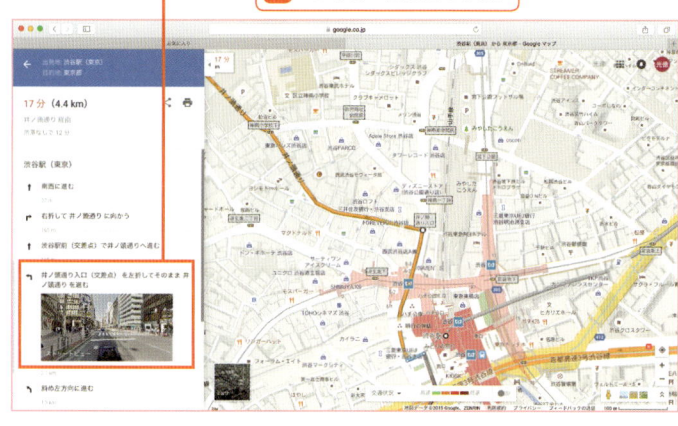

画面左側に選択したルートの詳細が表示されます。**6** 分岐や交差点などの情報をクリックするとストリートビュー画像を交えた案内図が表示されます。

案内ルートが表示された

電車の乗り換え案内も表示可能

Googleマップでは、電車を使った移動手段のナビゲーションにも対応しています。ルート検索から電車を使ったものを選び、選択すると乗車する電車や乗り換え駅、所要時間、料金情報など、さまざまな情報を確認することができます。

1 電車を使ったルートを選ぶ

ルート検索を実行し、**1** 電車のアイコンが付いたルートを選択します。

乗り換え案内が表示された

電車を使った移動ルートが表示されます。所要時間や料金なども確認できます。

chapter 10

05

マップを活用する

マイマップを利用する

Googleマップには、頻繁に訪れたり検索などを行ったりする場所を記録しておくためのマイマップと呼ばれる機能が搭載されています。利用するにはGoogleアカウントが必要となりますが、ログインを行っておくことでMacはもちろん、iPhoneやAndroidスマートフォンなど、さまざまな機器とマップを共有することができます。

使おう　マイマップを作成する

特定の地域や施設などをマイマップに登録する場合、検索機能を使ってスポットを探し出せばスムーズに登録できます。スポット名は任意の名前で保存できます。

1 [メニュー] アイコンをクリック

2 [マイマップ] をクリック

`マイマップの作成画面が表示される`

3 [地図を作成] をクリック

4 登録したい場所を検索

`スポットの詳細が表示される`

6 [地図に追加] をクリック

5 追加するスポットをクリック

`マイマップにスポットが登録された`

マイマップを利用する | 10-05

chapter 10
chapter 11
chapter 12
chapter 13
chapter 14
chapter 15
chapter 16
chapter 17
Appendix

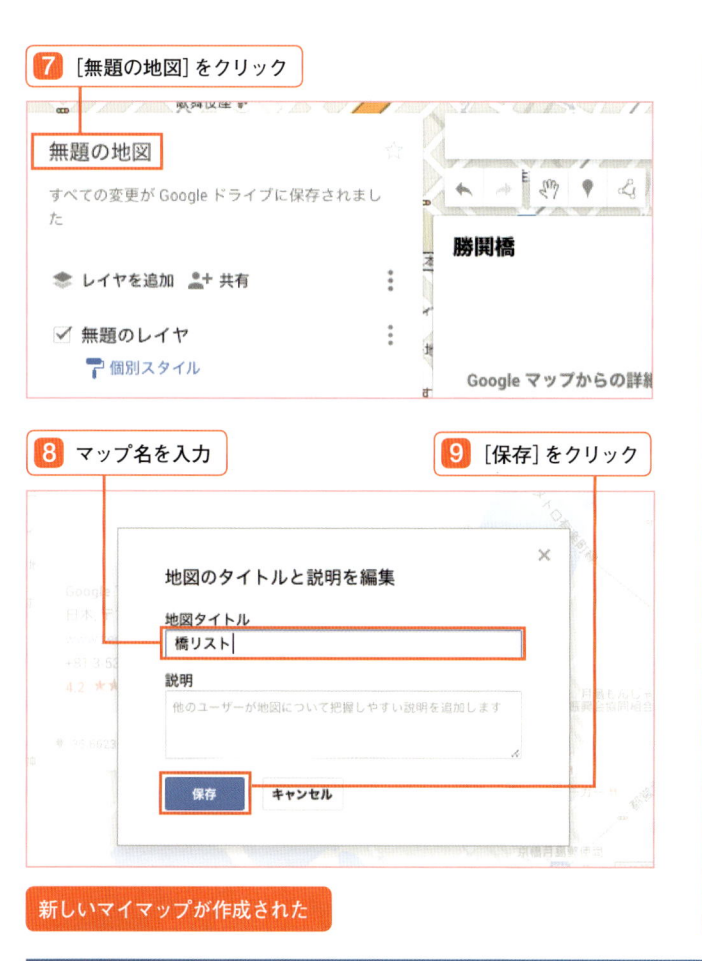

7 [無題の地図]をクリック

無題の地図

すべての変更が Google ドライブに保存されました

レイヤを追加　共有

☑ 無題のレイヤ

個別スタイル

勝開橋

Google マップからの詳細

8 マップ名を入力　　　　　　　　**9** [保存]をクリック

地図のタイトルと説明を編集　×

地図タイトル
橋リスト

説明
他のユーザーが地図について把握しやすい説明を追加します

保存　キャンセル

新しいマイマップが作成された

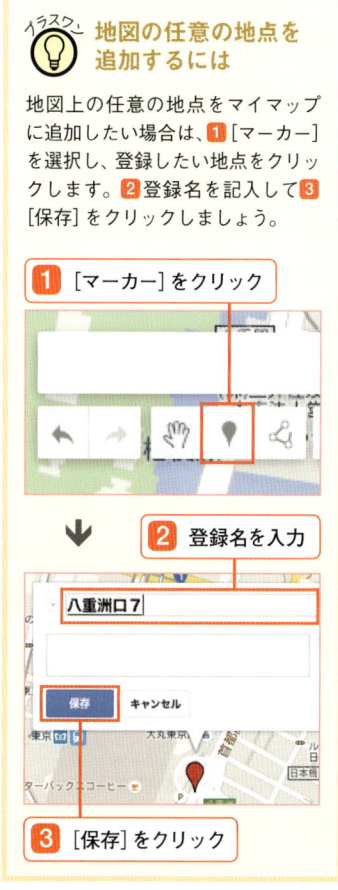

イラスト 地図の任意の地点を追加するには

地図上の任意の地点をマイマップに追加したい場合は、**1** [マーカー]を選択し、登録したい地点をクリックします。**2** 登録名を記入して**3** [保存]をクリックしましょう。

1 [マーカー]をクリック

2 登録名を入力

八重洲口7

保存　キャンセル

3 [保存]をクリック

使おう　作成したマイマップを開く

作成したマイマップは、検索ボックスの左側にある[メニュー]アイコンから開くことができます。登録されたスポットを選択すれば、その周辺地図と詳細が表示されます。

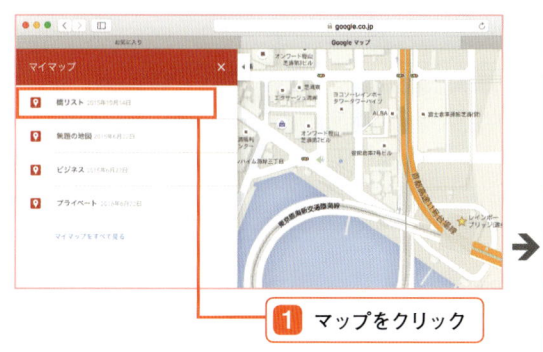

マイマップ　×

橋リスト　2015年10月14日

無題の地図

ビジネス

プライベート

マイマップをすべて見る

1 マップをクリック

2 スポット名をクリック

橋リスト

レインボーブリッジ(遊歩道)
八重洲口7
横浜ベイブリッジクラブ
緑師橋
吾妻橋
基本地図

レインボーブリッジ(遊歩道)　×

Google マップからの詳細情報
日本、東京都港区海岸 3丁目33−19
+81 3-5442-2282
Google マップで見る

スポットの詳細が表示された

P.210の手順に従って[メニュー]アイコンからマイマップを開きます。すると作成したマップの一覧が表示されるので**1** 表示させたいマップをクリックします。

選択したマップが開きます。**2** 一覧表示されるスポット名をクリックすれば周辺地図と詳細が表示されます。

column

ほかにもある無料マップを活用する

この章で紹介したマップアプリやGoogleマップ以外にも便利なマップ関連サービスがあります。地図の表示だけでなく、乗り換え案内など付加機能を持つサービスもあるので用途に合わせて使い分けましょう。いずれもWebブラウザから利用します。

≫ Mapion（マピオン）

美しいビジュアルのマップ表示を行ってくれる定番のマップサイトです。地図の表示やルート検索といった機能のほかにも、距離を測ったり天気予報、ホテル予約など多彩な機能が利用できます。

1 スポットを検索

2 ルート検索や履歴などを参照

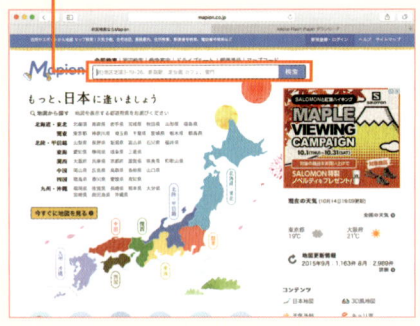

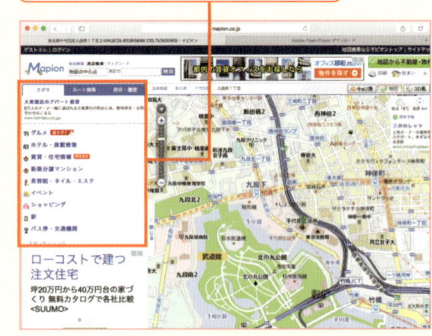

公式サイト（http://www.mapiopn.co.jp）からアクセスし、**1**検索機能からスポットを探します。

2距離測定機能やバスを含む公共交通機関のルート検索などさまざまな機能が利用できます。

≫ Yahoo! 地図

国内最大の検索サイト、Yahoo! Japanが運営する無料マップサービス。地下街や水域図なそさまざまな地図表示に対応しています。雨雲レーダーや台風情報などの気象状況も表示できます。

1 スポットを検索

2 ラインを引くとその周辺スポットを表示

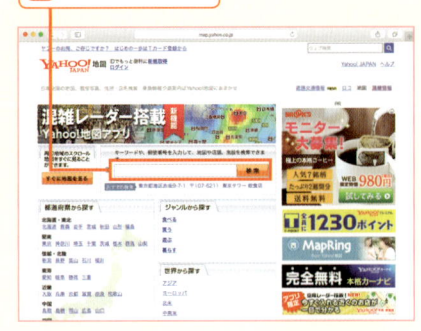

→

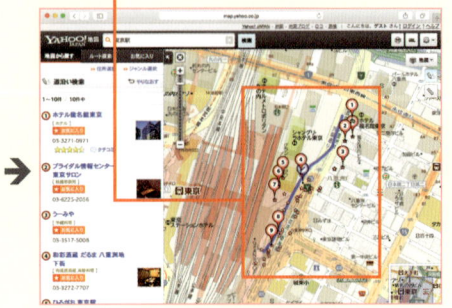

公式サイト（http://map.yahoo.co.jp/）からアクセスします。**1**検索や地域から地図が開けます。

2道路の混雑レーダーや線を引いた道路沿いのスポット検索などユニークな機能が使えます。

chapter

11

App Storeにある
アプリを使おう

chapter 10

chapter 11

chapter 12

chapter 13

chapter 14

chapter 15

chapter 16

chapter 17

Appendix

01

App Storeにあるアプリを使おう

アプリの入手はApp Storeで

Mac専用アプリストアであるApp Storeにアクセスするため、MacBookには[App Store]というアプリが用意されています。App Storeでは多くの無料＆有料アプリが扱われており、アプリを導入するとより便利にMacを活用できます。なおApp Storeを利用するには、Apple IDでサインインを行う必要があります。

知ろう App Storeの基本操作

まずはアプリの探し方や入手方法など、[App Store]アプリの基本操作を覚えましょう。App Storeにアクセスするためにはインターネットに接続している必要があります。

アプリを探す
新着や人気、目的別などでアプリを探すためのページが用意されます。

購入したアプリの確認
入手済みアプリを確認したり再インストールができます。

アプリのアップデート
Macに導入したアプリの更新やOSのバージョンアップなどができます。

アプリの一覧
あらゆるテーマのアプリがわかりやすく並びます。スタッフのおすすめアプリも確認できます。

ナビリンク
アカウント情報やプリペイドのチャージ、テーマ別のアプリ紹介リンクなどが並びます。

検索ボックス
アプリをキーワードで検索できます。具体的なアプリ名がわかっている場合に便利です。

使おう　ランキングでアプリを探す

人気のアプリは［ランキング］で確認することができます。有料、無料とそれぞれにページが用意され、リアルタイムで順位が変動します。

1 ［ランキング］をクリック

ランキングページが表示される

有料と無料とでそれぞれランキングを用意

2 ［全て見る］をクリック

無料アプリのみのランキングに切り替わった

3 アプリのアイコンをクリック

アプリの詳細ページが表示された

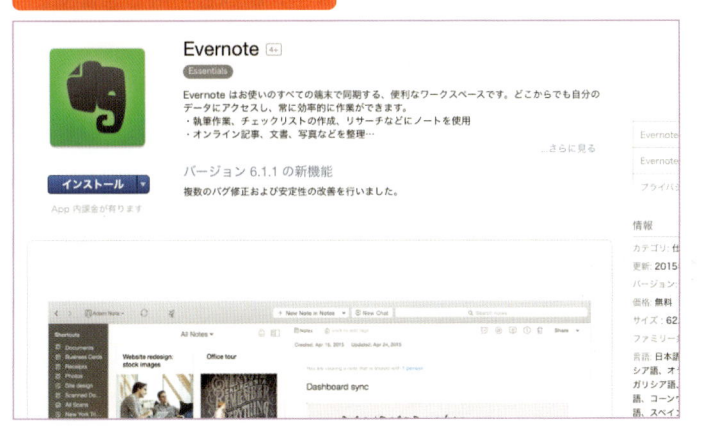

おすすめからランキングを確認

ランキングは［おすすめ］ページにも用意されています。ここからダイレクトに有料&無料アプリのランキングにジャンプできます。

金額表示の違いとは

App Storeに並ぶアプリの内、有料アプリの場合には金額が、無料アプリは［入手］と表示されています。そのほか、有料・無料問わず購入済みにリストされているアプリには［インストール］、OSのように一度Macにダウンロードしてからインストールを別途行うものには［ダウンロード］という表示になっています。

カテゴリでアプリを探す

目的別にアプリを探したいときには［カテゴリ］から探すのがおすすめです。トータルで21のカテゴリに分類され、カテゴリ内で有料、無料別やランキングなどが確認できます。

1 ［カテゴリ］をクリック

カテゴリページが表示される

2 見たいカテゴリを選択

選択したカテゴリの詳細ページに移動した

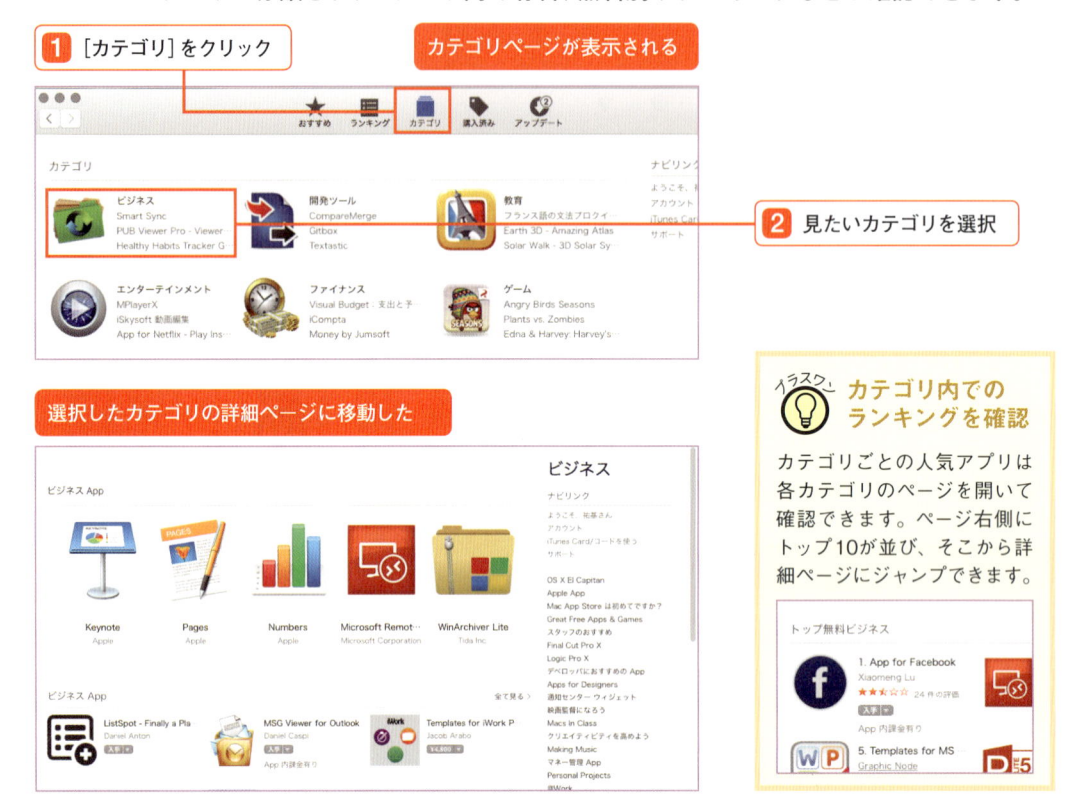

イラスク カテゴリ内での ランキングを確認

カテゴリごとの人気アプリは各カテゴリのページを開いて確認できます。ページ右側にトップ10が並び、そこから詳細ページにジャンプできます。

トップ無料ビジネス

1. App for Facebook
Xiaomeng Lu
★★★☆ 24件の評価

5. Templates for MS
Graphic Node

使おう **キーワード検索でアプリを探す**

アプリ名がわかっている場合や、ざっくりとキーワードでアプリを探すときには検索機能を使います。ボックスはウィンドウの右上に固定されどのページからも利用できます。

1 検索ボックスにキーワードを入力

検索にヒットしたアプリが一覧表示される

→

chapter 11

02

App Storeにあるアプリを使おう

アプリの購入とインストールを行う

欲しいアプリがある場合には、App Storeの詳細ページなどからインストールを行います。Apple IDでサインインをすれば簡単にアプリが入手できますが、有料アプリの場合にはクレジットカードなど支払い情報の登録が必要となります。ここではインストールまでの一連の手順を解説していきます。

使おう　無料アプリを入手しインストール

まずは無料アプリをインストールしてみましょう。無料でもApple IDでのサインインが必要となりますが、ここでは支払い情報の登録は必須ではありません。

アプリの詳細ページを開いておく　**1** [入手]をクリック　**2** [Appをインストール]をクリック

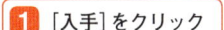

サインインウィンドウが表示　**3** Apple IDとパスワードを入力

4 [サインイン]をクリック

アプリがダウンロードされた

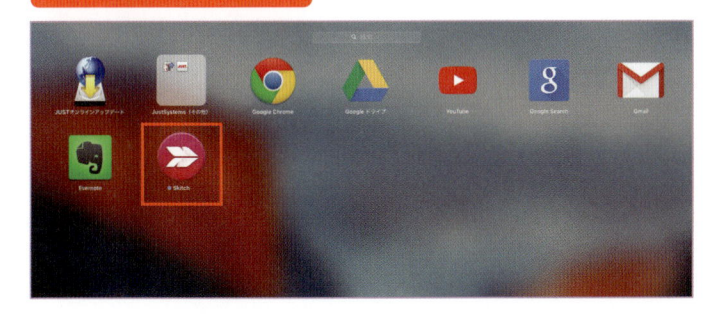

はじめて利用するアカウントの場合

アプリの購入をはじめて行うアカウントの場合、手順**3**のサインイン時に下記のような表示がでることがあります。その場合は[レビュー]をクリックし、続く画面で利用規約に同意すると、サインインができるようになります。

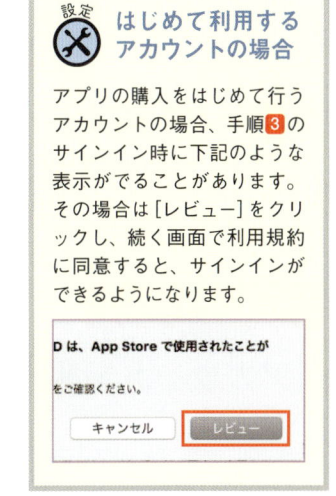

App Storeからインストールしたアプリは、[Launchpad]に追加され、いつでも呼び出すことができます。

使おう　有料アプリ購入前に支払い情報を登録する

App Storeには有料のアプリも多数用意されています。有料アプリの購入は、利用するApple IDに支払い情報を登録する必要があります。ここではApple IDにクレジットカードを登録する手順を紹介します。

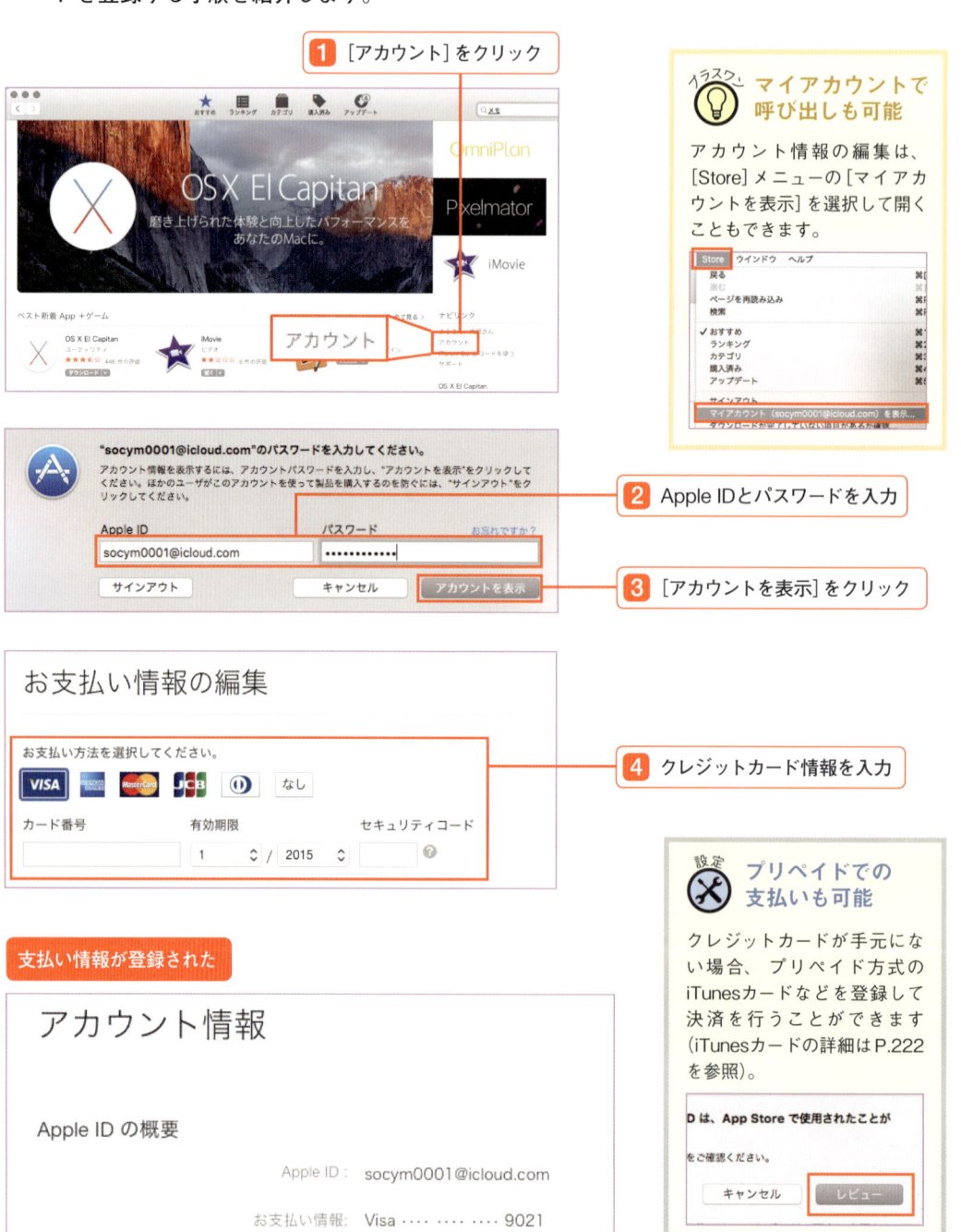

1 [アカウント]をクリック

2 Apple IDとパスワードを入力

3 [アカウントを表示]をクリック

4 クレジットカード情報を入力

支払い情報が登録された

イラスト　マイアカウントで呼び出しも可能

アカウント情報の編集は、[Store]メニューの[マイアカウントを表示]を選択して開くこともできます。

設定　プリペイドでの支払いも可能

クレジットカードが手元にない場合、プリペイド方式のiTunesカードなどを登録して決済を行うことができます（iTunesカードの詳細はP.222を参照）。

使おう　有料アプリを購入する

有料アプリを購入する場合も、基本的には無料アプリと同じ手順でインストールが行えます。支払い情報の登録が済んでいれば、[Appを購入]をクリックするだけで決済が行われ、アプリがインストールされます。

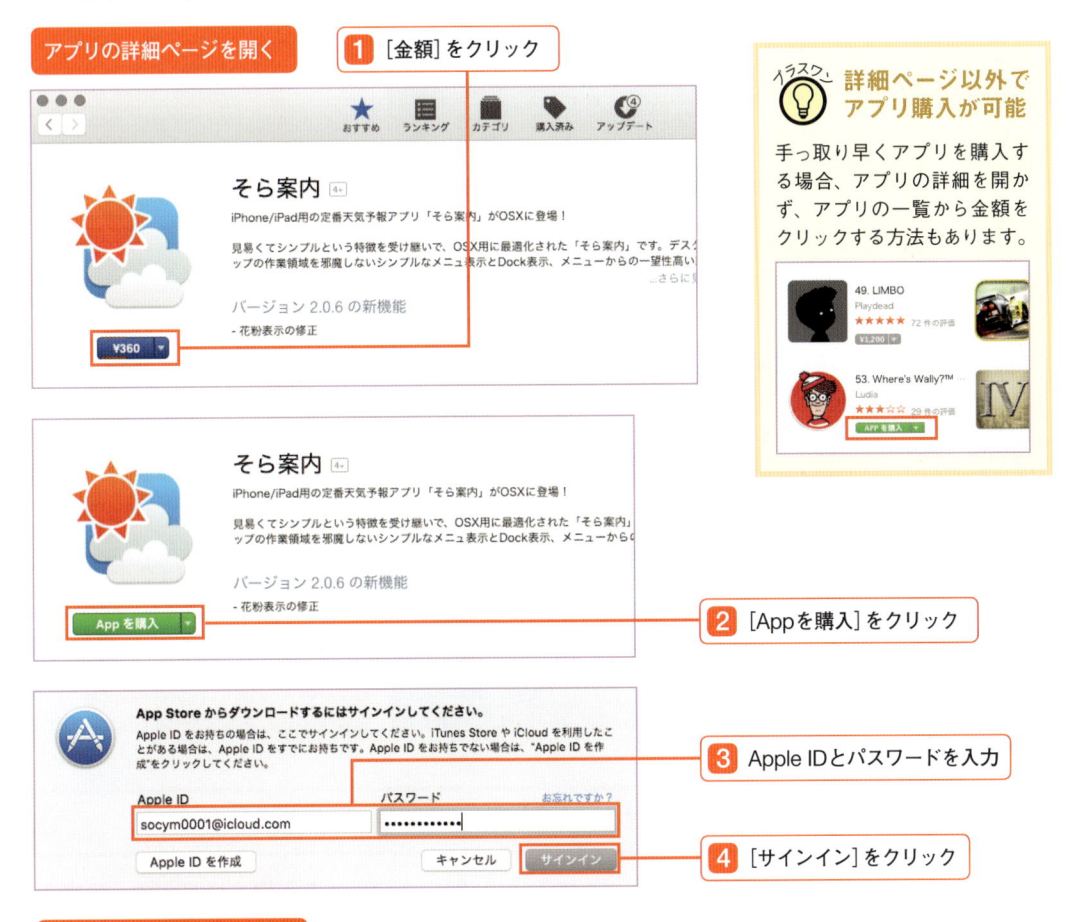

アプリの詳細ページを開く

1 [金額]をクリック

2 [Appを購入]をクリック

3 Apple IDとパスワードを入力

4 [サインイン]をクリック

インストールが開始される

表示が[インストール中]に変化します。インストールが完了するとLaunchpadにアプリが追加され、起動することができます。

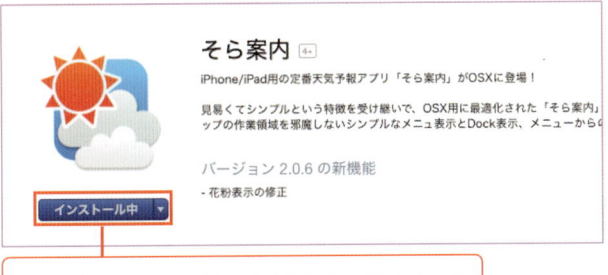

詳細ページ以外でアプリ購入が可能

手っ取り早くアプリを購入する場合、アプリの詳細を開かず、アプリの一覧から金額をクリックする方法もあります。

購入したアプリは再ダウンロード可能

App Storeから購入したアプリは何度でもダウンロードができます。ただし購入したときと同じApple IDでサインインをしている必要があります（再ダウンロードの詳細はP.221を参照）。

アプリが不要になった場合、削除を行うことができます。[Launchpad]を起動し、削除したいアプリのアイコンを長押しすると、削除メニューが選択できます。

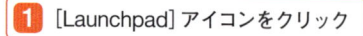

1　[Launchpad]アイコンをクリック

インストール済みアプリの一覧が表示される

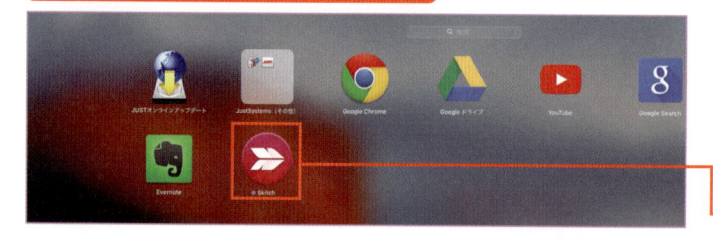

2　アプリのアイコンを長押し

アプリフォルダで呼び出しも可能

DockにLaunchpadが見当たらない場合には、Mac HDD内の[アプリケーション]フォルダを開き、Launchpadを呼び出すことができます。

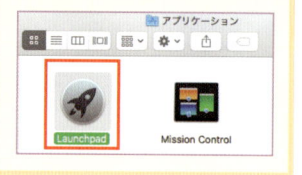

3　[削除]をクリック

アプリケーション"Skitch"を削除してもよろしいですか？

キャンセル　削除

アプリがMacから削除された

使おう　**App Store以外のアプリをインストールする**

App Store以外のアプリもインストールするには、設定を変更する必要があります。設定は[🍎]メニューの[システム環境設定]から行うことができます。

1　[🍎]→[システム環境設定]をクリック

3　[すべてのアプリケーションを許可]を選択

2　[セキュリティとプライバシー]をクリック

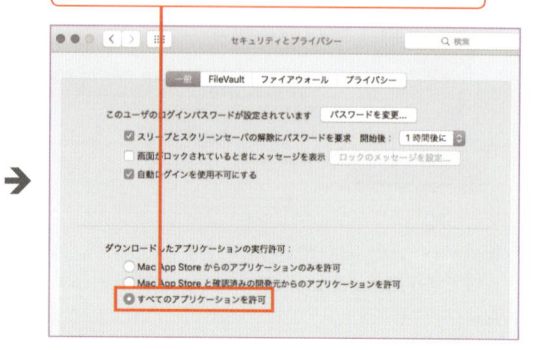

使おう　アプリを再ダウンロードする

削除したアプリをもう一度インストールしたいときには、[購入済み]から再ダウンロードができます。購入したアプリの再ダウンロードを行うには、購入時のApple IDでサインインをしている必要があります。

購入時と同じApple IDでサインインを行っておく

1 [購入済み]をクリック

購入したアプリの一覧が表示される

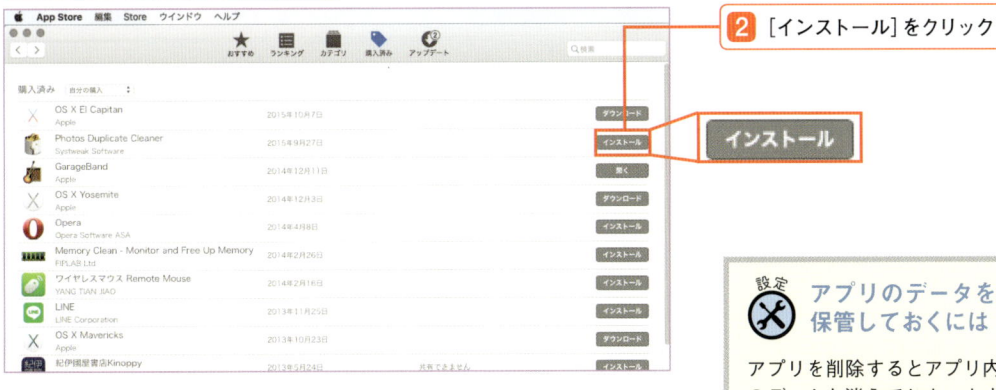

2 [インストール]をクリック

Launchpadを開く

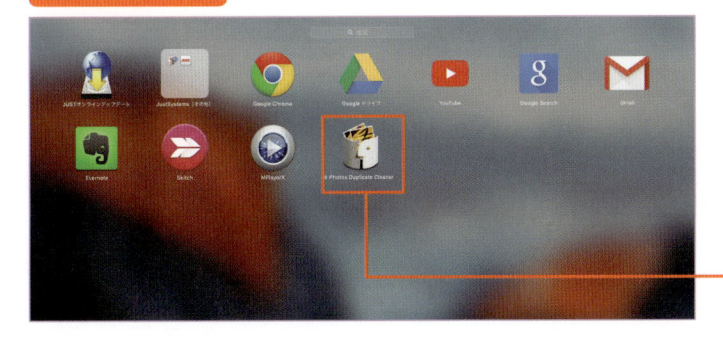

アプリが再インストールされているのが確認できた

設定 アプリのデータを保管しておくには

アプリを削除するとアプリ内のデータも消えてしまいますが、iCloud対応アプリなら、書類やデータの保存ができます。システム環境設定で[iCloud]を開き、[iCloud Drive]の[オプション]で、データを保管したいアプリにチェックを入れておきます。

プリペイドカードの登録

クレジットカードが手元にない場合、コンビニをはじめさまざまなところで販売されているAppleのプリペイド、iTunesカードを使って、有料アプリの購入が行えます。iTunesカードには1500円、3000円、5000円、10000円の4つの種類があり、カードの裏に記載されたコード番号を使ってチャージを行います。

使おう　利用中のアカウントにチャージを行う

プリペイドカードからのチャージは、ナビリンク内の [iTunes Card/コードを使う] から行います。コードの入力が必要なので、手元にiTunesカードを用意しておきましょう。

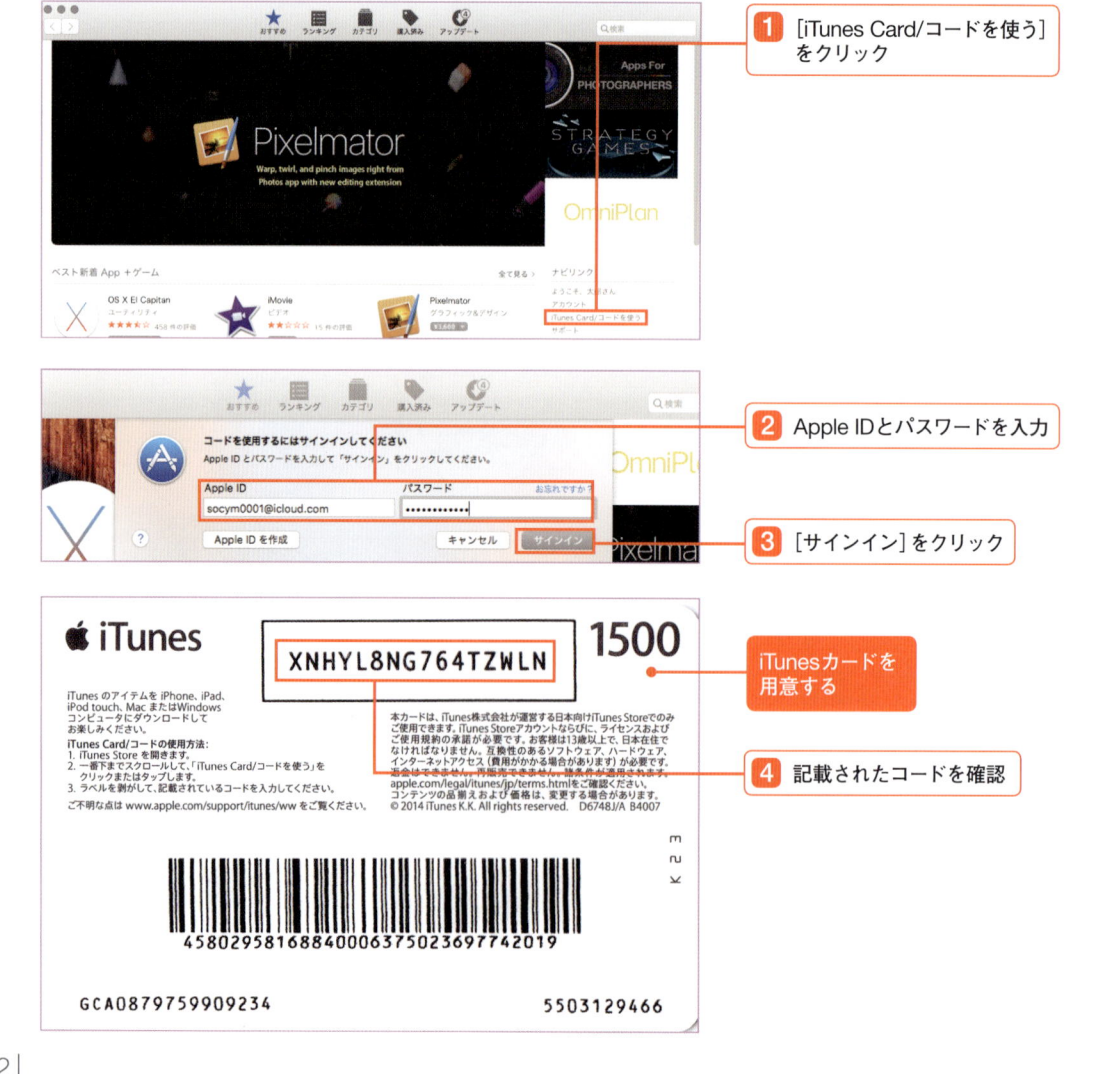

1 [iTunes Card/コードを使う]をクリック

2 Apple IDとパスワードを入力

3 [サインイン]をクリック

iTunesカードを用意する

4 記載されたコードを確認

5 コードを入力

6 [iTunes Card/コードを使う] をクリック

7 [終了] をクリック

チャージ金額が確認できた

chapter 10
chapter 11
chapter 12
chapter 13
chapter 14
chapter 15
chapter 16
chapter 17
Appendix

コードのみ Web で購入もできる

iTunesカードに記載されているiTunesコードだけをWebで購入することも可能です。大手携帯キャリアのネットショップなどでは、割引購入できるキャンペーンなどを定期的に行っており、タイミングによってはおトクに購入することができます。

プリペイド払いが優先される

プリペイドチャージを行ったアカウントからアプリを購入する場合、クレジットカードを登録していても支払いはプリペイドから行われます。ただし購入額がプリペイドの残高を超える場合は、不足分がクレジットカードで補填されます。

iTunesカードの番号が使えない

iTunesカードのコードは一度使用すると、以降は無効になるようになっています。また一度入力してしまうと返金やほかのアカウントへの振替にも対応していません。チャージの際には使用するアカウントなどを十分に確認して行いましょう。

column
子どものアプリ購入はファミリー共有で管理

iCloudのファミリー共有を使えば、親となるアカウントで登録した支払い情報を使用して、子アカウントからのアプリ購入などが行えるようになります。子アカウントで購入したアプリは親アカウントで共有ができるほか、子アカウントでの購入アプリの制限なども行えます。

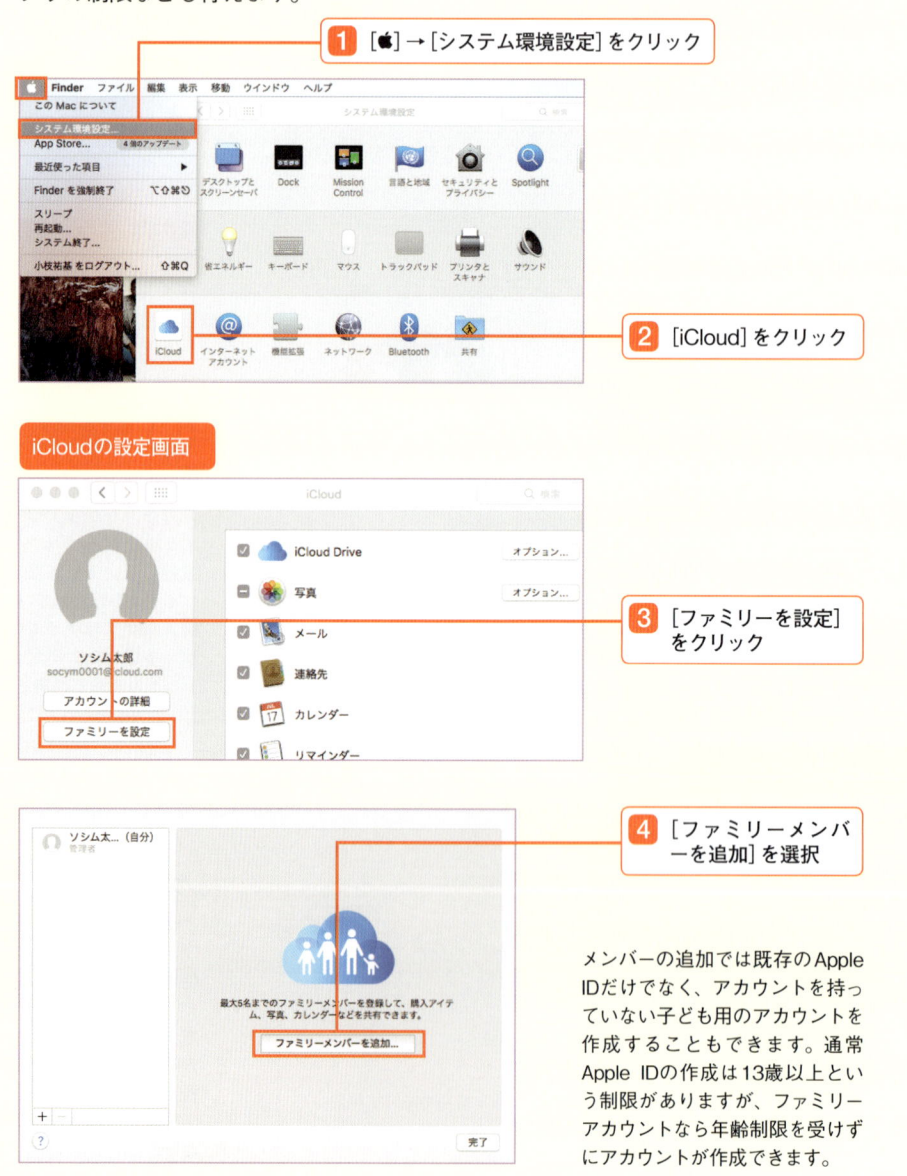

1 [ ] → [システム環境設定] をクリック

2 [iCloud] をクリック

iCloudの設定画面

3 [ファミリーを設定] をクリック

4 [ファミリーメンバーを追加] を選択

メンバーの追加では既存のApple IDだけでなく、アカウントを持っていない子ども用のアカウントを作成することもできます。通常Apple IDの作成は13歳以上という制限がありますが、ファミリーアカウントなら年齢制限を受けずにアカウントが作成できます。

chapter 10

chapter 11

chapter 12

chapter 13

chapter 14

chapter 15

chapter 16

chapter 17

Appendix

chapter

12

クラウドサービスを
活用しよう

クラウドサービスを活用しよう

01 iCloud Driveを使おう

iCloud DriveはAppleが提供するクラウドストレージサービスです。インターネット上に保存領域を割り当てられ、いつでもどこでも利用することができます。また、同じApple IDを使っていれば、共有して使うことができるので、Macで行っていた作業をほかのMac、またiPhoneやiPadで引き継ぐこともできます。

知ろう　iCloud Driveの機能

iCloud Driveは単純にクラウド上にデータを保存しておけるだけでなく、同じApple IDで共有ができます。iPhoneやiPadとのデータのやりとりが簡単になります。

iCloud Driveを選ぶ
iCloud を導入すると Finder に iCloud Drive が表示されます。これをクリックして表示させます。

iCloud Driveのファイル
iCloud Drive を選ぶと、iCloud Drive 内ファイルやフォルダが表示されます。

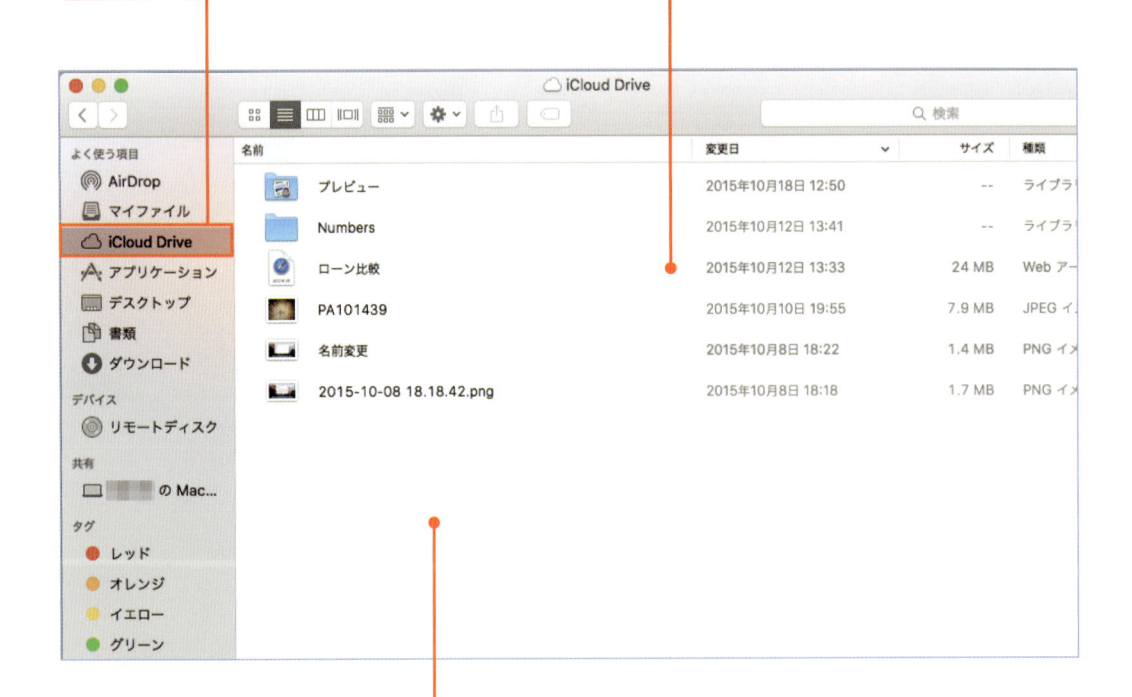

iCloud Driveのファイルを管理する
iCloud Drive のファイルは Mac 上では Finder と変わらない表示となっています。しかし、ファイルはクラウド上にあるので、追加や削除、編集などを行うと、同じ Apple ID を使っている他の端末でも同じように変更が反映されます。重要なファイルは削除する前に、書類などのローカルフォルダに移しておきましょう。ちなみにコピーしてもクラウド上のファイルは残ったままになります。

使おう iCloud Driveの設定をする

Apple IDがあれば、iCloud Driveは無料で使うことができます。[システム環境設定]にあるiCloudをクリックし、Apple IDとパスワードを入力し、サインインします。

システム環境設定からiCloudを選ぶ

まずは iCloud の設定をするために、システム環境設定から iCloud を起動させます。

Apple IDを登録する

iCloud を起動させると、Apple ID の入力画面が表示されるので、ID とパスワードを入力します。

使おう　iCloud Drive対応アプリを使ってファイルを保存する

iWorkなど一部のアプリは、iCloud Driveに対応しているので、保存先をiCloud Driveに指定することができます。クラウドにダイレクトに保存できるようになるので、iPadなどと頻繁に共有するファイルなどは保存先をiColud Driveにしておきましょう。

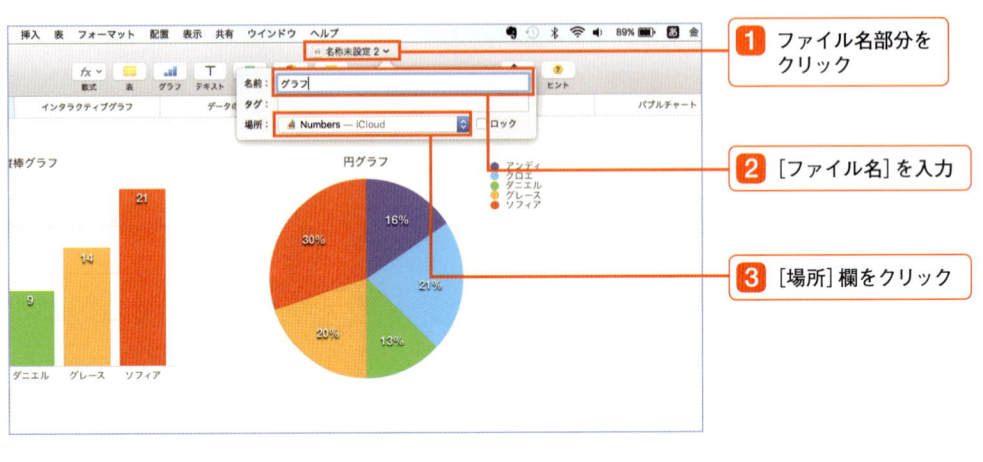

1 ファイル名部分をクリック

2 [ファイル名] を入力

3 [場所] 欄をクリック

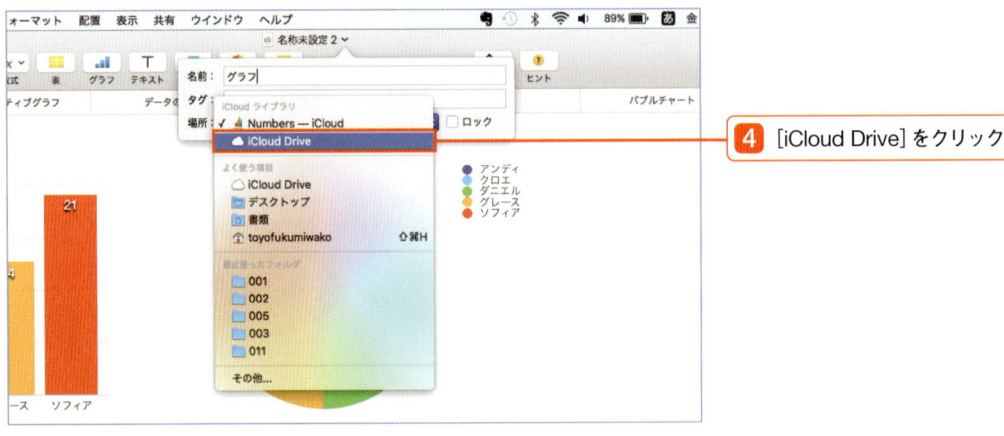

4 [iCloud Drive] をクリック

5 保存ファイルを確認

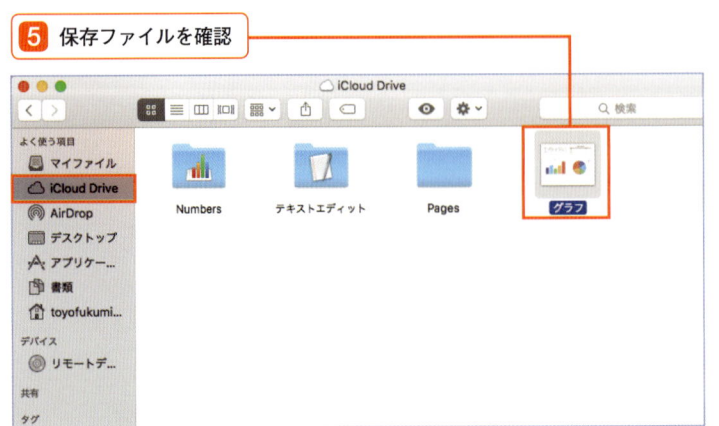

iCloudに保存された

実際にファイルが保存されたか、FinderでiCloud Driveフォルダを表示して確認しましょう。バックアップを残すなら、Mac本体のストレージにも保存しておきましょう。

使おう　iCloud Drive非対応アプリを使ってファイルを保存する

iCloud Driveに非対応のアプリのファイルを保存する場合でも、保存先をiCloud Driveに指定することで、iCloud Driveに保存することができます。

1 [ファイル] をクリック

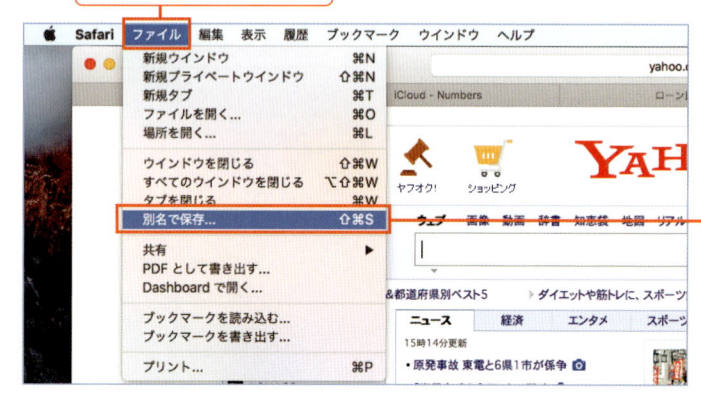

ファイルを保存するときと同じように、**1** [ファイル] をクリックし、メニューから **2** [別名で保存] を選びます。

2 [別名で保存] をクリック

3 ファイル名を入力　　**4** [iCloud Drive] に変更

3 [書き出し名] を任意のファイル名に書き換え、[場所] 欄をクリックし、プルダウンメニューから **4** [iCloud Drive] を選択します。最後に **5** [保存] をクリックすれば、iCloud Driveにファイルが保存されます。

5 [保存] をクリック

iCloud Driveを起動し、ファイルが保存されていることを確認します。バックアップを残すなら、Mac本体のストレージにも保存しておきましょう。

使おう iCloud Driveに保存したファイルを削除する

iCloud Driveは容量が少なめなので、使用しなくなったファイルは頻繁に整理する必要があります。いらなくなったファイルは右クリックメニューから［削除］を選択すれば、簡単に削除することができます。

1 削除するファイルを右クリック

2 メニューから「ゴミ箱に入れる」をクリック

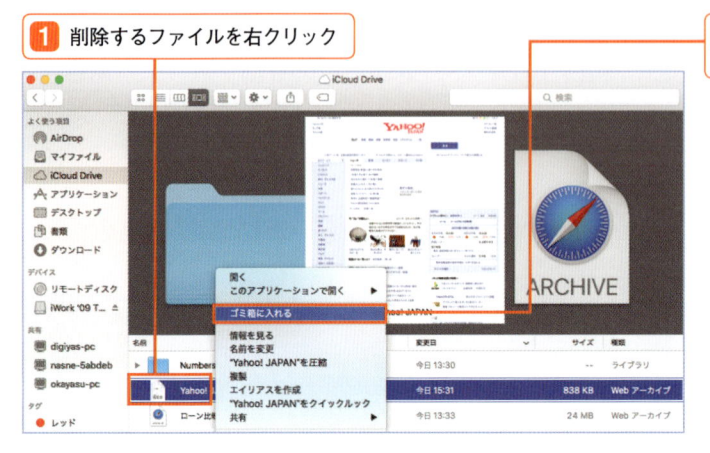

イラスク **iCloud Driveは**
5GBまで無料

iCloud Driveは、登録するだけで、5GBの容量まで無料に使えます。これ以上の容量を使いたい場合はアップグレードが必要で、使用容量によって費用がかかります。2015年10月現在。月額で50GBは130円、200GBは400円、1TBは1300円です。

3 ［ゴミ箱に入れる］をクリック

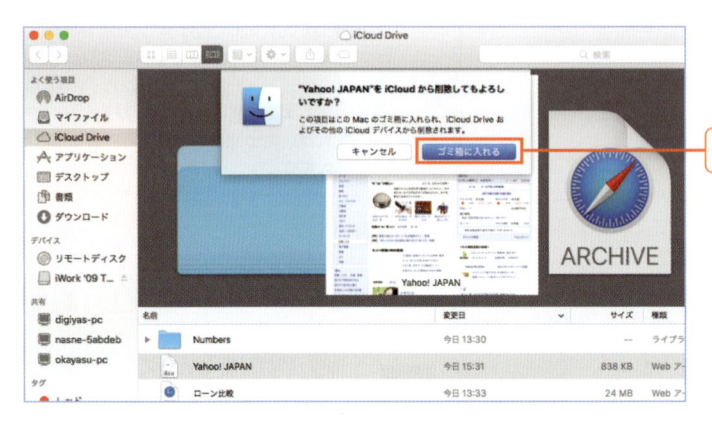

イラスク **削除したファイル**
を復元する

誤って削除したファイルは、期間限定で復元することができます。Web版のiCloudから設定を選び、詳細設定、ファイルの復元を選ぶと削除したファイルが復元します。ただし、復元できる期間は、Apple公式では30日間となっています。

ファイルが削除された

使おう　iCloud Driveに任意のファイルを保存する

アプリから保存するのではなく、Macの中に保存してあるファイルをiCloud Driveに保存することができます。iCloud Driveのフォルダと保存してあるファイルが入っているフォルダを開き、保存したいファイルをドロップ＆ドラッグするだけです。

1 ドラッグ＆ドロップでファイルを移動させる

ファイルが [iCloud Drive] にコピーされた

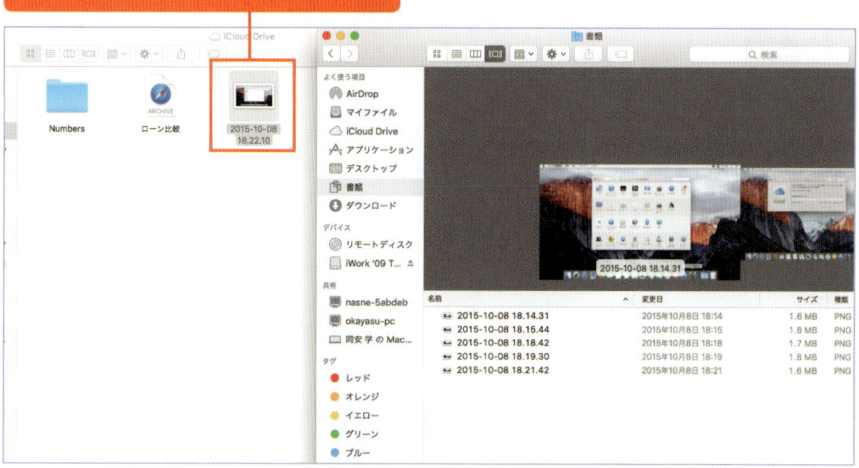

 イラスク　iCloud Driveにアップロードできるのは ひとつのファイルで15GBまで

アップロードできるひとつのファイルの最大容量は15GBまでです。無料で使っている人は5GBの容量しかないので、15GB制限を気にする必要はありませんが、アップグレードで容量を増やしている人は注意しましょう。

Web版のiCloudで管理する

iCloud DriveはFinderのiCloudからだけでなく、Web版のiCloudでも使用できます。外出先などで、いつも使っているMac以外のMacやWindows PCなどから、ファイルを取り出す場合に便利です。外出先で使用する場合は、Apple IDとパスワードの管理はしっかりし、終わったら必ずログアウトしておきましょう。

使おう　Web版のiCloudを使用する

iCloud Driveは、Finderから使うの以外にSafariなどのブラウザから利用することもできます。

1 [iCloud.com] と入力

[Safari] を起動し、アドレスバーに、**1** [iCloud.com] と入力し、[retern] キーを押します。

2 Apple IDとパスワードを入力

サインインを求めてくるので、**2** Apple IDとパスワードを入力します。入力後は [retern] キーを押します。

3 [iCloud Drive] をクリック

[iCloud] では、いくつかの項目が表示されます。その中から **3** [iCloud Drive] を選択し、クリックします。

ファイルが表示された

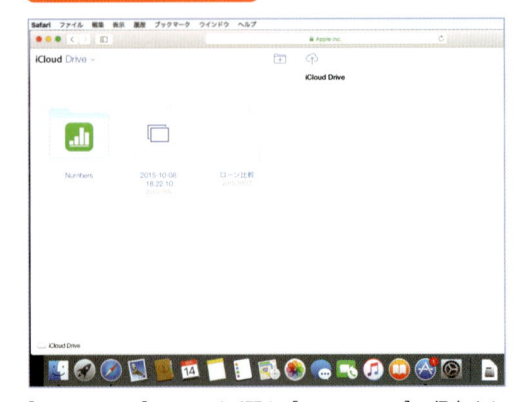

[iCloud Drive] のページが開き、[iCloud Drive] に保存されたファイルが表示されます。

使おう　Web版iCloudでファイルをダウンロードする

Web版のiCloudでは、iCloud Driveと同じ機能が使えるので、iCloud Driveで保存したファイルの閲覧やダウンロードをすることができます。ダウンロードしたいファイルを選び、ダウンロードアイコンをクリックすればダウンロードができます。

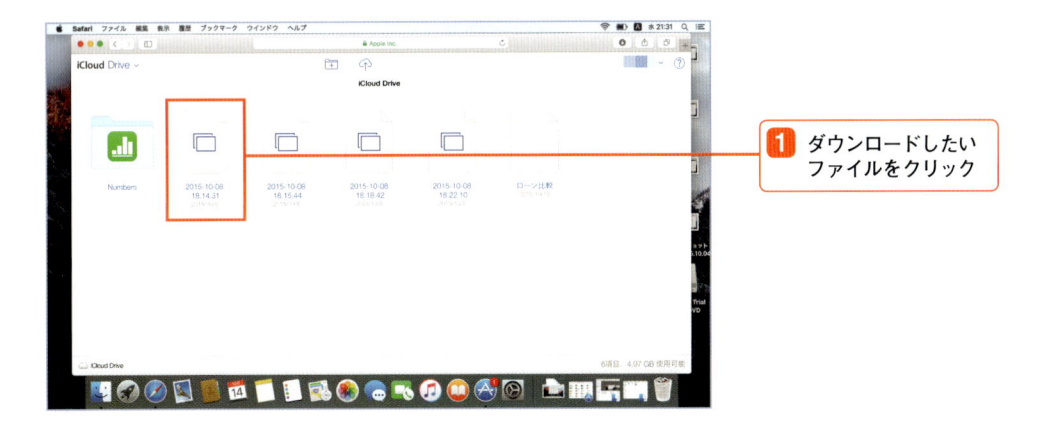

1 ダウンロードしたいファイルをクリック

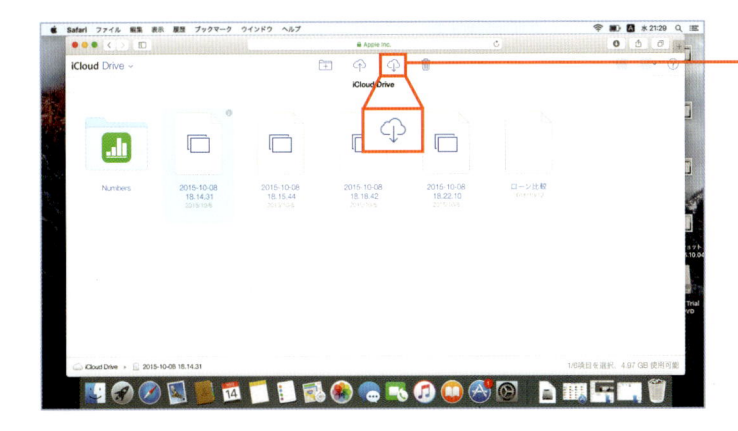

2 [ダウンロード]アイコンをクリック

ファイルがダウンロードできた

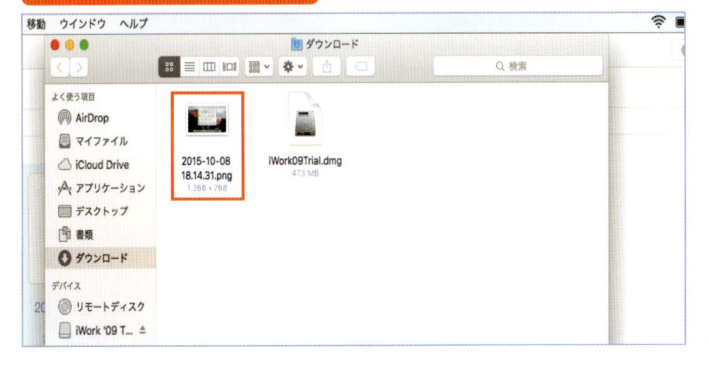

Macの[ダウンロード]にファイルが保存されたことを確認します。

イラスク **ダウンロード先を指定する**

ダウンロード先は、ブラウザの設定で決まっています。ダウンロード先を変更する場合は、[Safari]の[環境設定]を表示し、[一般]の[ファイルのダウンロード先]を変更します。

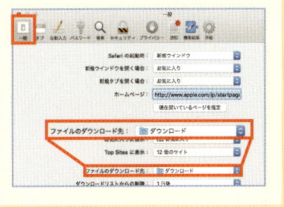

使おう　Web版iCloudでiCloud Driveに保存をする

Web版iCloudでも当然iCloud Driveにファイルを保存することができます。[アップロード]アイコンをクリックし、保存したいファイルを選ぶだけで保存されます。

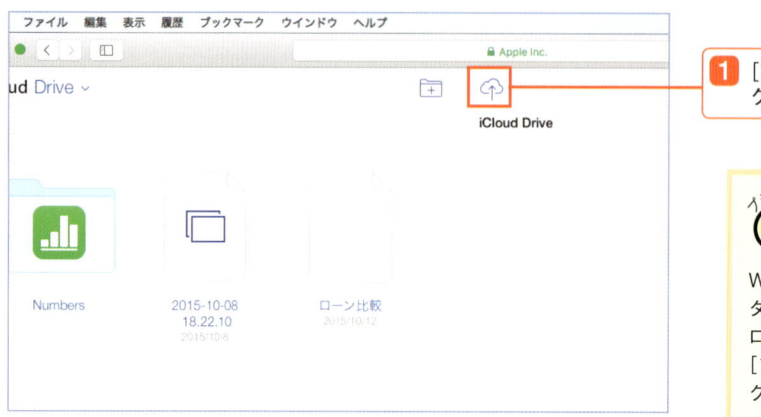

1 [アップロード]アイコンをクリック

新規フォルダを作成する

Web版iCloudで新規にフォルダを作成する場合は、[アップロード]アイコンの左側にある[フォルダ]アイコンをクリックします。

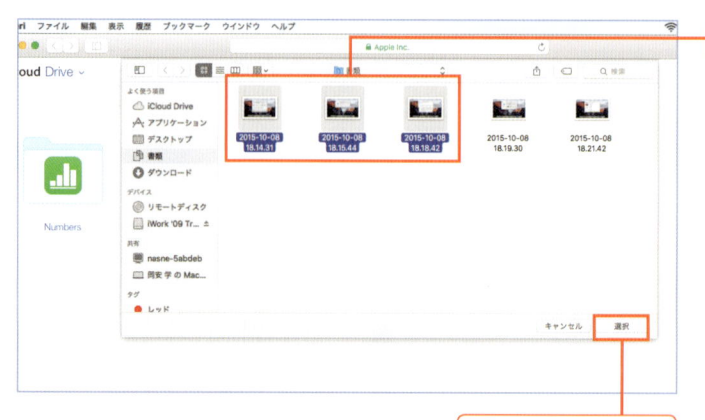

2 ファイルを選択

複数のファイルを選択するには

複数のファイルを一度に選択する場合は、ドラッグしながら複数のアイコンを指定するか、[shift]キーを押しながらファイルを選択します。

3 [選択]をクリック

iCloud Driveにファイルが保存された

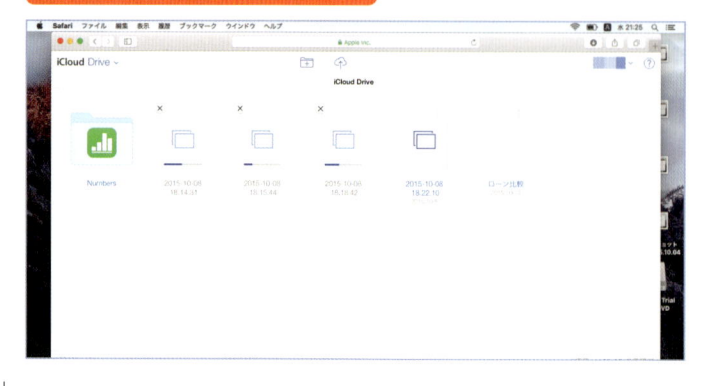

保存のキャンセルはどうする？

ファイルの下にあるゲージが満タンになると保存終了となります。また、左上の[×]をクリックするとキャンセルできます。

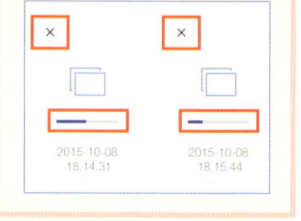

使おう Web版iCloudでファイルを削除する

Web版iCloudは、ダウンロードや保存以外にも、いらないファイルの削除やファイルの名前の変更などの編集作業をすることもできます。

1 [iCloud Drive] を開きファイルを選択

2 [ゴミ箱] をクリック

3 [削除] をクリック

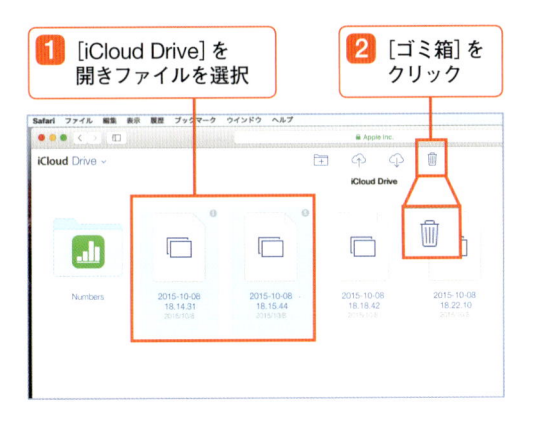

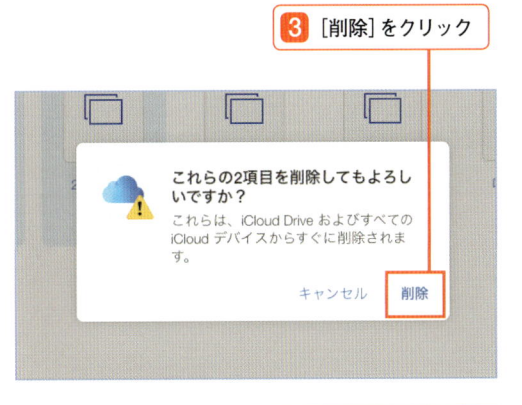

ファイルが削除された

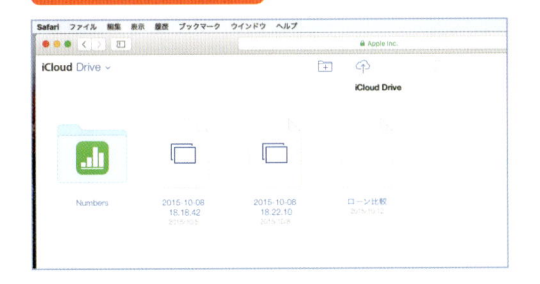

イラスク 削除したファイルを元に戻すには

削除したファイルが必要になった場合、削除後30日以内なら元に戻せます。[iCloud.com] にサインインし、[設定] → [詳細設定] の [ファイルの復元] をクリックします。[ファイルの復元ウインドウ] のリストから目的のファイルを探し出せば復元できます。ただし、削除後30日が経過したファイルは [ファイルの復元] からも削除されるので、注意しましょう。

使おう Web版iCloud Driveでファイル名を変更する

Web版のiCloud Driveでは、ファイルのアイコンを選択すると右上に [i] マークが表示されます。これをクリックするとさまざまな情報を確認、編集をすることができます。

1 ファイルをクリック

ファイル名が変更された

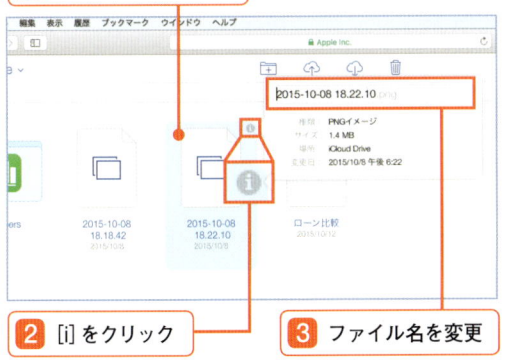

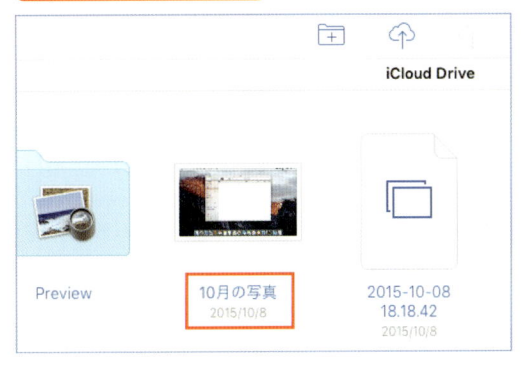

2 [i] をクリック

3 ファイル名を変更

chapter 10 / chapter 11 / chapter 12 / chapter 13 / chapter 14 / chapter 15 / chapter 16 / chapter 17 / Appendix

クラウドサービスを活用しよう

Dropboxで共有を利用する

iCloud Drive以外にも、ファイル共有サービスはあります。その中で、知名度が高く、利用者も多いDropboxを使ってファイル共有の解説をします。MacやWindowsなどのPCはもちろん、iOSやAndroid端末のスマートフォンにも対応しており、多くの人との共有がしやすいサービスです。

知ろう　Dropboxとは

Dropboxは iCloud Driveと同様にインターネット上にファイルを保存できるオンラインストレージサービスです。IDの管理により、MacやWindows、iPhoneやAndroid端末など、さまざまな端末からアクセスでき、ファイルを共有することが可能です。

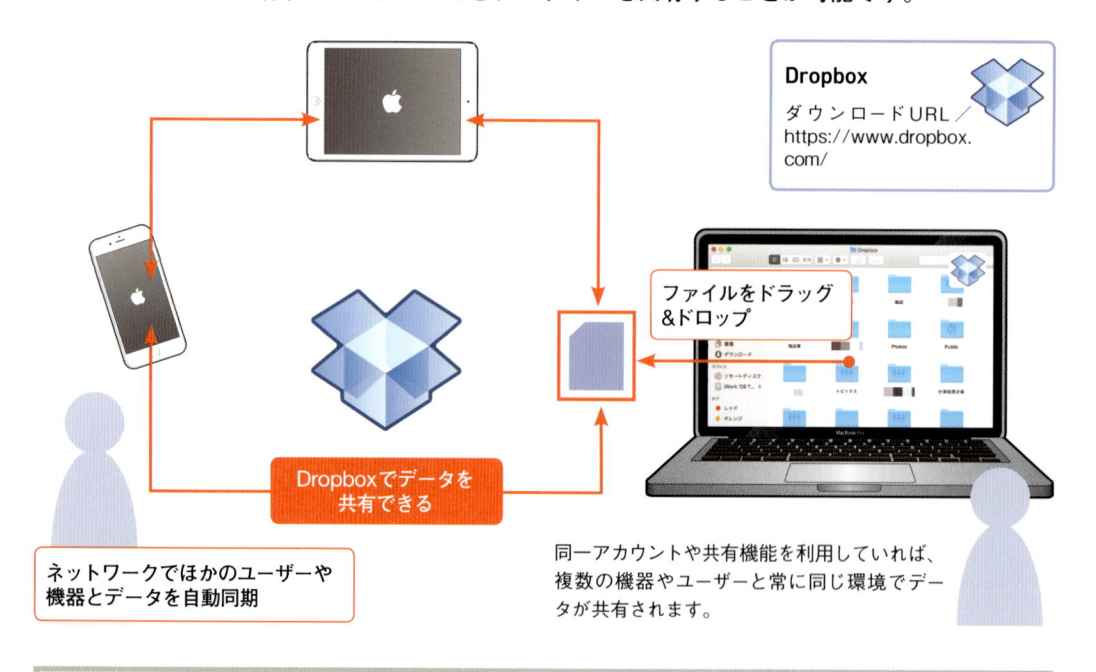

Dropbox
ダウンロードURL／
https://www.dropbox.com/

ファイルをドラッグ&ドロップ

Dropboxでデータを共有できる

ネットワークでほかのユーザーや機器とデータを自動同期

同一アカウントや共有機能を利用していれば、複数の機器やユーザーと常に同じ環境でデータが共有されます。

 設定

まずは公式サイトでアカウントを登録しよう

Dropboxを利用するには、アカウントの登録が必要です。アカウントはメールアドレスがあれば、無料で簡単に取得できます。公式サイト（https://www.dropbox.com/）のトップページ下方にある［登録する（無料）］をクリックし、Dropboxのアカウントを入手しましょう。

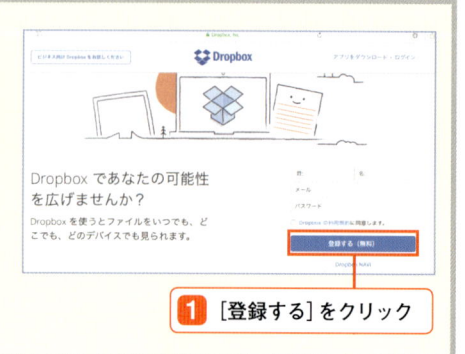

1 ［登録する］をクリック

使おう　Dropboxをダウンロードする

Dropboxは、App Storeで配信されていないので、ブラウザでDropboxの公式サイトより、アプリをダウンロードします（2015年10月現在）。

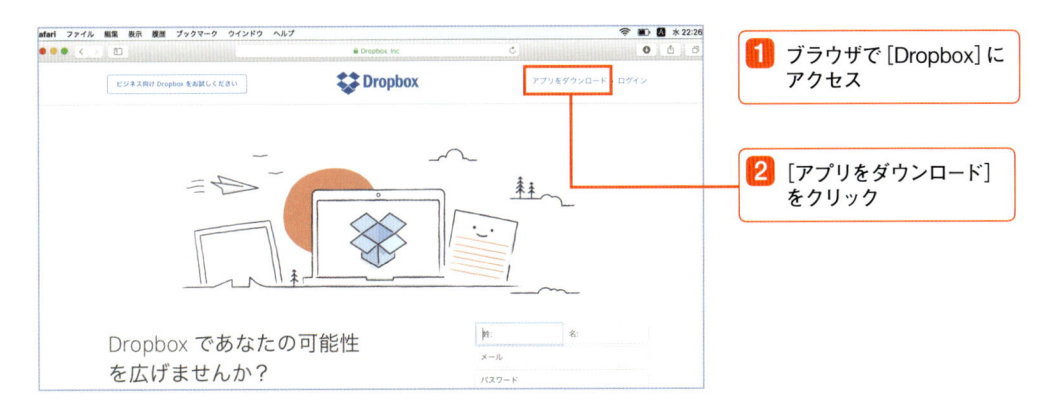

1 ブラウザで[Dropbox]にアクセス

2 [アプリをダウンロード]をクリック

使おう　Dropboxをインストールする

Dropboxの公式サイトからダウンロードしたインストーラーを使って、MacにDropboxをインストールします。

1 [DropboxInstaller.dmg]をダブルクリック

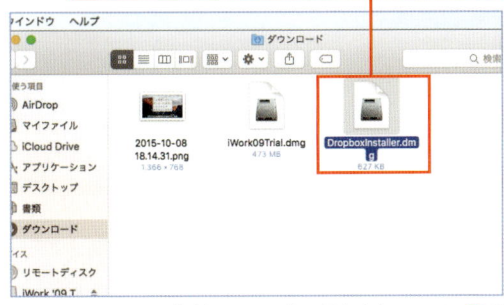

DropboxInstallerが[ダウンロード]に保存されるので、**1**ダブルクリックして起動します。

2 Dropbox IDとパスワードを入力し[ログイン]をクリック

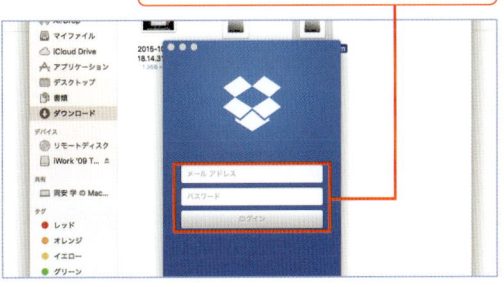

インストーラーが起動したら、**2**DropboxのIDとパスワードを入力します。持っていなければP.236のコラムを参照。

3 アイコンをダブルクリック

Dropboxが起動するので、画面中央にある、**3**Dropboxのアイコンをダブルクリックします。

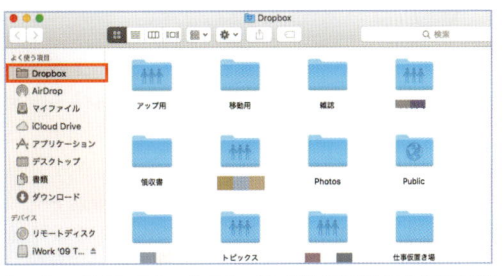

Dropboxがインストールされ、[よく使う項目]にも自動で登録されます。次からはここをクリックすると、Finder上でDropboxを利用できます。

Dropboxと同期するフォルダを指定する

Dropbox内のフォルダは、同じDropboxのアカウントで利用しているすべてのデバイスで同期されます。同期する必要のないフォルダは外すことで容量を節約しましょう。

1 [Dropbox] アイコンをクリック

2 [設定] アイコンをクリック

3 [基本設定] を選択

4 [アカウント] をクリック

5 [設定を変更] をクリック

6 同期しないフォルダのチェックを外す

7 [更新] をクリック

設定 Web版Dropboxなら誤ってファイルを消しても、元に戻せる

Dropboxには、ファイルを削除したり、上書き保存をしてしまったりしても、履歴が残っており元に戻すことができます。削除を取り消す場合は、Webブラウザで Dropbox（https://www.dropbox.com/）にログインし、[イベント]の項目から削除したファイルを復活させます。上書きを取り消す場合は、上書きされたファイルを右クリックして、[以前のバージョン] を選びます。

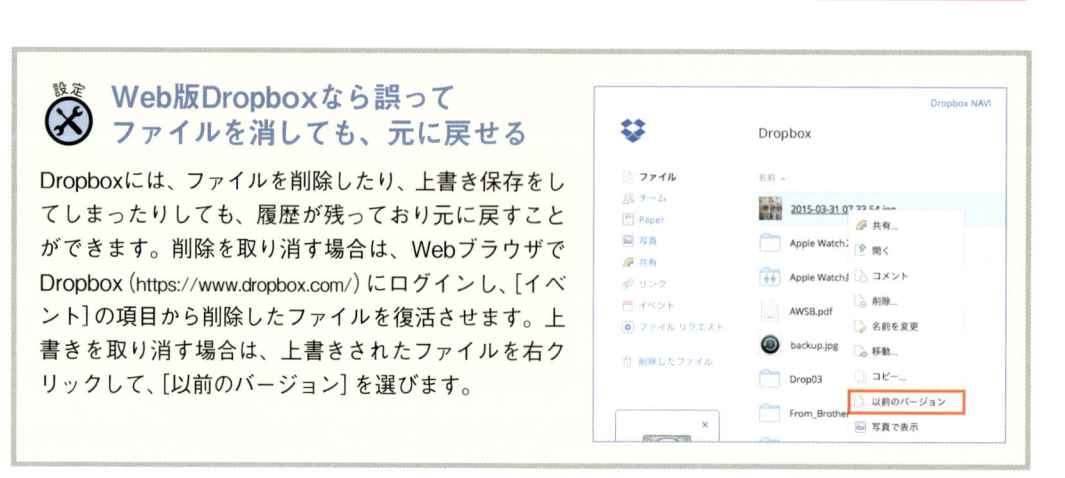

使おう　友だちとファイルを共有する

Dropboxに保存したファイルやフォルダ、写真などのデータをほかのユーザーと共有するための共有リンクが作成できます。ここではアプリでのシンプルな方法を紹介します。

1 [Dropbox] をクリック

Dropboxの保存フォルダが開く

2 [Dropboxフォルダ] アイコンをクリック

3 共有したいファイルを選択

4 Dropboxアイコンをクリック

> **ヒント ウィンドウの機能を拡張しておく**
>
> DropboxをFinderで呼び出すにはシステム環境設定で[機能拡張]を選び[Dropbox Finderと統合]をオンにします。

5 [Dropboxリンクを共有]をクリック

共有リンクのURLが作成されクリップボードにコピーされた

6 作成したDropboxリンクをメールなどに貼り付けて送信

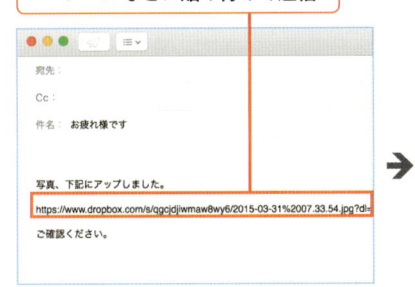

Dropboxリンクを開くとファイルの公開ページを確認

DropboxリンクはメールだけでなくブログやSNSなどにも貼り付けができます。不特定多数の人にファイルを配布する場合などにも便利です。

column

その他のファイル共有サービス

iCloud DriveやDropbox以外にもファイル共有サービスはあります。それぞれのサービスの特徴を理解して、ストレージやファイル共有を有効に利用しましょう。

≫ OneDrive

マイクロソフトが運営するクラウドストレージ。無料で15GBの容量が利用できます。有料プランは月額190円で100GB／月額380円で200GB／月額1180円で1TBです。Office 365ユーザーは1TBが付いてきます。

≫ Google ドライブ

Googleが運営するクラウドストレージ。無料で15GBの容量が利用できます。有料プランは月額1.99ドルで100GB／月額9.99ドルで1TB／月額99.99ドルで10TB。Gmailと連動しており、添付ファイルの保存がしやすいです。

≫ Yahoo! ボックス

Yahoo! Japanが運営するオンラインストレージ。無料で5GBの容量が利用できます。Yahoo!プレミアム会員（月額300円）なら50GBまで無料となります。有料プランは月額700円を追加するごとに、100GBを加算できます。

≫ Amazon Cloud Drive

Amazonが運営するストレージサービス。無料で5GBの容量が利用できます。有料プランは年額800円で20GB／年額2000円で50GB。100GB以降は年額4000円単位で1TBまで用意。写真のみ容量無制限の[Unlimited Photos]（年額1400円）も用意しています。

chapter 10

chapter 11

chapter12

chapter 13

chapter14

chapter 15

chapter 16

chapter 17

Appendix

chapter

13

FaceTimeや
LINEで無料通話＆
メッセージを
楽しもう

01

FaceTimeやLINEで無料通話＆メッセージを楽しもう

FaceTimeを使おう

FaceTimeは、インターネット回線を利用して、無料で通話やメッセージが送れる通話アプリです。Mac以外にiPhone用のアプリもあるので、Mac同士はもちろん、iPhoneやiPadを使っている人にも通話することができます。インターネット環境のある場所でしか使えませんが、通話料金がかからないのでお得なアプリです。

知ろう	FaceTimeのセッティングをする	

FaceTimeは、OS X El Captainにすでにインストールされているので、必要なものはApple IDとパスワードだけです。画面下のLaunchpadにアイコンがあるので、そこからFaceTimeのアプリを起動し、セッティングをしましょう。

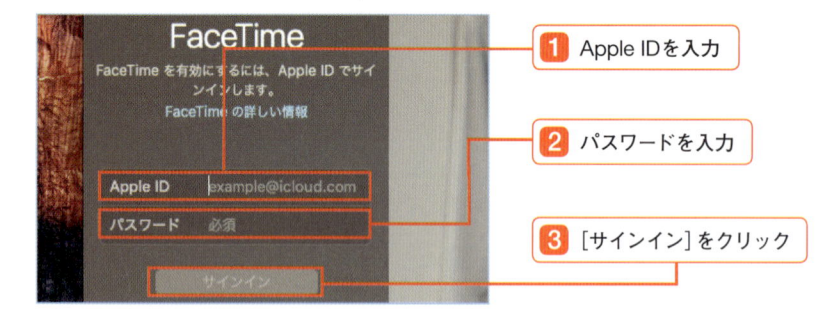

1 Apple IDを入力

2 パスワードを入力

3 [サインイン]をクリック

履歴表示の切り替え
ビデオ通話とオーディオ通話では、それぞれ通話履歴が別なので、切り替えて表示します。

カメラ映像
Macに内蔵されているカメラが撮影した映像です。ビデオ通話で相手側に表示される映像になります。

検索ボックス
名前やメールアドレスなどを入力し、アドレスブックから連絡先を検索します。もしくは、メールアドレスを直接入力し、送信相手にします。

通話履歴の一覧
こちらからかけたり、相手からかかってきたり、通話した相手の名前の一覧が表示されます。ここから再発信することができるので、よく通話する相手を探すのに楽になります。

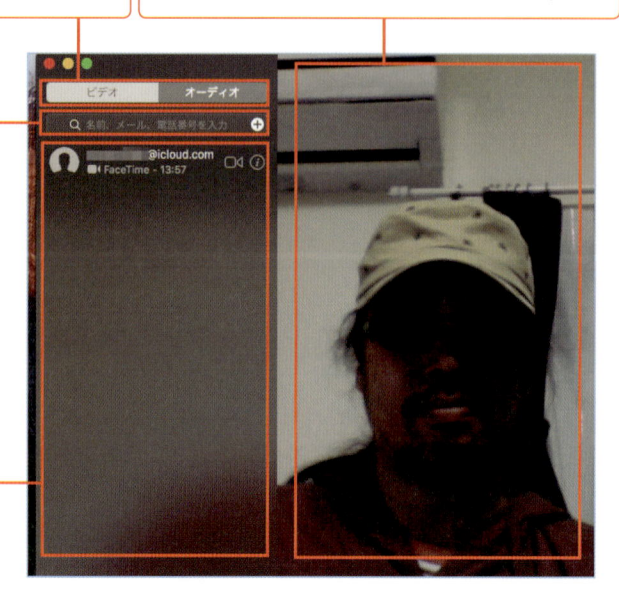

使おう　友だちのiPhoneに音声通話をかける

FaceTimeを使って通話するには、相手側もFaceTimeを使用している必要があります。通話相手はアドレスブックに登録してある連絡先から探します。メールアドレスを入力してもかけられます。通話が終わったら、[終了] ボタンをクリックします。

» 相手を呼び出す

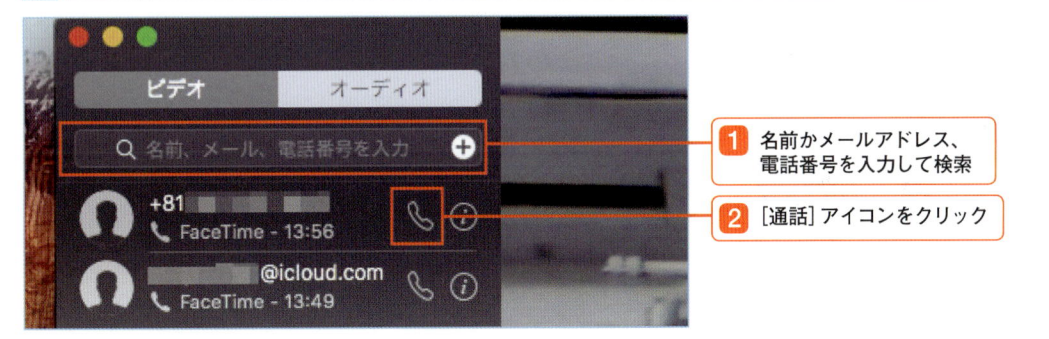

1 名前かメールアドレス、電話番号を入力して検索

2 [通話] アイコンをクリック

» 通話を終了する

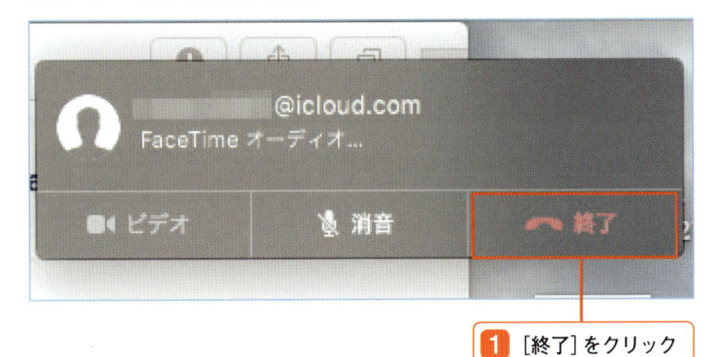

1 [終了] をクリック

通話中に [終了] をクリックすると、通話が終了します。

ヒント ? 終了と消音の機能を知る

呼び出し中に [終了] をクリックすると、呼び出しが中断されます。通話中に [消音] をクリックするとこちらの会話が相手に聞こえなくなります。

設定 ⚒ 電話をかける前に音量を調節する

電話をかける前にまず、音量の調節をしましょう。音量が低いと相手の声が聞き取れなくなります。[システム環境設定] のサウンドを選び、主音量のレベルを変えます。さらに [メニューバーに音量を表示] にチェックを入れておけば、メニューバーからいつでも音量を変えることができるようになります。

1 音量を変更

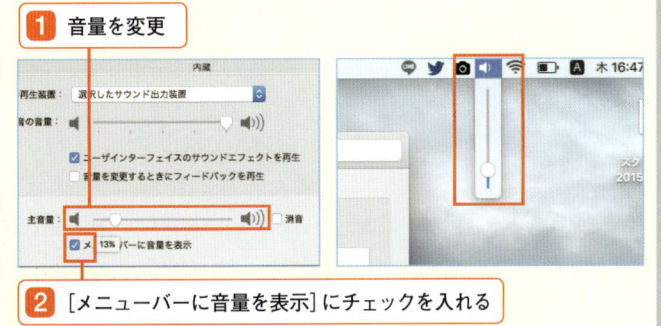

2 [メニューバーに音量を表示] にチェックを入れる

友だちが電話に出られなかった場合の通知

FaceTimeでは相手が電話に出られなかった場合のメッセージが届きます。理由があって出られない場合は、メッセージで返信してくることがあります。

相手のiPhone

自分のMacBook

相手側のiPhoneの画面です。応答できない理由を上記のメッセージから選んでもらえれば、こちらのMacにメッセージとして送られます。

設定 **メッセージアプリの通知設定をする**

FaceTimeのメッセージを表示させるには、[メッセージ]アプリを起動しておく必要があります。また、システム環境設定のメッセージから、[メッセージの通知スタイル]を[通知パネル]にします。

使おう **履歴から音声通話をかける**

一度通話したことのある相手の場合、いちいちアドレスブックから通話相手を検索したり、直接メールアドレスを入力しなくても、通話履歴からかけ直すことができます。

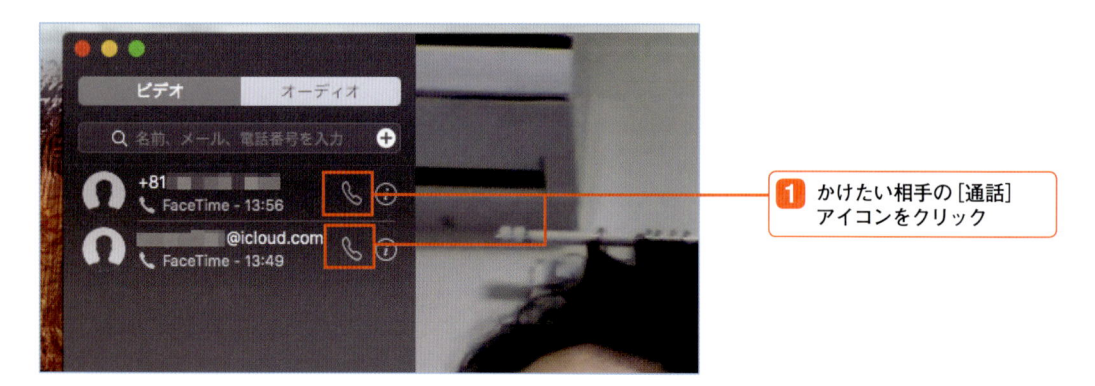

1 かけたい相手の[通話]アイコンをクリック

使おう　かかってきた音声通話を受ける

友だちのFaceTimeからの着信をMacのFaceTimeで受けることができます。通話は音声通話でもビデオ通話でもどちらでも受けられます。また、通話ができない場合は、あらかじめ理由を設定しておくと、相手に出られない理由をメッセージで送れます。

≫ 着信に応答する

1 [応答]をクリック

着信があると、通知領域にこのような表示が出ます。応答する場合は[応答]をクリックします。

≫ 通話を終了する

1 [終了]をクリック

使おう　着信を拒否のメッセージを送る

応答できない時には[拒否]を選んで着信を切ることができます。その際に出られない理由を相手に伝えたい場合には、メッセージの返信も可能です。

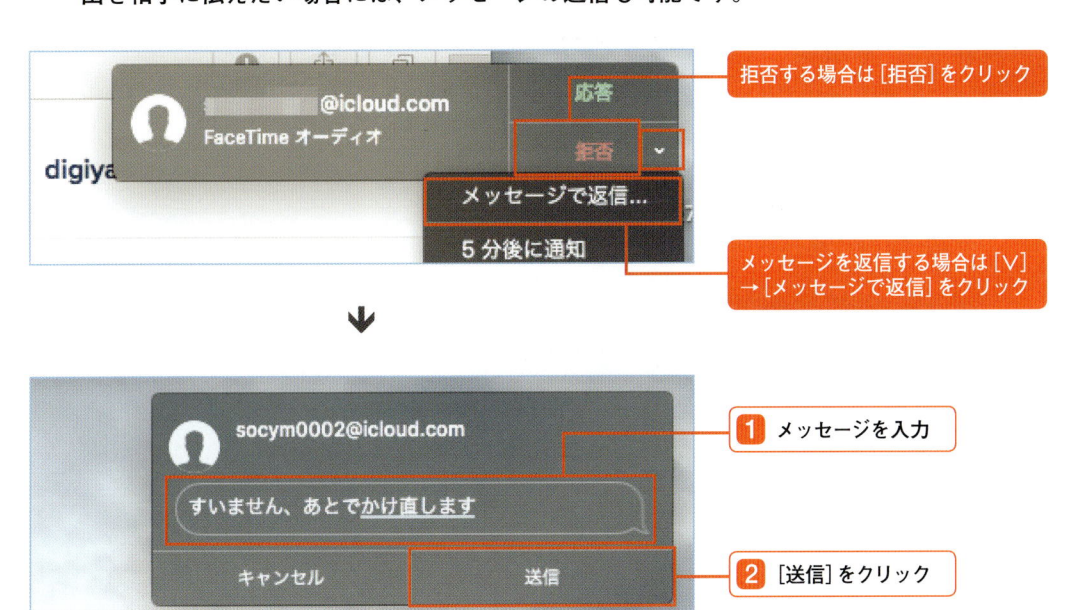

拒否する場合は[拒否]をクリック

メッセージを返信する場合は[∨]→[メッセージで返信]をクリック

1 メッセージを入力

2 [送信]をクリック

ビデオ通話で電話をかける

FaceTimeはビデオ通話にも対応しており、Macのカメラを使って通話します。通話の方法は、音声通話と同様で、こちらからかける場合は、アドレスブックからの検索、メールアドレスの入力、通話履歴から相手を選んで通話します。

1 [ビデオ]をクリック

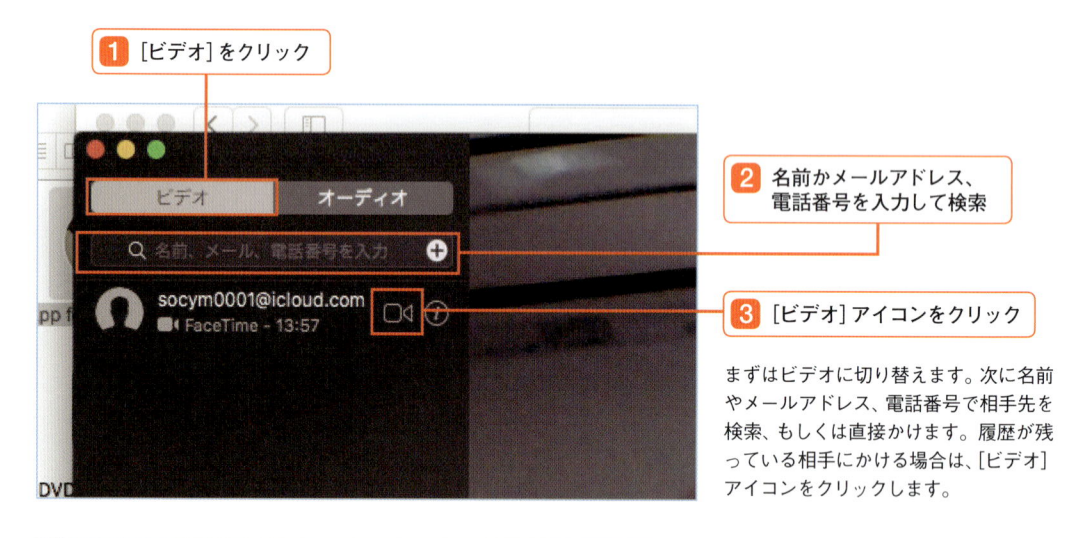

2 名前かメールアドレス、電話番号を入力して検索

3 [ビデオ]アイコンをクリック

まずはビデオに切り替えます。次に名前やメールアドレス、電話番号で相手先を検索、もしくは直接かけます。履歴が残っている相手にかける場合は、[ビデオ]アイコンをクリックします。

》 ビデオ通話の着信時

1 FaceTimeで電話がかかってきます

ビデオ通話着信時はカメラが起動し着信を通知

ビデオ通話が開始

2 [応答]をクリック

3 [終了]をクリック

会話が終了したら[終了]ボタンをクリックし、通話を終えます。

？ ヒント　消音ボタンの働きは？

通話中に[消音]ボタンをクリックすると、こちらの音声が相手に聞こえなくなります。

使おう ビデオ通話の画面サイズを変える

ビデオ通話は通常、通常縦画面になりますが、90度反転させて、横画面にすることもできます。また、全画面の大きな画面にも切り替えることが可能です。

サブ画面をクリックして [回転] アイコンをクリック

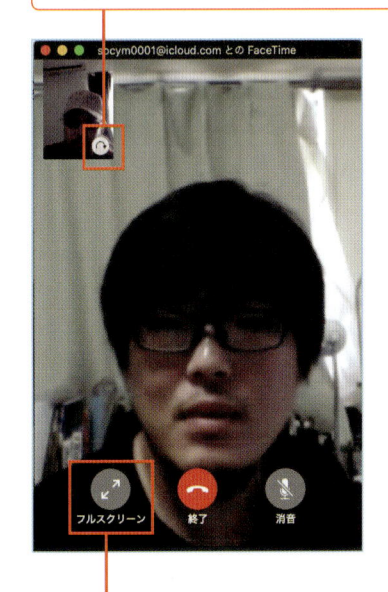

サブ画面をクリックすると、サブ画面の右下に [回転] アイコンが出現します。この [回転] アイコンをクリックすると、画面が横画面に切り替わります。戻す時も同様に [回転] アイコンをクリックします。

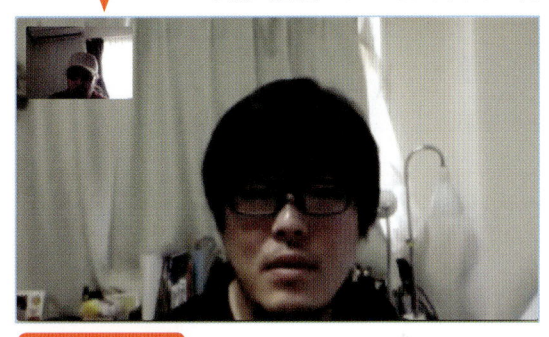

横画面になった

[フルスクリーン] をクリック

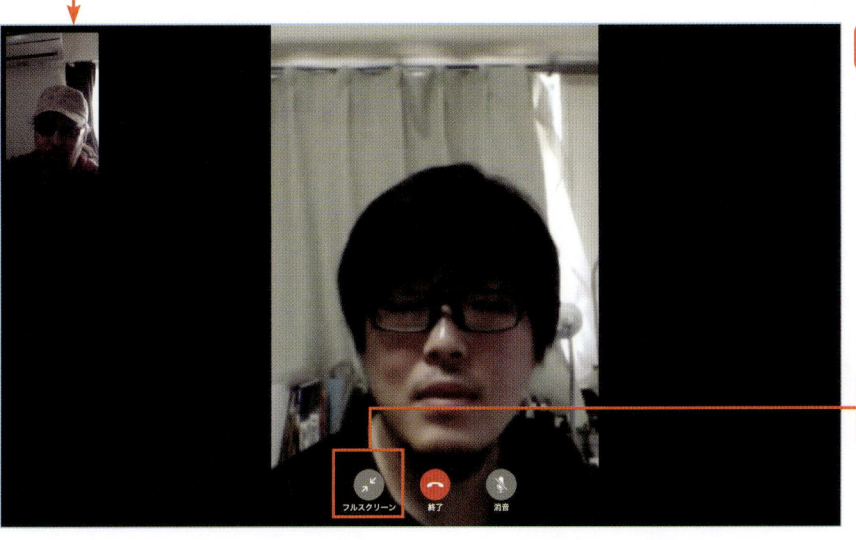

全画面になった

画面左下にある [フルスクリーン] ボタンをクリックすると、全画面表示になります。

もう一度押すと元に戻る

02 LINEを使おう

スマートフォンでお馴染みのLINEもMacで使うことができます。FaceTimeと同様にインターネット回線を利用し、無料で通話やメッセージの送信が行えます。LINEはAndroid端末ともやりとりできるので、場合によってはFaceTimeよりも使用頻度が高いアプリです。まずはアプリをダウンロードしましょう。

知ろう　LINEの機能を確認する

Mac版LINEはスマートフォン版と基本的に一緒ですが、多少の違いもあります。まずはMac版の画面を確認しておきましょう。

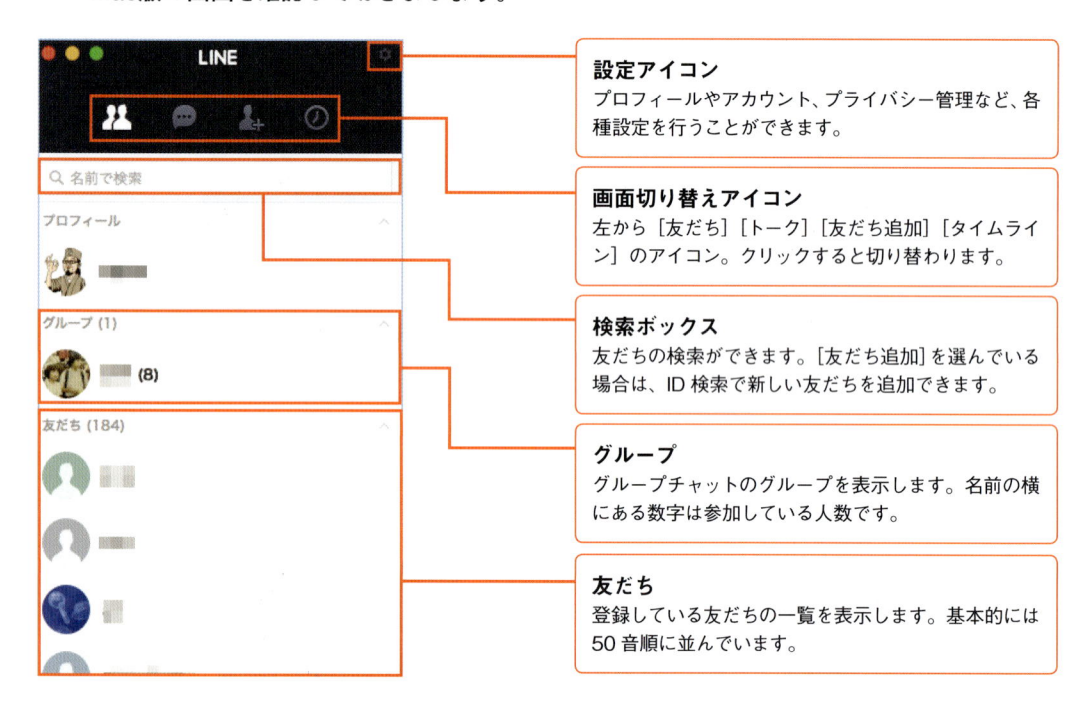

設定アイコン
プロフィールやアカウント、プライバシー管理など、各種設定を行うことができます。

画面切り替えアイコン
左から［友だち］［トーク］［友だち追加］［タイムライン］のアイコン。クリックすると切り替わります。

検索ボックス
友だちの検索ができます。［友だち追加］を選んでいる場合は、ID検索で新しい友だちを追加できます。

グループ
グループチャットのグループを表示します。名前の横にある数字は参加している人数です。

友だち
登録している友だちの一覧を表示します。基本的には50音順に並んでいます。

イラストで Mac版とスマートフォン版のLINEでは機能に違いあり

Mac版はスマホ版に比べて制限はありますが、チャットや音声通話といったメインの機能には対応しています。ボイスメッセージや動画機能などは備えていませんが、スマホ版にはない、文書ファイルなどをそのまま送信できる機能があります。

	Mac版	スマホ版
チャット	○	○
音声通話	○	○
ビデオ通話	○	○
スタンプの送信	○	○
スタンプの購入	×	○
ボイスメッセージの録音と送信機能	×	○
Snap Movie（短い動画）の撮影と送信機能	×	○
文書ファイルなどの送信	○	×

使おう　Mac版LINEをインストールする

Mac版LINEは、App Storeからダウンロードする必要があります。App Storeを起動し、検索ボックスに「LINE」と入力し、LINEアプリをダウンロード＆インストールしましょう。

1 App Storeを開く　　**2** 「LINE」と入力　　**4** ［入手］からインストールを行う

3 ［LINE］をクリック

使おう　Mac版LINEを使うための下準備をする

LINEをMacで使えるようにするには、まずiPhoneやAndroidスマートフォンでアカウントを取得したうえで、Macでも使用できるように設定しなければなりません。スマートフォンで［LINE］を起動して次の確認をします。ここでは、Androidスマートフォンでの設定例を紹介します。多少の画面の違いはありますが、iPhoneでも同様の設定をしてください。

1 ［その他］をタップ　　**3** ［アカウント］をタップ　　**4** 登録されたメールアドレスを確認

2 ［設定］をタップ　　**5** ［ログイン許可］にチェックが入っていることを確認

使おう　LINEにログインする

Mac版LINEを初めて利用する場合は、まず安全のための本人確認が必要になります。LINEに登録したメールアドレスとパスワードを入力すると、本人確認のための4桁の認証番号が表示されます。この番号をスマートフォンのLINEに入力します。

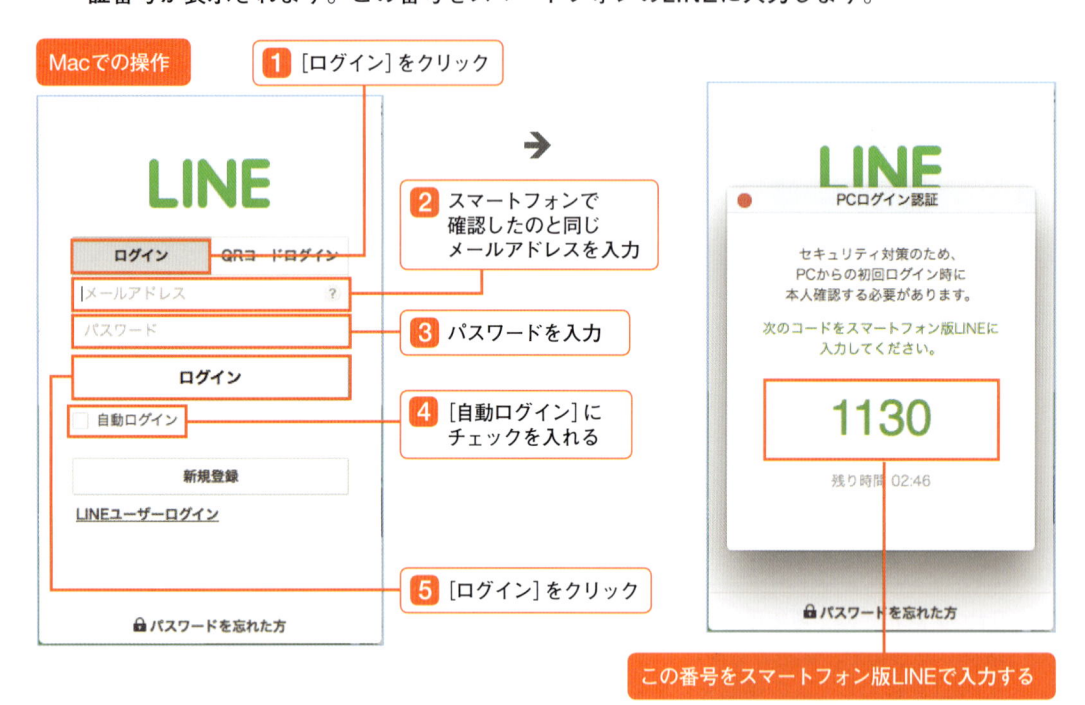

Macでの操作

1 [ログイン]をクリック

2 スマートフォンで確認したのと同じメールアドレスを入力

3 パスワードを入力

4 [自動ログイン]にチェックを入れる

5 [ログイン]をクリック

この番号をスマートフォン版LINEで入力する

スマートフォンでの操作

6 [認証番号]を入力

7 [本人認証]をタップ

8 [確認]をタップ

使おう　LINEでメッセージを送る

LINEでトークを使って、メッセージを送ります。メッセージを送りたい相手、もしくはこれまでの会話の履歴を選びます。会話は右側の吹き出しが自分のメッセージ、左側に相手のメッセージが表示されます。

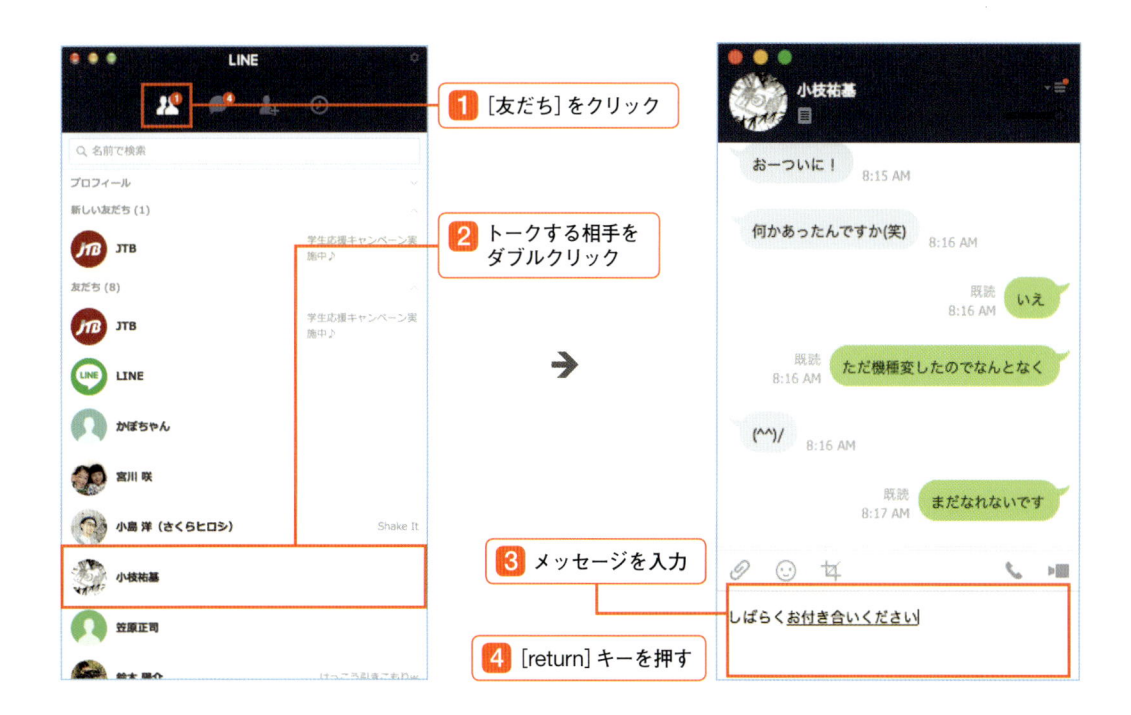

1 ［友だち］をクリック

2 トークする相手をダブルクリック

3 メッセージを入力

4 ［return］キーを押す

改行と送信を混同しないように送信方法を変更する

初期設定では、［return］キーを押すと送信する設定になっています。改行のつもりで誤送信してしまう場合は、設定から送信方法を変更しましょう。［command］＋［return］キーで送信に変更できます。

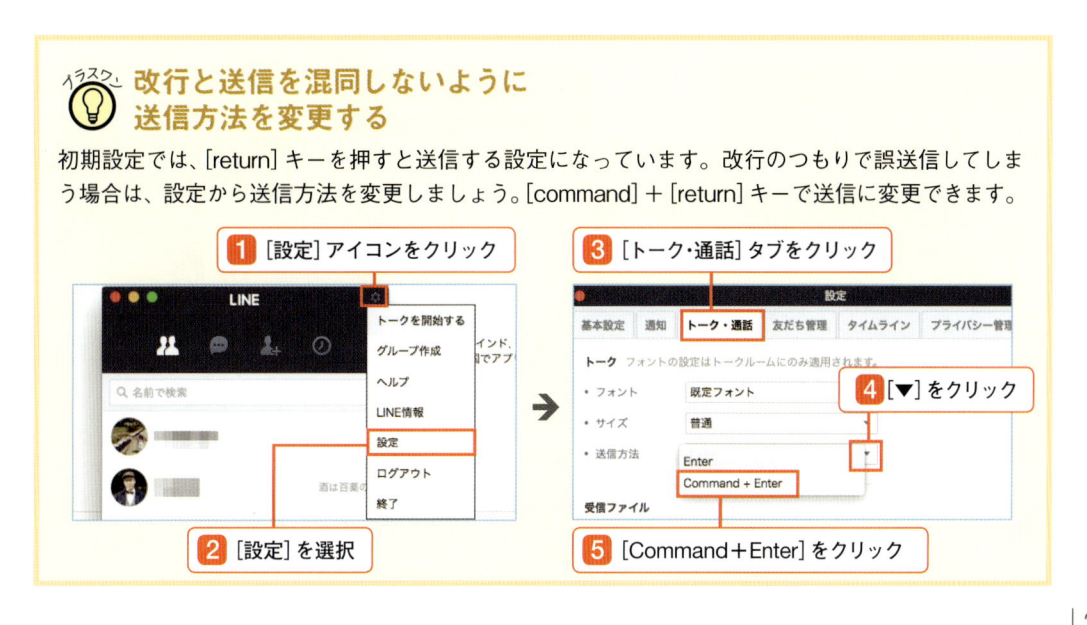

1 ［設定］アイコンをクリック

2 ［設定］を選択

3 ［トーク・通話］タブをクリック

4 ［▼］をクリック

5 ［Command＋Enter］をクリック

LINEの最大の魅力のひとつが［スタンプ］です。文字では表せない表現として、好評を博しています。もちろん、Mac版LINEでも使えるので活用しましょう。

トーク画面

2 ［スタンプ］タブをクリック

3 スタンプセットを選択

1 ［スタンプ］アイコンをクリック

4 スタンプを選択

スタンプが送信された

写真やファイルを送ることもできます。［ファイル送信］アイコンをクリックし、ファイルや写真を選ぶ方法と、写真やファイルをメッセージ欄にドラッグ＆ドロップする方法の2種類があります。

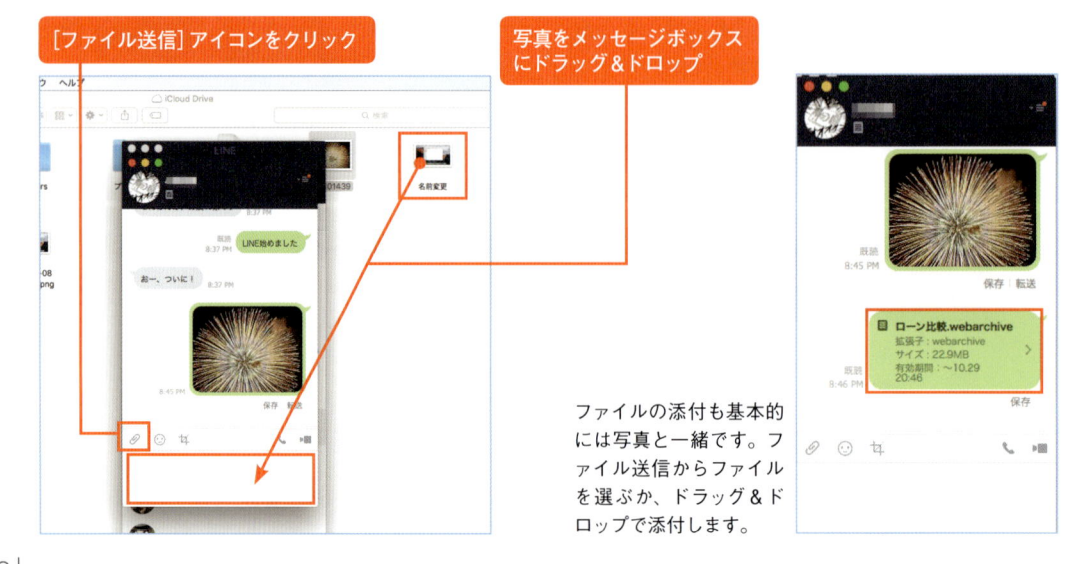

［ファイル送信］アイコンをクリック

写真をメッセージボックスにドラッグ＆ドロップ

ファイルの添付も基本的には写真と一緒です。ファイル送信からファイルを選ぶか、ドラッグ＆ドロップで添付します。

使おう LINEで音声通話をする

LINEには音声通話機能があります。インターネット回線を使用するので、通話料金は無料です。かける相手はLINEの友だちになります。ほかの連絡先やアドレスブックに登録した人にはかけられません。

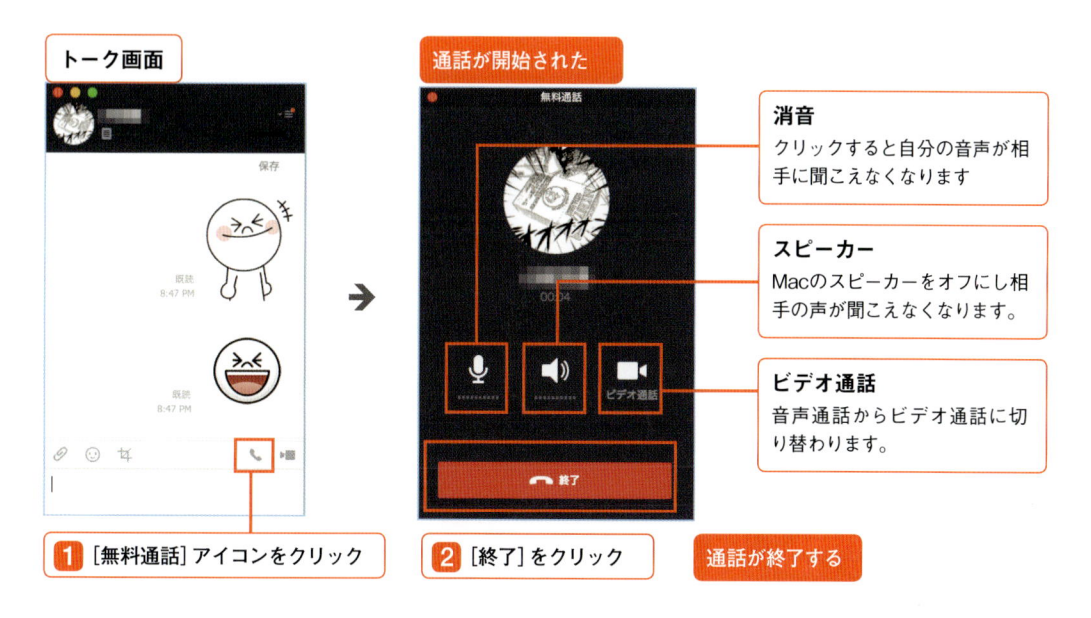

トーク画面

通話が開始された

消音
クリックすると自分の音声が相手に聞こえなくなります

スピーカー
Macのスピーカーをオフにし相手の声が聞こえなくなります。

ビデオ通話
音声通話からビデオ通話に切り替わります。

1 [無料通話]アイコンをクリック

2 [終了]をクリック

通話が終了する

使おう LINEでビデオ通話をする

LINEでもビデオ通話をすることができます。基本的には音声通話と同じで、インターネット回線を使って通話をし、LINEの友だち限定でかけられます。

ビデオ通話が開始された

アイコンの働きは基本的に音声通話と同じですが、終了に関してもビデオ通話ではアイコンのみの表示となります。

2 [終了]をクリック

通話が終了する

1 [ビデオ通話]アイコンをクリック

chapter 13

03

FaceTimeやLINEで無料通話＆メッセージを楽しもう

メッセージアプリを使う

メッセージアプリはOS X El Captainにプリインストールされているメッセンジャーアプリです。iPhoneやiPadにも標準装備されています。MacBookとiPhone、iPadなどとメッセージのやりとりが行えます。

知ろう　メッセージアプリの機能を確認する

メッセージアプリは、LINEのように手軽にメッセージを送り合えるアプリです。チャットのように表示され、会話を流れで見ることができます。

検索ボックス
検索ボックスに文字を入力することで、過去に発言したメッセージを検索することができます。

メッセージ欄
相手とのメッセージのやりとりが時間軸で表示されます。右側の青い吹き出しがあなたの発言です。

メッセージ履歴
メッセージをやりとりした人が一覧として掲載されます。名前をクリックすると続けて会話ができます。

メッセージボックス
新たなメッセージを書き込みます。投稿したメッセージはメッセージ欄に表示されます。

使おう　メッセージアプリでメッセージを送信する

メッセージアプリは、アドレスブックに対応しており、アドレスブックから送信先を選べます。ただ、相手もメッセージアプリを使っている必要があるので、あらかじめ確認をしておきましょう。

1 [新規メッセージ]アイコンをクリック　　メッセージ作成画面が開く

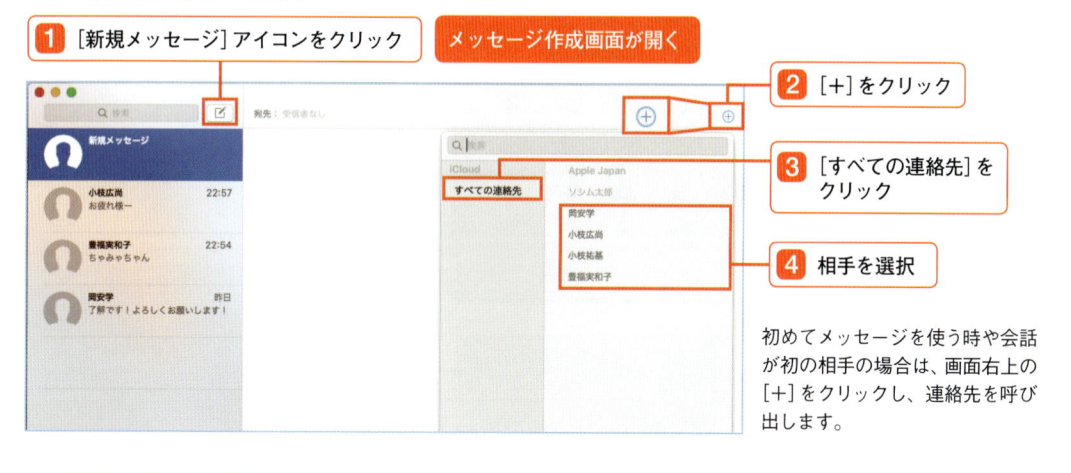

2 [+]をクリック

3 [すべての連絡先]をクリック

4 相手を選択

初めてメッセージを使う時や会話が初の相手の場合は、画面右上の[+]をクリックし、連絡先を呼び出します。

メッセージの宛先が追加される

送ったメッセージが表示される

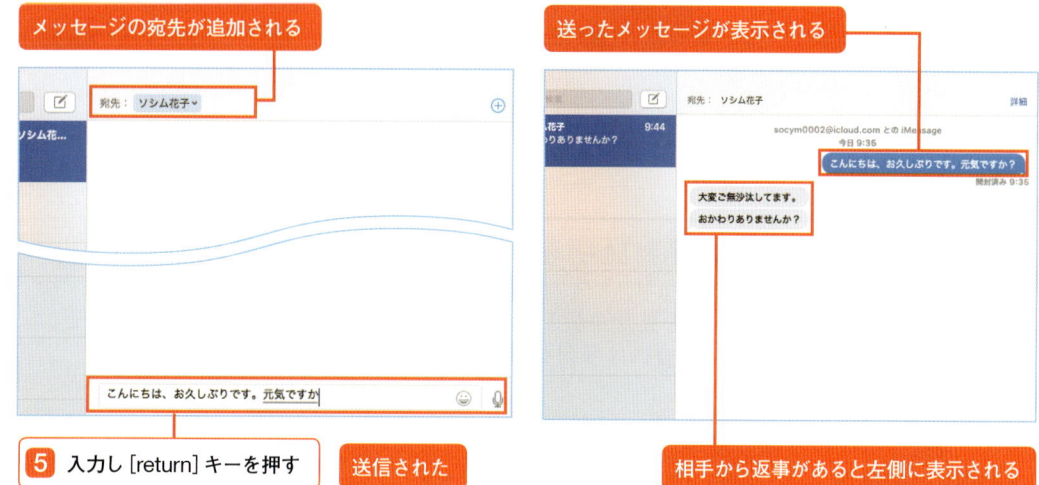

5 入力し[return]キーを押す　　送信された

相手から返事があると左側に表示される

履歴の消去や履歴からメッセージを送る

一度やりとりした相手は履歴に表示され、いつでも会話の続きができます。不要になった履歴は右側の[×]をクリックしてリセットすることも可能です。

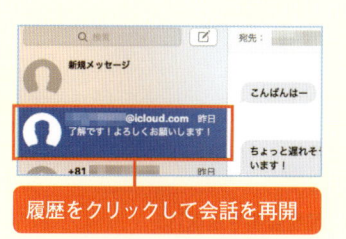

履歴をクリックして会話を再開

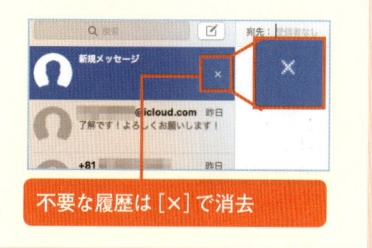

不要な履歴は[×]で消去

メッセージアプリは、携帯電話やスマートフォンのSMSのように、絵文字を使うことができます。絵文字はカテゴリー分けされているので確認しておきましょう。

メッセージの作成画面

1 顔のアイコンをクリック

2 絵文字の種類を選ぶ

3 絵文字を選ぶ

4 [return] をクリック

絵文字が送信された

送り先の相手が、メッセージを見たかどうかの確認ができる機能です。重要な案件など、読んだかどうか確認したい場合には便利な機能です。

1 [メッセージ] メニューをクリック　　**2** [環境設定] をクリック

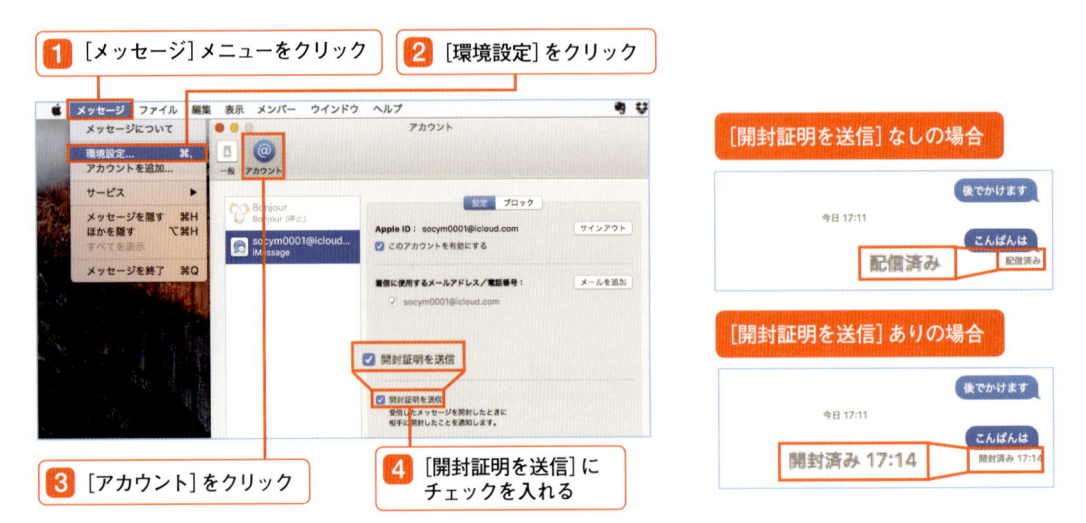

3 [アカウント] をクリック

4 [開封証明を送信] に
チェックを入れる

[開封証明を送信] なしの場合

[開封証明を送信] ありの場合

chapter 10

chapter 11

chapter 12

chapter 13

chapter 14

chapter 15

chapter 16

chapter 17

Appendix

chapter

14

TwitterやFacebook でSNSを楽しむ

01

TwitterやFacebookでSNSを楽しむ

MacにSNSアカウントを登録する

Mac本体にSNSアカウントを登録すれば、通知センターを利用して手軽に投稿など
を行うことができます。Macに登録できるSNSアカウントの種類はTwitterや
Facebookなどあらかじめ決まっていますが、主要なものは揃っています。

使おう　SNSアカウントの登録方法

SNSアカウントは、システム環境設定の［インターネットアカウント］から登録します。
ここでは例としてFacebookのアカウント登録方法を紹介しますが、ほかのSNSも同様
の手順で登録できます。

1 ［インターネットアカウント］を
クリック

**SNSやウェブサービスの一覧が表示されるので、
登録したいサービスをクリックする**

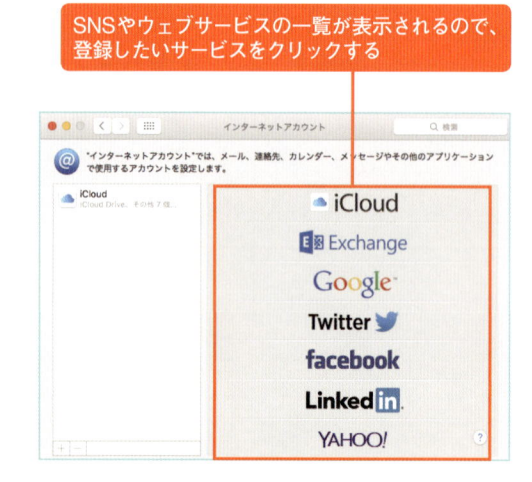

2 ［Facebook］をクリック

3 Facebookに登録した時の
メールアドレスを入力

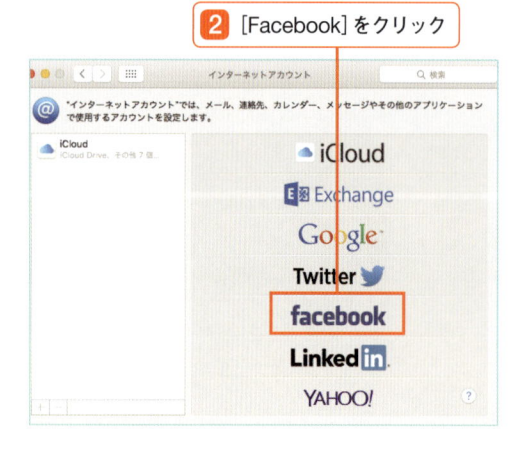

4 パスワードを入力

5 ［次へ］をクリック

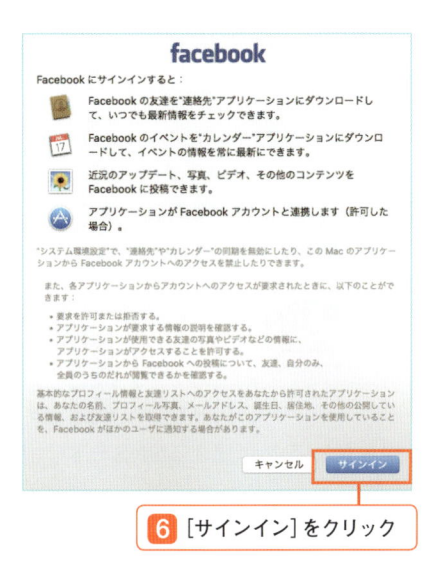

[Facebook] が追加された

⑥ [サインイン] をクリック

使おう　通知センターからFacebookに投稿する

Macにアカウント登録すると、FacebookクライアントアプリやSafariを使わなくても、通知センターからFacebookに投稿することができます。[通知センター]アイコンは画面上部にあるステータスメニューの一番右側に配置されています。即座に投稿したい場合には便利な機能です。

① [通知センター] アイコンをクリック

③ 文章を入力

② 通知センターの [Facebook] アイコンをクリック

→

④ [投稿] をクリック

02

TwitterやFacebookでSNSを楽しむ

Facebookを楽しむ

SNS（ソーシャル・ネットワーキング・サービス）は他ユーザーとのコミュニケーションをとる機能があるサイト、ブログなどを指す言葉です。FacebookやLINEなどがその代表として知られています。アカウント登録など簡単な設定を気軽に始めることができ、Web上でのやりとりをより効率的で楽しいものにしてくれます。

知ろう　Facebookでできること

Facebookは知人と「友達」になることで、互いの近況を知らせることができるSNSです。文章のほか、画像データなどをアップすることも可能です。

≫ Facebookの見方

メニュー
プロフィールの編集画面や友達検索画面などに移動することができます。

投稿
公開範囲を設定して、テキストや写真などを投稿できます。投稿した内容は友達や自分のフィードに表示されます。

ニュースフィード
投稿を最新とハイライトに切り替えが可能です。

タイムライン
友達や自分の投稿が表示されます。コメントやいいね！をつけたり、投稿のシェアができます。

各種アイコン
メッセージや設定のページに移動することができます。

使おう Facebookのアカウント登録

Facebookをブラウザで開く場合には［Facebook］（https://www.facebook.com/）のトップページにアクセスしてアカウント情報を登録します。

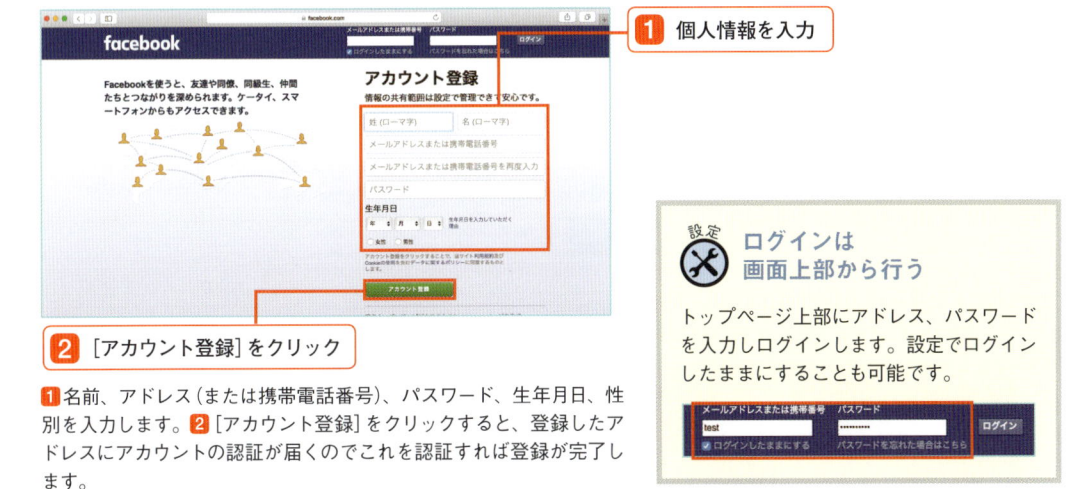

1 個人情報を入力

2 ［アカウント登録］をクリック

1 名前、アドレス（または携帯電話番号）、パスワード、生年月日、性別を入力します。**2** ［アカウント登録］をクリックすると、登録したアドレスにアカウントの認証が届くのでこれを認証すれば登録が完了します。

> 設定
> **ログインは画面上部から行う**
>
> トップページ上部にアドレス、パスワードを入力しログインします。設定でログインしたままにすることも可能です。

使おう プロフィールの設定

アカウントを登録するとプロフィールを設定する画面に切り替わります。出身や職歴、プロフィール画像（画像の設定はP.264を参照）などを設定することができます。

プロフィールは、職場や出身地などの情報をそれぞれ入力しますが、これらは必須ではなく、差し支えない範囲の入力で問題ありません。

1 写真データを設定

2 プロフィールを入力

≫ お気に入り情報を設定

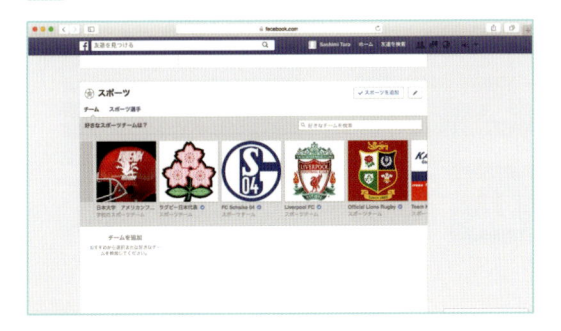

スポーツや映画といった趣味の事柄のお気に入りを選択しその情報をアップできます。簡単にパーソナルな情報を伝えるツールとして役立ちます。

> ヒント
> **Facebookは実名が原則**
>
> Facebookでは知り合いとコミュニケーションをとることが多いので、実名登録が原則です。

使おう　知り合いと友達になる

実名でやり取りするFacebookでは他ユーザーと[友達]になることがコミュニケーションの第一歩になります。アカウント作成直後にメールアドレスなどから友達を探すこともできますが、ここでは友達の名前を入力し検索する方法を紹介します。

》 知り合いを検索して、友達になる

1 友達の名前を入力

2 [return]キーを押す

3 [友達になる]を
クリック

該当の名前を見つけたらその友達のページを開きます。ページ上部にある[友達になる]をクリックすると友達リクエストが送信されます。相手に確認されると、友達リクエストに承認された連絡が届きます。

↓

リクエストが承認された

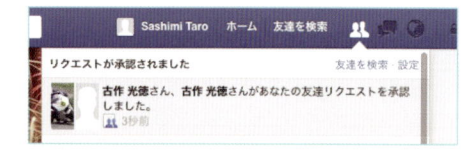

ヒント
? 共通の友達をチェックする

友達との共通の友人が表示されるようになります。[友達になる]をクリックするとリクエストを申請できます。

イラスク
💡 [友達リクエスト]に答える

画面上部の[友達リクエスト]アイコンに赤い数字が表示されている場合、ほかのユーザーから友達リクエストが届いていることを表してます。クリックすると表示されるメニュー内で[確認]をクリックするとリクエスト申請を受け入れ友達になれます。リクエストを削除することも可能です。

1 [友達リクエスト]
アイコンをクリック

2 [確認]をクリック

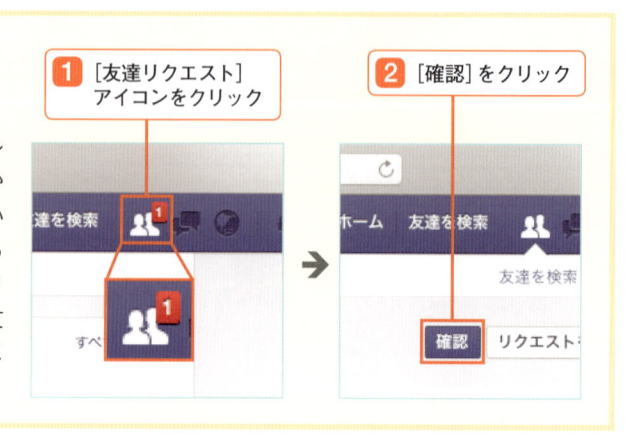

使おう 友達とコミュニケーションをとる

ニュースフィードでは友達の近況を読むことができます。[いいね！]や[コメント]がついたものが上位に表示されるハイライト表示と、最新の投稿から読むことができる最新情報の2種類の表示が選べます。

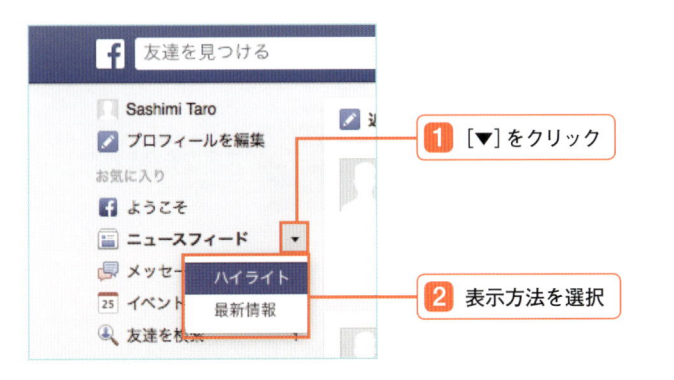

1 [▼]をクリック

2 表示方法を選択

ヒント [お知らせ]を確認する

画面上部の地球のアイコンは[お知らせ]アイコンです。自分の近況へのコメントなどを知ることができます。

ニュースフィードの表示方法が変更できた

ニュースフィードには友達が投稿した近況の情報が画像などとともに表示されます。

》 友達の近況にコメントする

[いいね！]が表示された

近況に対して[いいね！]という意思表示ができます。

[コメント]が表示された

近況にコメントをつけることができます。

近況をシェアできた

自分のタイムラインに友達の近況を表示できます。

1 [いいね！]をクリック　**2** [コメント]をクリック　**3** [シェア]をクリック

使おう　近況を投稿しよう

近況や伝えたい事柄を投稿してみましょう。投稿された内容は、即座に自分のタイムラインや友達のニュースフィードに公開されます。

1 [近況をアップデート]の欄に投稿したい事柄を入力

URLを入力すると自動的にそのURLの内容が表示される

タイムラインに近況がアップされた

2 [投稿する]をクリック

❓ ヒント 投稿範囲を設定する

ニュースフィードに投稿する際に、その投稿を見られる人の範囲を指定することができます。すべての人や、友達、友達の友達などが選択できます。プライバシーの設定で一括設定も可能です。

使おう　画像をアップしよう

文章だけでなく写真を近況に投稿することもできます。イベントの画像や、訪れたスポットなどの画像をアップしてみましょう。

1 [投稿に写真を追加]をクリック

2 コメントを入力

3 [投稿する]をクリック

画像がアップされた

画像を選択する

💡 イラスト タグ付けなどもここで行う

友達と一緒にいることを知らせるタグ付けも、[投稿にタグ付け]アイコンからすぐに行えます。

1 [投稿にタグ付け]をクリック

使おう 友達にメッセージを送ろう

Facebookでは特定の人に直接メールを送ることができます。チャット形式で連絡することができるので非常に便利です。

1 メッセージを送りたい人のページを開く

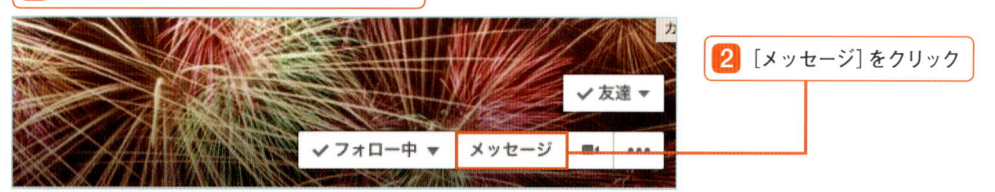

2 [メッセージ]をクリック

チャット形式で会話できた

3 メッセージを入力して[return]キーを押す

メッセージを確認する

[メッセージ]アイコンの横に表れる赤い数字はメッセージが届いていることを示します。クリックするとメッセージを開けます。

>> チャットに友達を追加する

1 [招待]アイコンをクリック

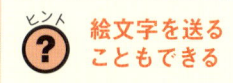

2 追加したい友達を検索

3 [完了]をクリック

絵文字を送ることもできる

メッセージの入力欄では絵文字や画像を送ることができます。画像は[カメラ]アイコンから、絵文字は[顔]アイコンから選択できます。

トップページのアイコンを使いこなす

トップページにはさまざまなアイコンがあります。それぞれの機能を知って、Facebook をスムーズに使いこなしましょう。

ホーム
クリックするとホーム画面に戻り、ニュースフィードが表示されます。

メッセージ
メッセージを閲覧、作成できます。メッセージが届くと点灯します（P.265を参照）。

お知らせ
投稿に［いいね！］やコメントがついた場合などにお知らせが届きます（P.263を参照）。

プロフィール
自分の基本データの編集などができます。タイムラインには自分が過去に行った投稿が並びます。

友達を検索・リクエスト
友達の検索ができます。検索ボックスに直接名前を入力しても検索可能です（P.262を参照）。

設定
プライバシーなどの設定やログアウトができます。ヘルプ画面もここから利用することができます。

使おう **プライバシーの設定をしよう**

Facebookでは情報の公開範囲を細かく設定できます。実名での使用が前提となるSNS なのでプライバシー設定はしっかりやっておきましょう。

1 ［▼］アイコンをクリックし［設定］を選択

2 ［プライバシー］をクリック

プライバシー設定画面が表示された

投稿の共有範囲や、自分に友達リクエストを送信できる対象など、細かな設定が可能です。

設定 **プライバシーは**
ショートカットでも設定できる

画面上部の［プライバシーショートカット］アイコンをクリックすると、現状の設定状況を確認でき、設定の編集も行えます。また、近況を投稿する際のプライバシーはその都度［近況をアップデート］メニュー下部の［友達］をクリックすることで設定可能です。

chapter 14

03

TwitterやFacebookでSNSを楽しむ

Twitterを楽しむ

Twitterは140文字までの短い文章を公開できるSNSです。タイムラインにはフォローした人のツイート（つぶやき）が常に流れてくるので、知り合いや好きな有名人のツイートをリアルタイムで閲覧することができます。短い文章を投稿できるから、誰でも気軽に挑戦することができるのも魅力です。

知ろう　140文字のつぶやきを投稿できるTwitter

Twitterはツイートという短文をアップできるSNSです。フォローした相手のツイートはタイムラインと呼ばれる自分専用のページで確認できるようになります。

≫ Twitterの見方

ホーム／通知／メッセージ
［ホーム］をクリックするとタイムラインの最上部まで戻ります。［通知］では新たにフォローされた際のお知らせなどが、［メッセージ］では新たなメッセージが届くとアイコンにマークがつきます。

検索
検索ボックスにキーワードを入力しツイートやユーザーを探すことができます。

プロフィールと設定
プロフィールページへの移動や、ヘルプ、設定項目の変更、Twitterからのログアウトといったメニューが呼び出せます。

ツイート入力欄
この欄に近況などを入力します。140文字までのテキストに加えて画像などもアップすることが可能です。

ツイート／フォロー／フォロワー
ツイートでは、過去の自分のつぶやきがまとめて表示されます。フォローは自分が登録しているユーザーの情報が、フォロワーでは自分のことを登録してくれているユーザーの情報が一覧表示されます。

タイムライン
自分のつぶやきや、自分がフォローしているほかのユーザーのつぶやきが時系列に表示されます。写真の投稿やリツイートされた投稿などもまとめてタイムラインに表示されます。

使おう　ほかのユーザーのツイートを見る

まずはほかの人のツイートを探してみましょう。検索で知り合いなどを探し、ユーザーページを開くと、その人のつぶやきを見ることができます。

1 知り合いを検索

ユーザーのページが表示される

💡 さまざまな方法で友達を探せる

[おすすめユーザー]は閲覧履歴などをもとに表示されます。また[設定]の中にある[友だちを見つける]というメニューからもアドレスでつながっている友達を検索することができます。

使おう　ほかのユーザーをフォローする

フォローをすることでそのユーザーのツイートがタイムラインに表示されるようになります。友達以外にも有名人や企業などをフォローすることができます。

1 フォローしたい人の
タイムラインを表示

ツイートが表示された

2 [フォロー]をクリック

🔧 プライバシー設定は[設定]から行う

メニューから[設定]を選択、[セキュリティとプライバシー]をクリックするとプライバシーを設定する画面になります。ツイートの公開範囲などを決めることが可能です。

1 [プロフィールと設定]→[設定]をクリック

2 [セキュリティとプライバシー]をクリック

プライバシー設定画面になった

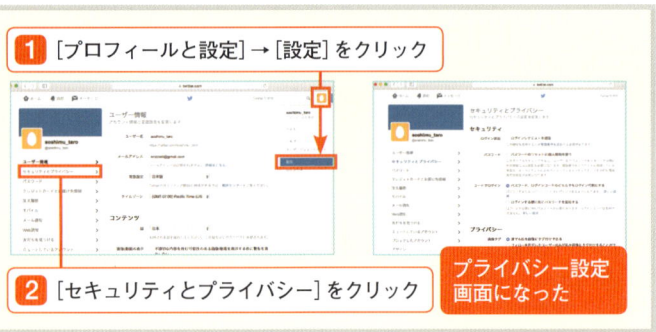

使おう ツイートしてみよう

Twitterの基本はツイートです。トップ画面にはツイートをするための入力欄が常に表示されているので、思いついたことを入力しつぶやいてみましょう。多くのユーザーをフォローし、自分のフォロワーも増えるとTwitterがより楽しいものになります。

≫ ツイートする

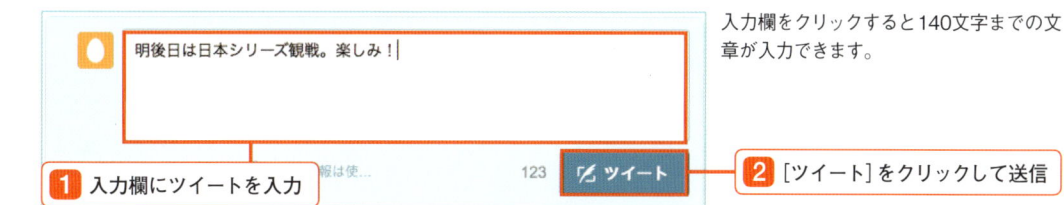

入力欄をクリックすると140文字までの文章が入力できます。

1 入力欄にツイートを入力

2 [ツイート]をクリックして送信

❓ ヒント ハッシュタグを上手に活用しよう

ハッシュタグとはツイートの最後に表示される [♯] が頭に付いた文字列です。これを付ければツイートを簡単にカテゴリづけできるようになります。たとえば♯の後にイベント名を入れるとそのイベント関連のツイートが一覧表示されます。

≫ ツイートに画像データを付ける

1 [メディア]をクリック

2 [ツイート]をクリック

画像データがアップできた

ひとつのツイートに複数の画像を添付したり、写真に写っている人をタグ付けすることも可能です。

💡 イラスク 自分のツイートだけを確認するには

自分のアイコンの下にある [ツイート] をクリックすると自分のツイートが一括表示され、数年前のツイートもすぐに振り返ることができます。

1 [ツイート]をクリック

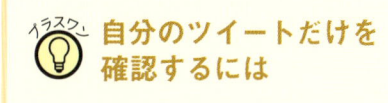

過去のツイートが表示された

使おう　リツイートや返信ツイートを送る

タイムラインに表示されたツイートを自分のフォロワーに向けて発信する[リツイート]、投稿に対して返信する[返信ツイート]を活用してみましょう。

≫ リツイートする

1 [リツイート]アイコンをクリック

2 [リツイート]をクリック

≫ 返信ツイートをする

1 [返信]アイコンをクリック

2 返信ツイートを入力

3 [ツイート]をクリック

> **ヒント**
> **その他の**
> **アイコンは？**
>
> [リツイート]アイコンの右側にある[☆]はお気に入り登録、その隣にある[…]はリンクのコピーやブロックなどを設定できるアイコンです。

使おう　知り合いにダイレクトメッセージを送る

フォローしているユーザーにダイレクトメッセージを送ることもできます。複数の相手に同時に送ることもできるので特定の人と連絡を取りたいときに重宝します。

3 名前を入力する

メッセージ入力画面が表示された

1 [メッセージ]をクリック

2 [ダイレクトメッセージを送る]をクリック

4 [次へ]をクリック

chapter 14

04

TwitterやFacebookでSNSを楽しむ

インスタグラムを楽しもう

インスタグラム（Instagram）は、写真の投稿に特化したSNSです。手軽に写真をシェアできることから人気が広がっています。基本的にはiPhoneなどのスマートフォンから投稿して楽しむためのサービスですが、Macでもほかのユーザーをフォローしたり投稿を閲覧したりといったことはできます。

知ろう　インスタグラムとは？

インスタグラムは、［Twitterの写真版］とでもいうべきSNSです。好みのユーザをフォローしたり、投稿された写真に［いいね！］をしたりといった、写真を通じたコミュニケーションが行えます。

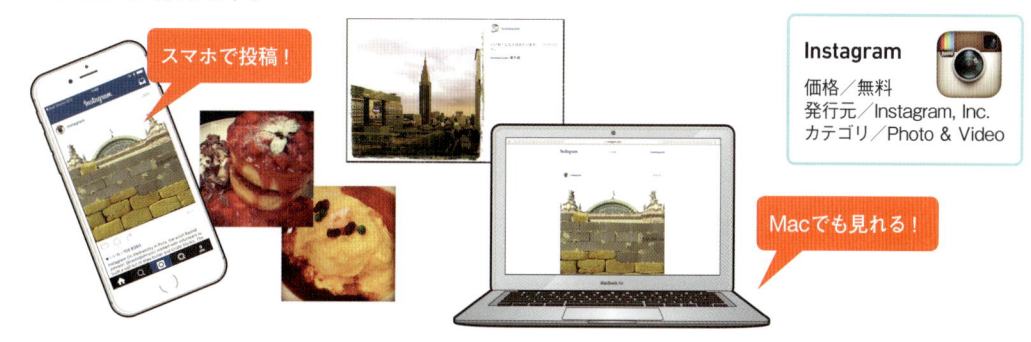

スマホで投稿！

Macでも見れる！

Instagram
価格／無料
発行元／Instagram, Inc.
カテゴリ／Photo & Video

使おう　インスタグラムに登録する

インスタグラムは、スマートフォンから登録します。ここでは例としてiPhoneで登録します。App Storeから［Instagram］アプリをインストールし、起動して以下の操作を行ってください。

1 メールアドレスを入力

2 ［Go］をタップ

3 メールアドレス、ユーザー名、パスワードなどを設定して画面の指示にしたがって登録

Macでブラウザを立ち上げ、[http://instagram.com]にアクセスします。先ほどの操作で登録したアカウント情報を入力するとトップページが表示されます。Macから写真の投稿はできませんが、次のような機能が利用できます。

1 ユーザーネームを入力

2 パスワードを入力

3 [ログイン]をクリック

ユーザーを検索する

友だちや有名人などの名前を検索ボックスに入力し、Instagramユーザーを探します。

フォローする

検索したユーザーをフォローし、投稿した写真を見られるようにします。

ユーザーページ（自分のページ）

特定の人の写真の一覧やプロフィール、フォロー＆フォロワー人数などが確認できます。

chapter 10

chapter 11

chapter 12

chapter 13

chapter 14

chapter 15

chapter 16

chapter 17

Appendix

chapter

15

Officeアプリを
使ってみよう

Officeアプリを使ってみよう

iWorkでOffice文書を作成する

Appleがリリースしている iWorkを利用すれば、文書ファイルや表計算といった
Office文書を作成することができます。作成した文書ファイルは、Mac本体に保存
できるのはもちろん、iCloudに直接アップロードすることもできるのでほかのパソ
コンやスマートフォンで開いたり編集したりすることもできます。

知ろう　Macで使える純正オフィスソフトは3つある

iWorkは、ワープロソフトの［Pages］、表計算ソフトの［Numbers］、そしてスライド作
成の［Keynote］からなるOfficeスイートです。MacBook、MacBook Air、MacBook Pro
には最初からインストールされています。

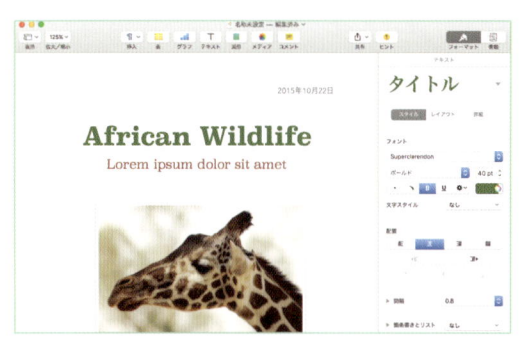

≫ ワープロの ［Pages］

報告書や案内状など、文書ファイルの作成するためのソフト
です。写真やイラストなどを挿入できるほか、文字を飾るこ
ともできるなど幅広いシーンで活用できます。

≫ 表計算の ［Numbers］

表計算を行うためのソフトです。一般的な関数や数式が利用
できるほか、表からグラフを作成することもできます。

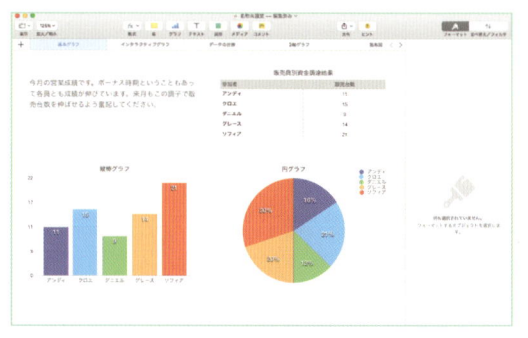

≫ スライド作成の ［Keynote］

プレゼンテーションに最適なスライドが作成できます。あら
かじめ用意されたテンプレートに文字や画像を入力していく
だけで作成することもできます。

使おう　Pagesを使って文書ファイルを作成する

［Pages］は、文章や写真を中心とした文書ファイルを作成するソフトです。ここではあらかじめ開いたテンプレートの文章を編集したり、新たな写真の挿入方法を紹介します。

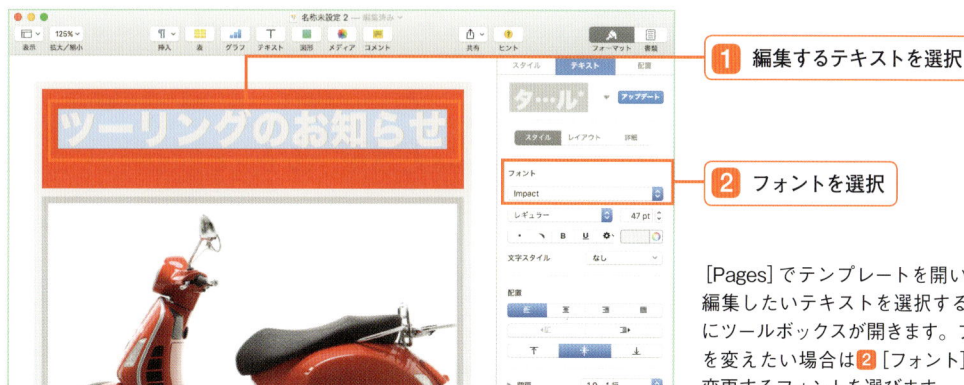

1 編集するテキストを選択

2 フォントを選択

［Pages］でテンプレートを開いたら**1**編集したいテキストを選択すると右側にツールボックスが開きます。フォントを変えたい場合は**2**［フォント］欄から変更するフォントを選びます。

3 画像ファイルをドラッグ＆ドロップ

4 ドラッグで画像を移動可能

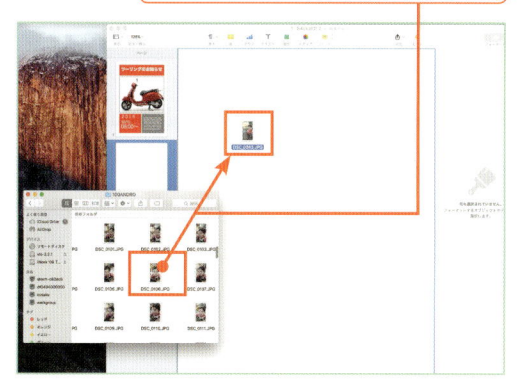

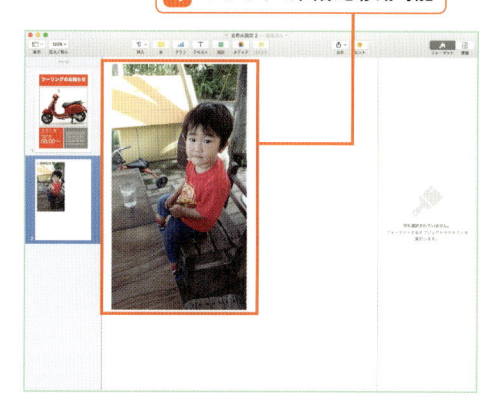

画像を挿入したい場合は、**3**Pages文書の上に画像ファイルをドラッグ＆ドロップします。

ドラッグ＆ドロップされた画像が文書上に表示されました。**4**ドラッグ操作で移動することができます。

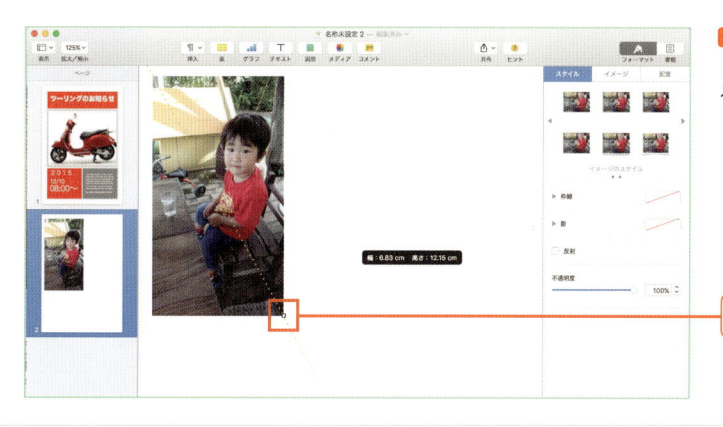

5画像の四隅にある四角のハンドルをドラッグすれば画像の大きさを変更することができます。

5 ドラッグでサイズを変更

使おう　Numbersでグラフを作成する

[Numbers] では、選択された表をもとにグラフを作成することができます。豊富なグラフフォーマットから利用するものを選ぶだけで美しいグラフが作成されます。

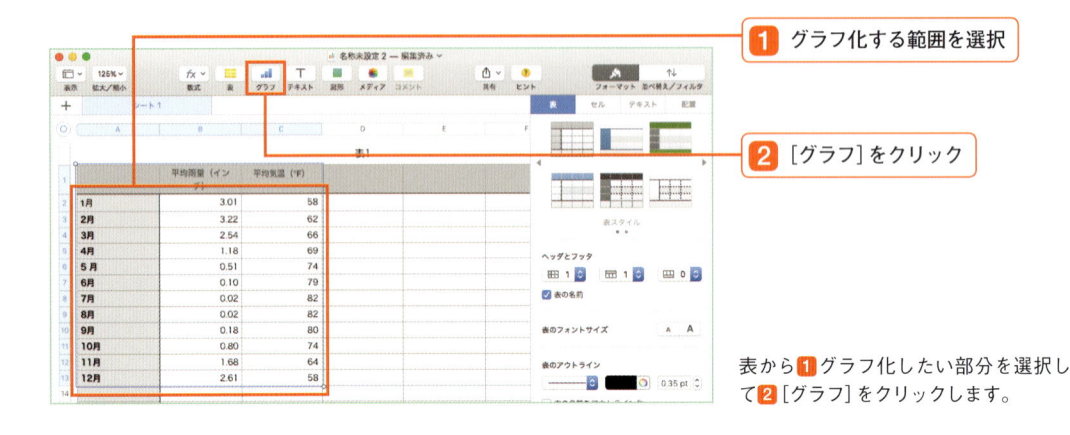

1 グラフ化する範囲を選択

2 [グラフ] をクリック

表から**1**グラフ化したい部分を選択して**2**[グラフ] をクリックします。

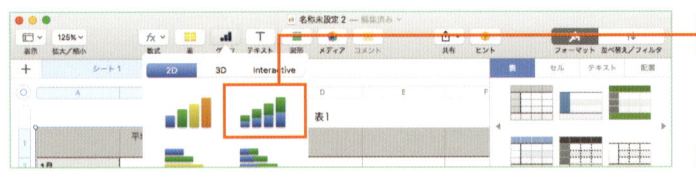

3 フォーマットを選択

グラフのフォーマットが表示されるので**3**利用したいものを選択します。

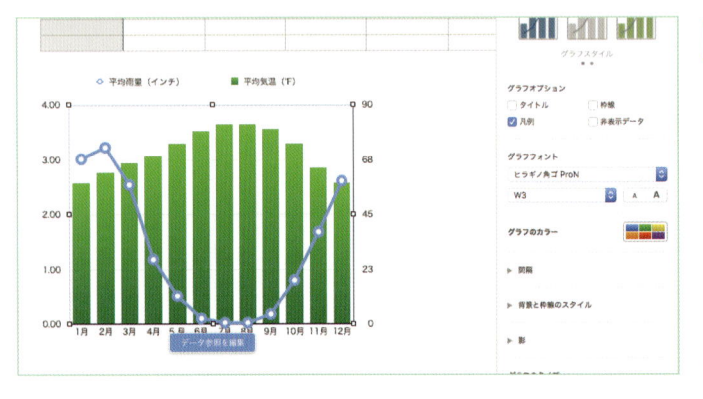

グラフが表示された

グラフが表示されました。画面右側のメニューからデザインや表示項目などの変更を行うことができます。

一般的な関数や数式の計算にも対応

Numbersでは、セルに入力された数値を関数や数式を使って処理することができます。よく使われる関数は、[数式] ボタンからクリック操作で呼び出すことができます。計算する範囲を選んで数式を選択すれば結果が表示されます。

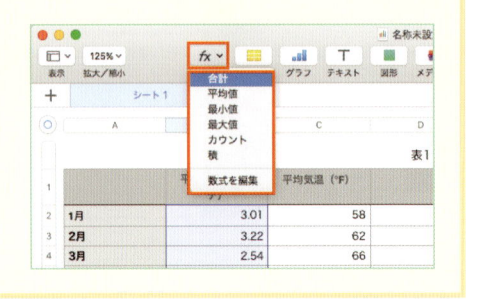

使おう　ファイルを保存する

Numbersで作成したOffice文書は、Mac本体だけでなくiCloudに直接保存することもできます。この操作は、[ファイル]メニューから行いましょう。

1 [ファイル]メニューをクリック

3 ファイル名を入力

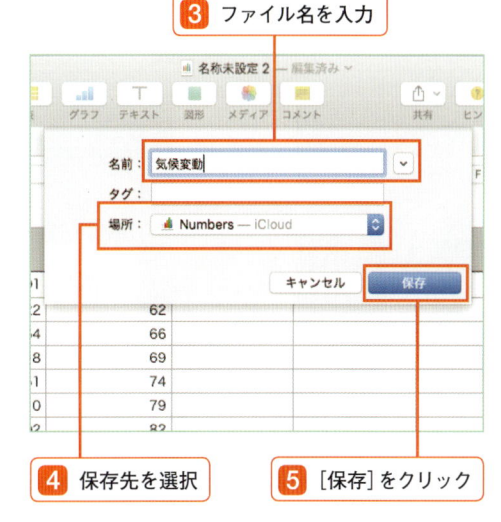

2 [保存]をクリック

4 保存先を選択　　**5** [保存]をクリック

1 ツールバーの[ファイル]メニューを開いて**2** [保存]を選択します。

3 保存するファイル名を入力したら**4** 保存先を選択します。[アプリ名－iCloud]となっているものは、iCloudに保存されます。**5** [保存]をクリックしましょう。

使おう　ファイルをExcelやWord形式で書き出す

iWorkで作成した書類は、Microsoft Office形式で書き出すことができます。ここでは例として、NumbersからExcel形式で書き出してみます。

1 [ファイル]メニューをクリック

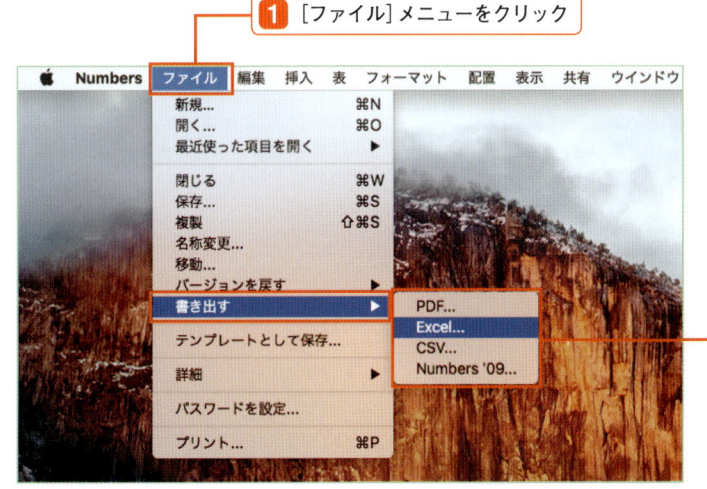

2 [書き出す]→保存形式を選択

1 [ファイル]メニューから**2** [書き出す]を開き、ファイル形式を選択します。あとは上記のファイル保存方法に従って、Mac本体やiCloudなどに保存しましょう。

Keynoteでスライドを作成する

[Keynote] を利用すれば、プレゼンテーションなどで利用されるスライドを作成することができます。ベースとなるテンプレートを選択し、文字を編集したり写真を追加したりするだけで美しいスライドを手軽に作成することができます。

[Keynote] の新規作成ページを開いて **1** スライド作成に利用するテンプレートを選択して **2** [選択] を選択します。

1 テンプレートを選択

2 [選択] をクリック

画面右上にある **3** [マスターを変更] をクリックして **4** スライド作成に利用したいデザインを選択します。

3 [マスターを変更] をクリック

4 デザインを選択

5 文字を編集

選択したデザインがスライドに追加されます。**5** テキストボックスを選択すれば文字の編集が行えます。**6** 画面右側のメニューからフォントなどの変更が行えます。

6 フォントを選択

使おう　スライドを追加する

スライドのページ追加操作は、[スライドを追加] メニューから行えます。あらかじめ選択したテンプレートに含まれるデザインを選べば追加することができます。

1 [スライドを追加] をクリック　　**2** デザインを選択　　スライドが追加された

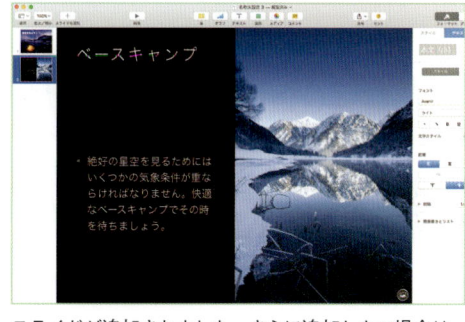

1 [スライドを追加] をクリックして **2** 挿入するスライドを選択します。

スライドが追加されました。さらに追加したい場合は、同じ操作を繰り返します。

使おう　写真を追加する

写真の追加は、[メディア] から行うことができます。写真や音楽、動画などの挿入に対応しているのでスライドに追加したいものを選びましょう。

1 [メディア]をクリック　　**2** [写真]をクリック

写真を追加する場合は、**1** [メディア]をクリックし、**2** [写真]から **3** 挿入する画像を選択します。

3 画像を選択

画像が追加された

選択した写真が追加されました。画像をドラッグすると移動、四隅をドラッグすると拡大や縮小が行えます。

Officeアプリを使ってみよう

Microsoft純正Officeを使う

MicrosoftがリリースするOffice365なら、MacでもWordやExcel、PowerPointといったOfficeアプリを利用できます。世界中のユーザーに利用されるソフトであるため互換性を気にすることなく文書ファイルの作成や閲覧が行えます。[https://products.office.com/ja-jp/mac/microsoft-office-for-mac] から購入できます。

知ろう　Office365で利用できるソフトは5種類ある

[Office365] は、月額制で利用できるOfficeソフトです。ワープロや表計算、スライド作成に加え、メールやスケジュール管理、メモ作成など5種類のソフトが利用できます。

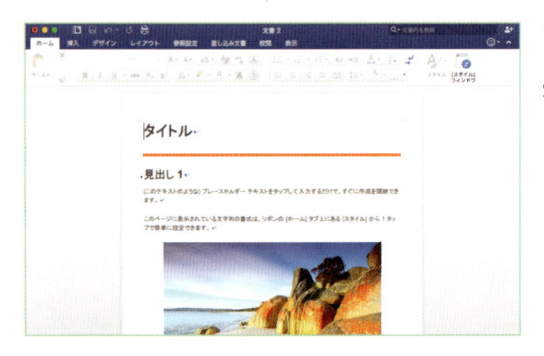

≫ ワープロの [Word]

写真やイラスト、グラフなどを交えたOffice文書が作成できるワープロソフトです。報告書や案内状などの文書作成に適しています。

≫ 表計算の [Excel]

世界中で利用されている代表的な表計算ソフトです。細かな関数や数式による計算に対応しています。グラフ作成も豊富なデザインから選択することができます。

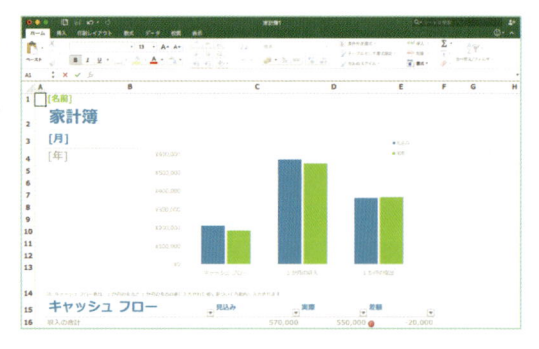

≫ スライド作成の [PowerPoint]

主にプレゼンテーションで利用されるスライドが作成できるソフトです。あらかじめ用意されたテンプレートに文字を記入していくだけで作成することもできます。

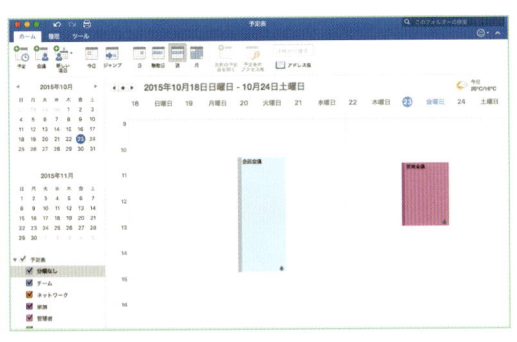

>> 個人情報管理ツールの [Outlook]

電子メールの送受信をはじめ、スケジュールやタスク、連絡先の管理などが行える個人情報管理ソフト。主にビジネスシーンでの仕事管理などに利用されます。

>> メモ作成の [OneNote]

ひとつの画面に文書や写真を貼りこんだメモを作成できるデジタルノートアプリです。WordやPDF形式で作成された文書や写真を取り込んで手書きメモを残すこともできます。

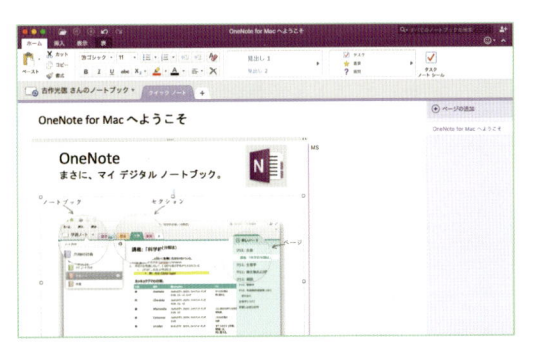

知ろう　無料で利用できるOffice Online

Office OnlineはMicrosoftが無料で提供しているWebアプリです。Safariなどのブラウザから [www.office.com] にアクセスして、サインインすれば利用できます。利用には、Microsoftのアカウント (無料) が必要なので、あらかじめ取得しておきましょう。

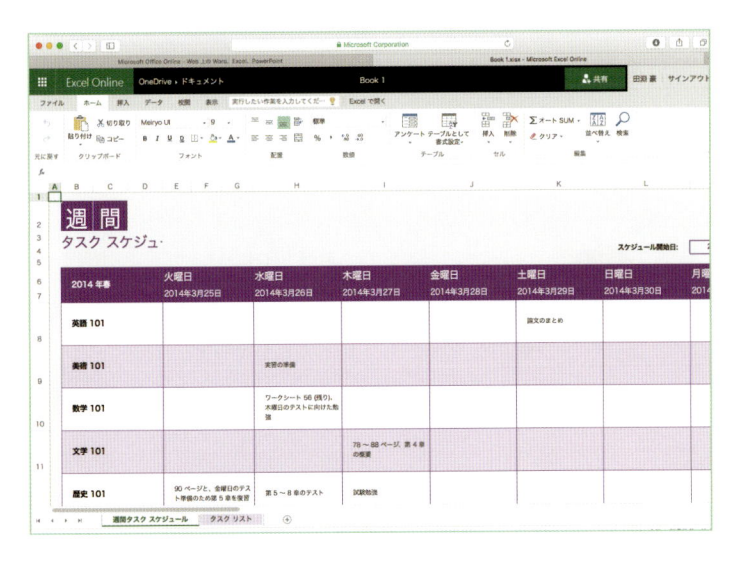

Word、Excel、PowerPointなどが無料で利用できます。有料のOffice 365などに比べて、一部利用できない機能などもあります。

> **イラスク** **OneDriveを利用する**
>
> Microsoftアカウントを取得すれば、無料のストレージサービス [OneDrive] が利用できるようになります。iCloud Driveと同じようにクラウド上にデータを保存できるサービスです。

column
その他のOfficeアプリを活用する

ここまでに紹介したOfficeアプリ以外にも、無料で使えるものがあります。無料アプリといってもワープロや表計算、スライド作成など、本格的な編集に対応しているので賢く活用してみましょう。

》 LibreOffice（リブレオフィス）

無料で使える定番Officeアプリ［OpenOffice］ の後継ソフトとしてリリースされたのが［LibreOffice］です。WordやExcel、PowerPointなどのファイルとの互換性もあり、閲覧や編集にも対応しています。そのために、数式エディタやグラフィック作成など、定番のOfficeアプリにはない独自機能も搭載されているのも特徴です。

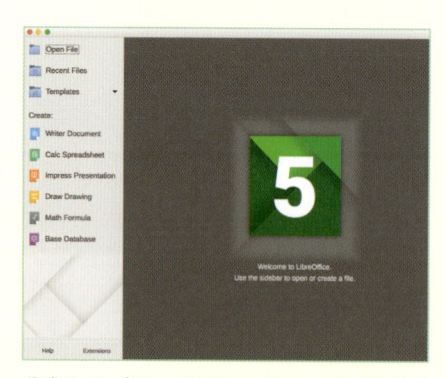

公式サイト（https://ja.libreoffice.org/）で入手できます。メイン画面からソフトを選びます。

Wordファイルとの互換性があり、Wordファイルを開いて編集を行うことができます。

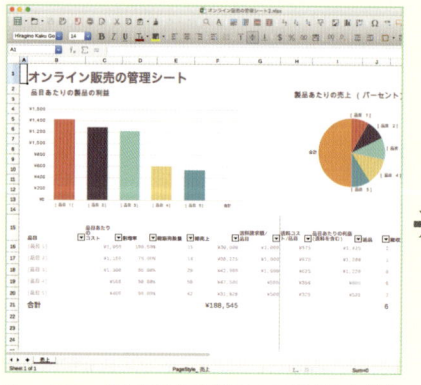

Excelファイル内にあるグラフの表示にも対応しています。

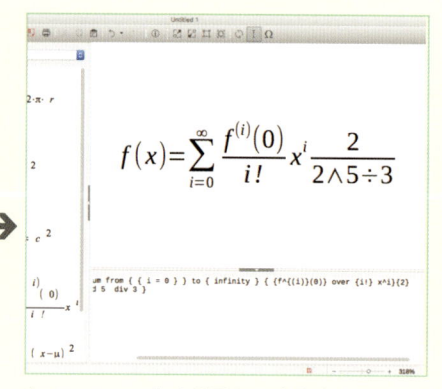

［Math Formula］を利用すれば、複雑な数式を作成することができます。

chapter 10

chapter 11

chapter 12

chapter 13

chapter 14

chapter 15

chapter 16

chapter 17

Appendix

chapter
16

アプリの管理方法を覚えよう

Launchpadでアプリを管理

MacBookにインストールされているアプリを管理するアプリがLaunchpadです。標準でMacに搭載されるアプリから、App Storeで購入したアプリ、Web上からダウンロードしたアプリなどがすべて格納されています。Dockには入っていないアプリを呼び出すときなどに必須の機能です。

知ろう Launchpadの基本操作

Launchpadは初期設定ではDockの左から2番目に配置されています。LaunchpadのアイコンをクリックするとLaunchpadの画面に切り替わります。

1 [Launchpad]アイコンをクリック　　Launchpadが起動します

トラックパッドを2本指でスワイプすると次のページへ

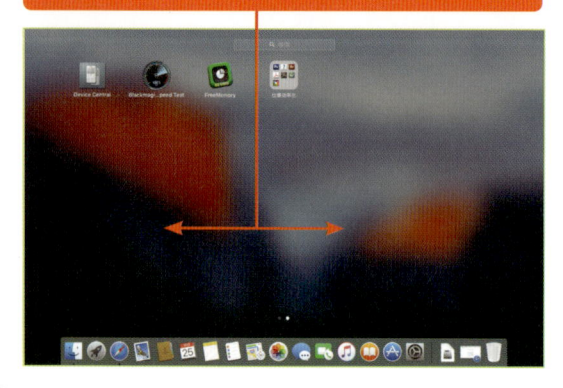

アプリアイコン

各アプリのアイコンです。クリックするとアプリが起動します。新しくインストールしたアプリのアイコンも随時追加されます。

アプリフォルダ

Launchpad内でアプリのフォルダ分けがされています。初期設定では[その他]が用意され定番アプリなどが格納されています。

使おう　Launchpadでアプリを探す

アプリをMacにインストールすると、自動的にLaunchpadにアイコンが追加されます。もしすぐにアプリが見つからないときには、検索ボックスから探すことができます。

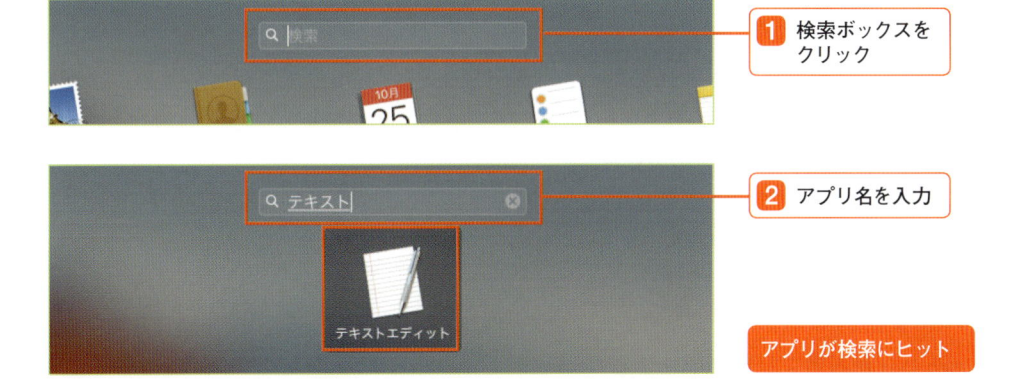

1 検索ボックスをクリック

2 アプリ名を入力

アプリが検索にヒット

使おう　アプリを削除する

アプリのアンインストールもLaunchpadから行えます。アイコンを長押しすると小刻みにアイコンがふるえる状態になり、[×]をクリックしてメニューから削除を行います。

1 アプリアイコンを長押し

3 [削除]をクリック

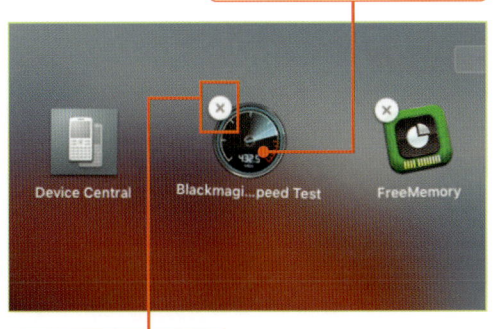

2 [×]をクリック

アプリがMacから削除されます

💡 **Launchpadのジェスチャーを設定する**

トラックパッドでの起動ジェスチャーも用意されています。親指と3本指を一斉に内側に閉じる操作でLaunchpadが表示されます。なお外側に開く操作で、元の画面に戻ることができます。

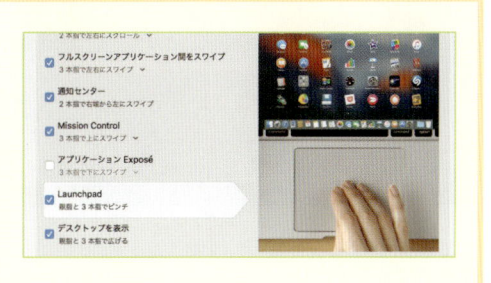

02

アプリの管理方法を覚えよう

アプリの終了と切り替え方

DockやLaunchpadから開いたアプリは、ウィンドウを閉じるだけでは終了はされず、待機状態となっています。そこでここではアプリの正しい終了のさせ方について解説をします。またアプリが応答しない場合など、強制終了の方法についても押さえておきましょう。

知ろう ｜ **アプリを終了させる方法**

アプリを正しく終了させるにはいくつか方法があります。基本はメニューバーからアプリの終了を選択しますが、Dockから終了させたり、ショートカットキーを使うなどの方法もあります。

≫ メニューバーからアプリを終了させる

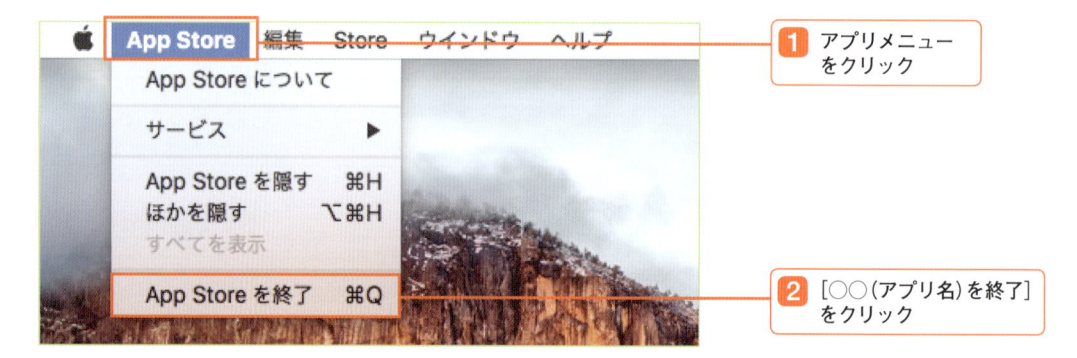

1 アプリメニュー
をクリック

2 [○○(アプリ名)を終了]
をクリック

≫ Dock からアプリを終了させる

1 アイコンを右クリック

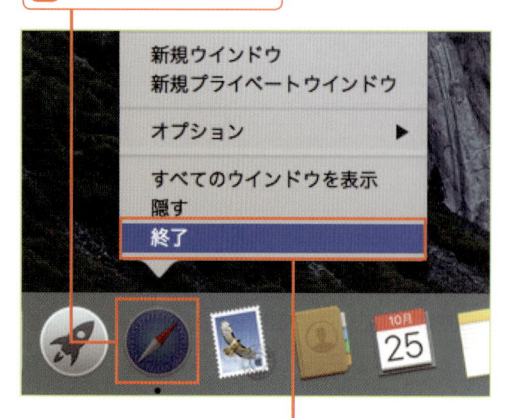

2 [終了]をクリック

≫ ショートカットでアプリを終了させる

1 [command] + [Q] キーを押す

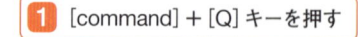
アプリが終了する

使おう　アプリを強制的に終了させる

アプリが応答しない場合など、通常の終了操作が行えないときには強制終了を行います。メニューバーから［強制終了］が選べるほか、［command］＋［option］＋［esc］キーのショートカットも利用できます。

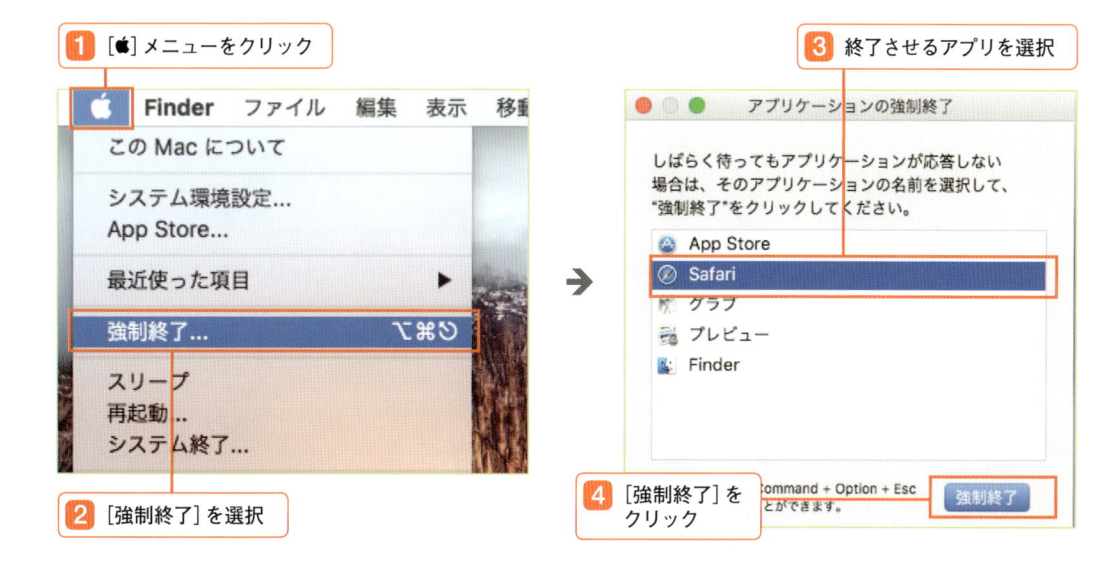

1 ［🍎］メニューをクリック

3 終了させるアプリを選択

2 ［強制終了］を選択

4 ［強制終了］をクリック

使おう　アプリを切り替える

複数のアプリを同時に起動しているときに、すばやくアプリを切り替えるには、キーボードの［command］＋［tab］キー使うショートカットがおすすめです。［command］キーを押している状態で［tab］キーを押すと起動アプリの一覧が表示され、［tab］キーを押した回数だけ、選択カーソルが右に移動します。

1 キーボードの［command］＋［tab］キーを押す　　起動中のアプリアイコンが一覧表示される

［tab］キーを押すと次のアプリに選択が移動する　　**2** 切り替えたいアプリを選ぶ

column

標準アプリをチェックしよう

MacBookには購入したばかりの状態でも多くのアプリがインストールされています。ここではそれぞれがどのようなアプリなのかを一覧でまとめてみました。ここで取り上げているアプリの詳細は各章をチェックしてみてください。

写真

写真の閲覧・編集ができるアプリ。動く写真の閲覧も可能。

iMovie

動画再生アプリ。予告編風のショートムービーが作れます。

GarageBand

さまざまな楽器による演奏やレコーディングができます。

Pages

文書を美しく仕上げられます。Wordファイルも読み込めます。

Numbers

表計算アプリ。洗練されたスプレッドシートを作成できます。

Keynote

プレゼンアプリ。グラフィカルな資料を作るのに最適です。

Safari

Mac標準のWebブラウザ。タブ機能など進化しました。

メール

iCloudメールほか各種メールに対応するメーラーです。

メッセージ

チャットなどの短いやり取りに向くメッセンジャーアプリ。

FaceTime

高音質な音声通話、ビデオ通話が利用できます。

カレンダー

クラウドに対応する予定の管理に最適な同期型カレンダー。

メモ

豊富なファイルをiOSデバイスとも共有できる万能メモ。

App Store

アプリ購入や更新、システムの更新などが行えます。

iTunes

ストアから楽曲ファイルの購入や再生、管理ができます。

iBooks

電子雑誌・書籍の読書が楽しめます。定期購読もできます。

マップ

現在地からの経路検索や3D表示などができる地図アプリ。

連絡先

メールやFaceTimeとも連動する連絡帳アプリです。

リマインダー

タスクの管理や通知を行います。通知センターにも対応。

chapter
17

MacBookを
カスタマイズする

chapter 10

chapter 11

chapter 12

chapter 13

chapter 14

chapter 15

chapter 16

chapter 17

Appendix

01 OSのアップデートを行う

セキュリティの観点から、OSのアップデートは欠かせません。Appleでは随時、OSの修正ファイルを配信しており、更新することでウィルス感染や不正アクセスなどのリスクが軽減されます。更新がある場合には使用中のMacBookに通知が届くので、こまめにアップデートを行うようにしましょう。

知ろう OSのアップデートはApp Storeを使う

OS X El Capitanを最新の状態に保つには、App Storeアプリの[アップデート]から更新を行います。OS Xだけでなく、インストールしたアプリの更新もここから行います。

1 [App Store]アイコンをクリック

2 [アップデート]タブをクリック

OS X El Capitanに関するアップデート

アプリごとのアップデート

3 [すべてアップデート]をクリック

すべてのアップデートが実行されます

アップデートのタイミングを選択できる

仕事でMacBookを使っているときなど、アップデートの通知には気づいても、すぐには更新ができない場面は多々あります。そんなときには、アップデートのオプションメニューから更新のタイミングを選択しましょう。そうすることで更新のし忘れを防ぐことができます。

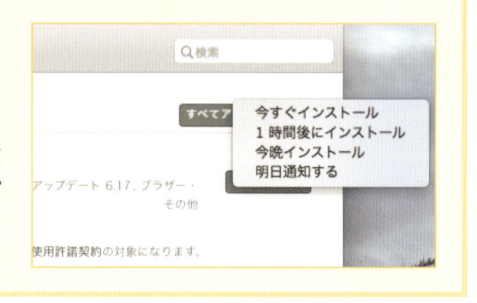

chapter 17
02

MacBookをカスタマイズする

iCloudでパスワードを管理する

iCloudキーチェーンは、各種Webサービスで登録するIDやパスワードを管理できる機能です。機能を有効にしておくと、新たにWebサービスに加入した際に作成するIDやパスワードをiCloud上に保存してくれます。

知ろう　iCloudキーチェーンとは

同一のApple IDを設定している機器なら、登録したサイトでログインを行う際に、ユーザー情報を自動で入力できるようになります。

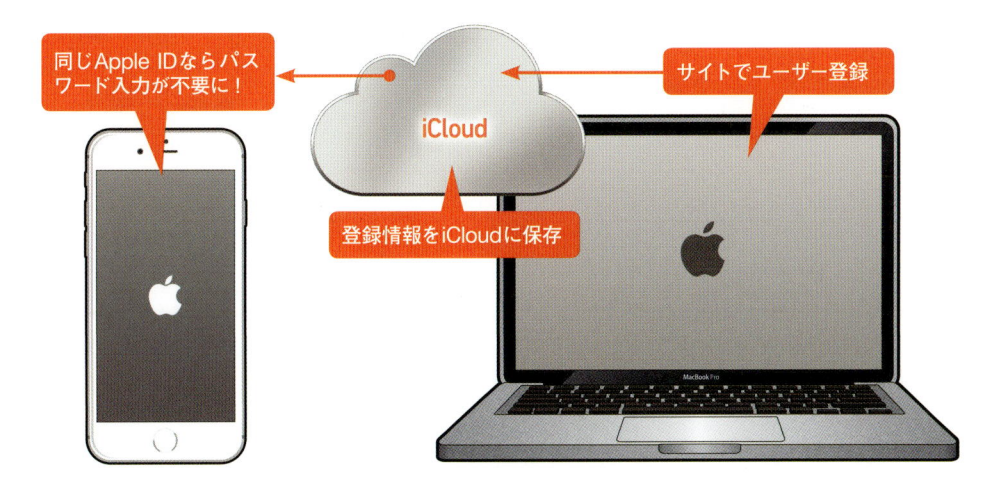

同じApple IDならパスワード入力が不要に！

サイトでユーザー登録

iCloud

登録情報をiCloudに保存

使おう　iCloudキーチェーンを有効にする

iCloudキーチェーンは、iCloudの設定画面から機能をオンにできます。機能を有効にするには、本人確認のための電話番号が必要となります。

[システム環境設定] が開く

1 [iCloud] アイコンをクリック

次ページへ ➡

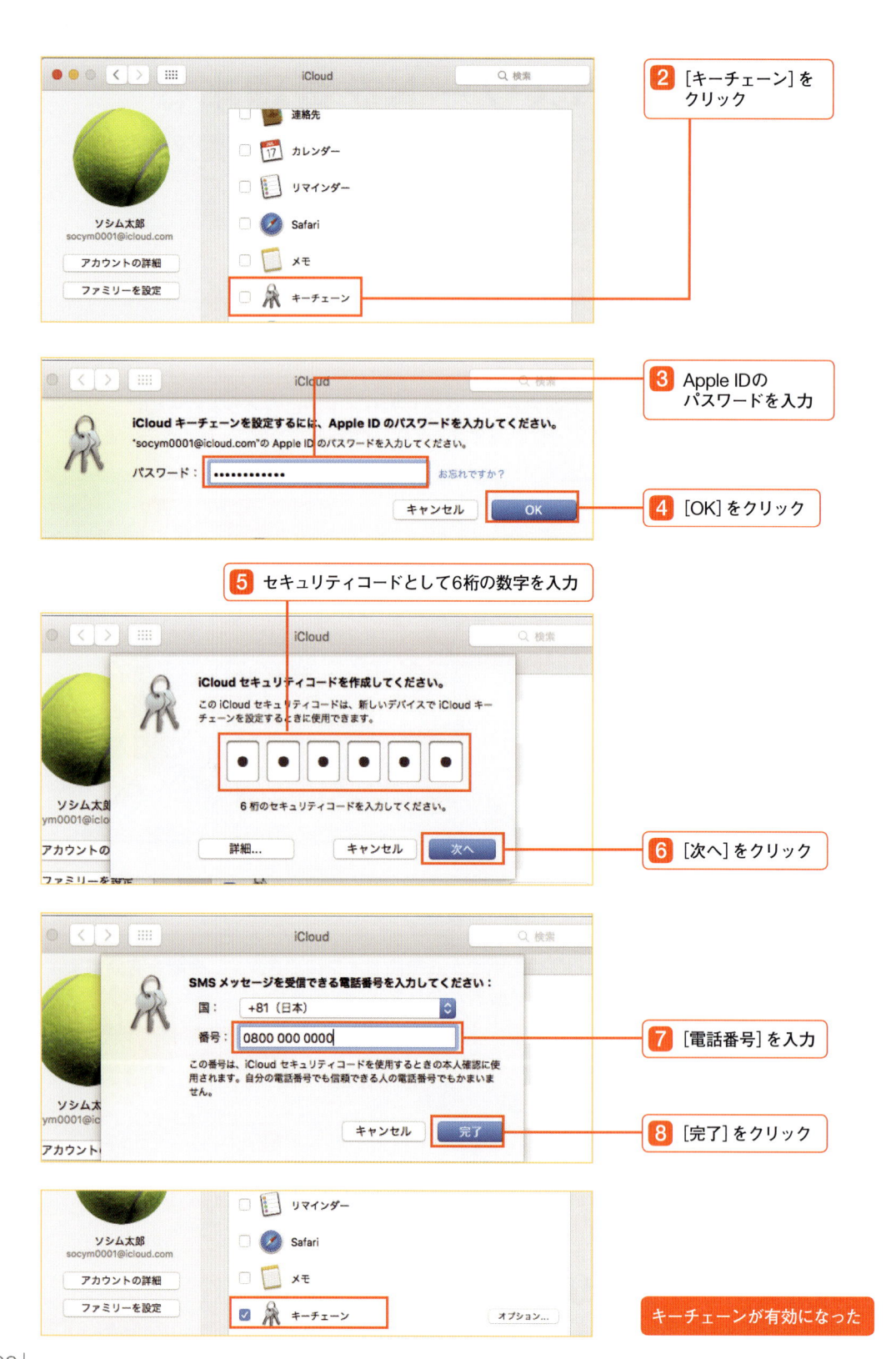

2 [キーチェーン]を
クリック

3 Apple IDの
パスワードを入力

4 [OK]をクリック

5 セキュリティコードとして6桁の数字を入力

6 [次へ]をクリック

7 [電話番号]を入力

8 [完了]をクリック

キーチェーンが有効になった

使おう　iPhoneでiCloudキーチェーンを有効にする

Macの方でキーチェーンの設定が済んだら、ほかのデバイスでもキーチェーンを有効にしましょう。ここではiPhoneを例にiOSでの設定方法を解説します。

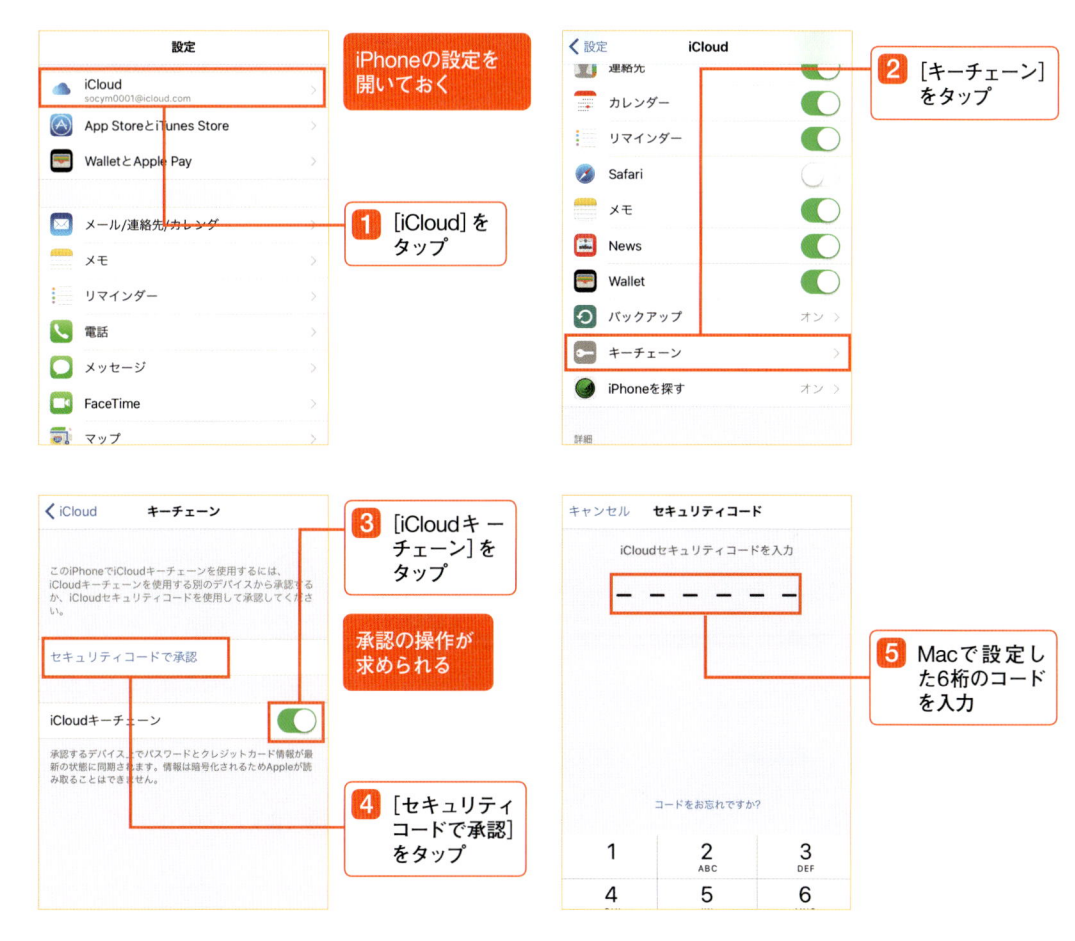

iPhoneの設定を開いておく

1 [iCloud] をタップ

2 [キーチェーン] をタップ

3 [iCloudキーチェーン] をタップ

承認の操作が求められる

4 [セキュリティコードで承認] をタップ

5 Macで設定した6桁のコードを入力

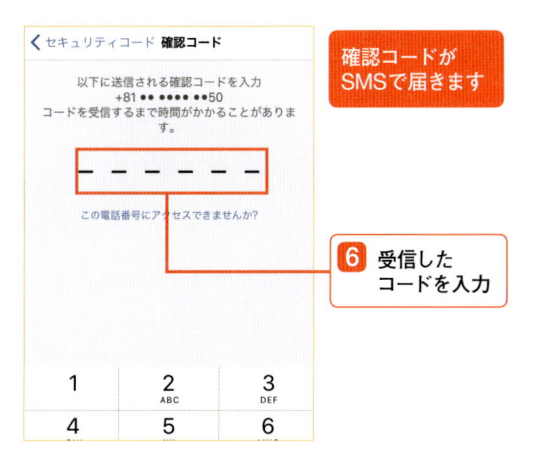

確認コードがSMSで届きます

6 受信したコードを入力

キーチェーンが有効になった

03 ディスプレイの設定を行う

MacBookをカスタマイズする

表示画質や明るさ、外部ディスプレイ接続時など、ディスプレイに関係する設定は、
システム環境設定の［ディスプレイ］で行えます。ディスプレイを設定する際に、画
面の自動オフや、スクリーンセイバーの起動など、画面周りの設定もあわせて見直し
てみましょう。

使おう ｜ **ディスプレイの解像度を変更する**

まずは基本的なディスプレイの設定を行ってみましょう。画面の解像度変更は、システ
ム環境設定の［ディスプレイ］で行います。合わせて明るさの変更も確認しましょう。

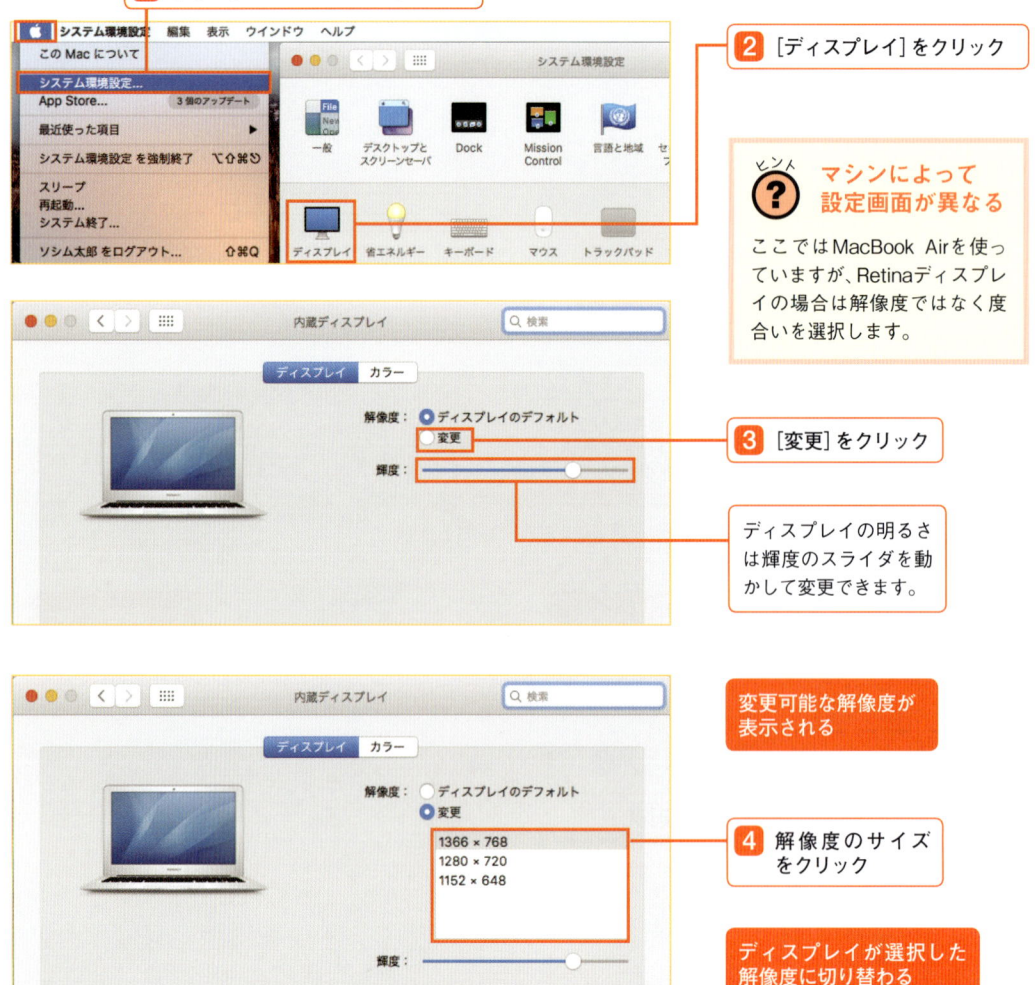

1 ［🍎］→［システム環境設定］を選択

2 ［ディスプレイ］をクリック

ヒント **マシンによって
設定画面が異なる**

ここでは MacBook Airを使っ
ていますが、Retinaディスプ
レイの場合は解像度ではなく度
合いを選択します。

3 ［変更］をクリック

ディスプレイの明るさ
は輝度のスライダを動
かして変更できます。

変更可能な解像度が
表示される

4 解像度のサイズ
をクリック

ディスプレイが選択した
解像度に切り替わる

使おう　画面オフの設定を変える

ディスプレイの設定と合わせて行いたいのが、スリープの設定です。初期設定では10分間何も操作をしない場合、電源アダプタを使用中でもコンピュータと画面が休止状態になるように設定されています。

システム環境設定を開いておく

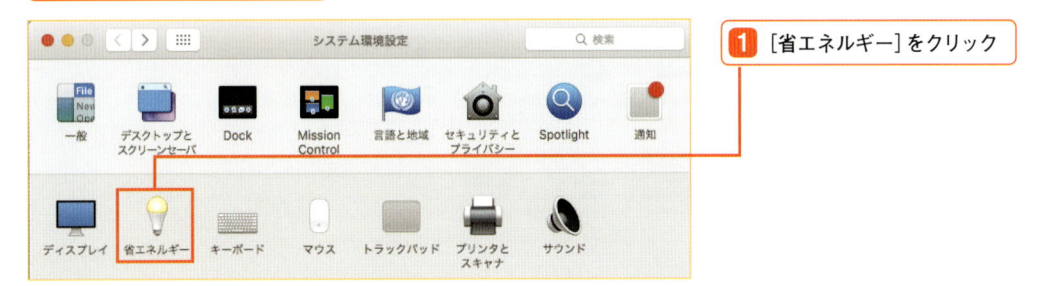

1 ［省エネルギー］をクリック

2 ［電源アダプタ］をクリック

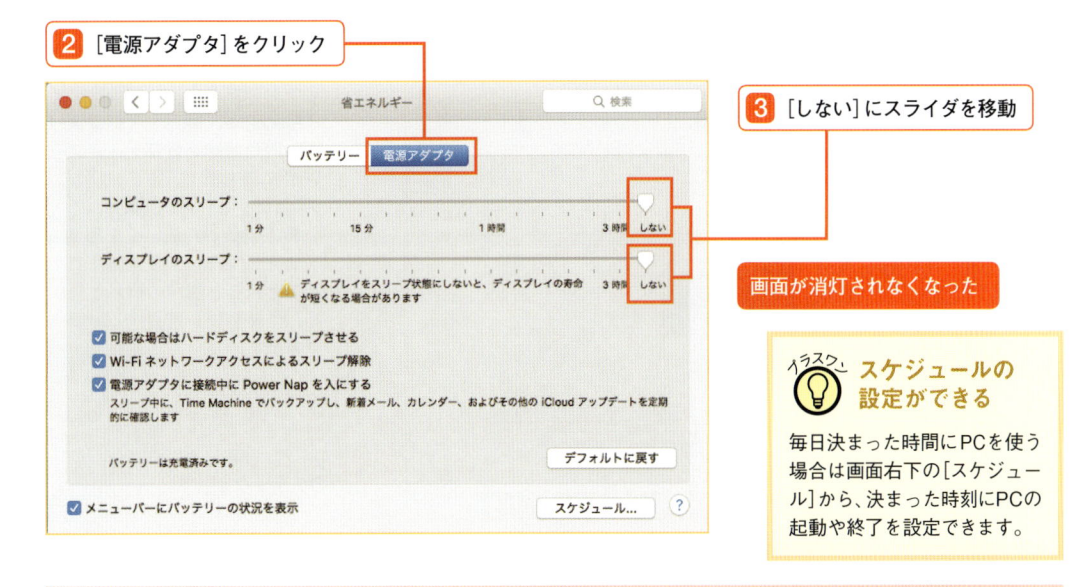

3 ［しない］にスライダを移動

画面が消灯されなくなった

スケジュールの設定ができる

毎日決まった時間にPCを使う場合は画面右下の［スケジュール］から、決まった時刻にPCの起動や終了を設定できます。

バッテリー駆動時にはオフになるように設定

常に電源が確保される室内と異なり、外出先ではバッテリーの節約が重要となります。［バッテリー］タブをクリックすると、バッテリー駆動時のスリープ設定だけを変更することが可能です。初期設定でも電源アダプタ使用時に比べてスリープ時間は短めに設定されていますが、一度見直しておくとよいでしょう。

［バッテリー］で電源アダプタとは異なる設定が可能

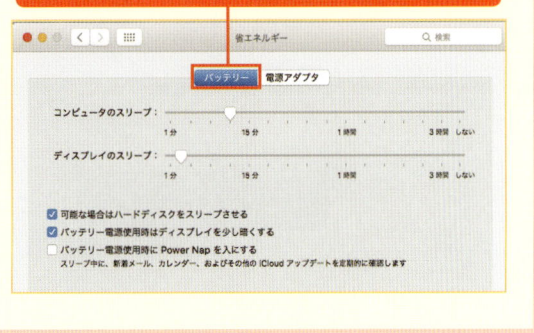

使おう　外部ディスプレイを設定する

MacBookに外付けのディスプレイを接続して、マルチディスプレイとして使用できます。
複数のディスプレイをひとつなぎの画面として設定をしてみましょう。

PCと外部ディスプレイを接続しておく

1 [ディスプレイ] をクリック

2 [配置] をクリック

> **イラスク** 初期設定では同じ
> 画面が表示される
>
> 外部ディスプレイとMacBook
> をつないだとき、初期設定で
> はMacBookで表示している画
> 面と同じ状態を外部ディスプ
> レイに映し出す[ミラーリン
> グ]というモードが選択されて
> います。[ディスプレイをミラ
> ーリング]のチェックを外すこ
> とでそれぞれ個別の標示とな
> り、作業領域を増やすことが
> できます。

3 [ディスプレイをミラーリング]
のチェックを外す

デュアルディスプレイになった

**つないだディスプレイの解像度
に解像度により大きさが変わる**

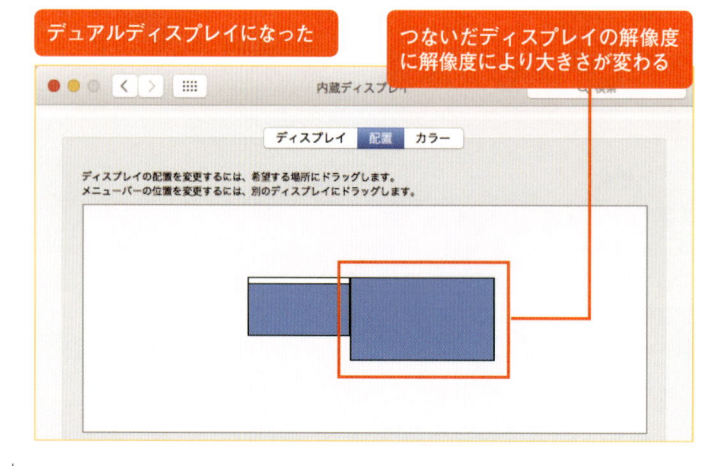

> **イラスク** ディスプレイの
> 移動方法
>
> ディスプレイ間の移動は、マ
> ウスポインタをディスプレイ
> のある方向に移動させます。
>
> **外部ディスプレイの方向
> にポインタを動かす**
>
>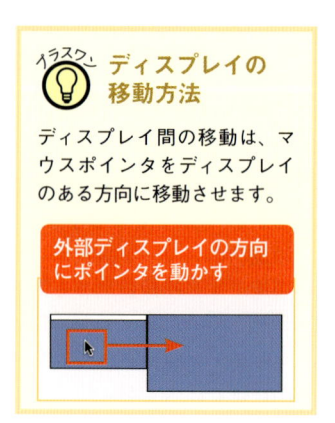

使おう　メインのディスプレイを設定する

マルチディスプレイの設定時、起点となるディスプレイは、初期設定でMacBookのディスプレイが適用されますが、外部ディスプレイをメインに変更ができます。

システム環境設定で［ディスプレイ］を開く

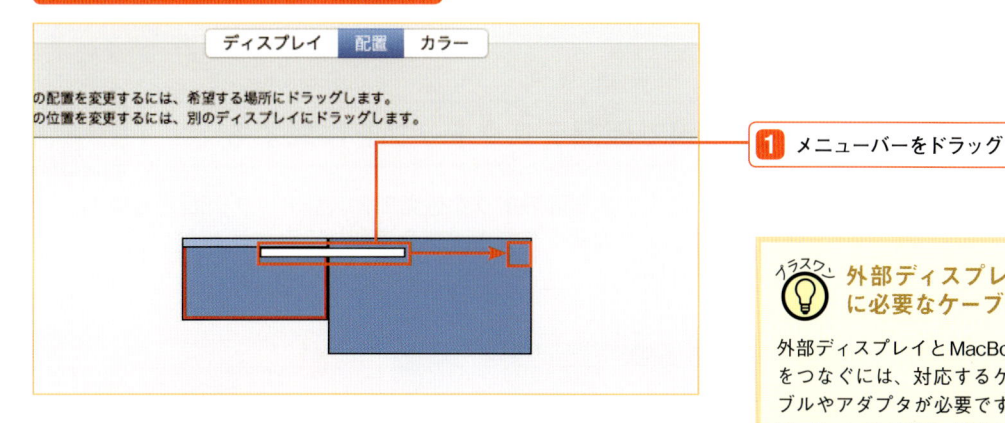

1 メニューバーをドラッグ

メインのディスプレイが変更された

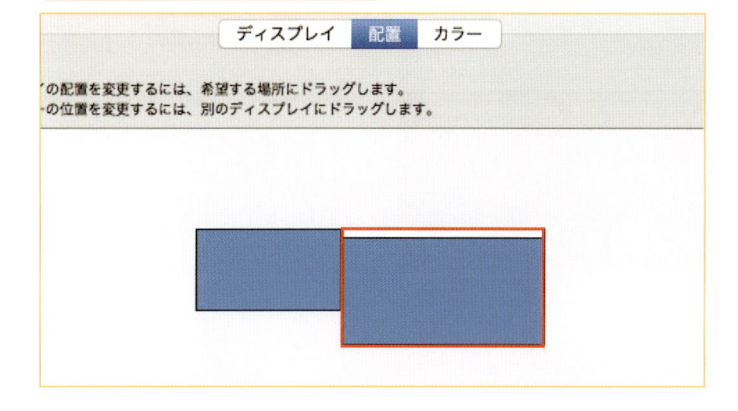

> **外部ディスプレイに必要なケーブル**
>
> 外部ディスプレイとMacBookをつなぐには、対応するケーブルやアダプタが必要です。MacBook Airの場合、出力コネクタが Thunderbolt端子となり、ミニディスプレイ端子に対応します。ディスプレイ側に端子がない場合には、ミニディスプレイ端子とHDMIやDVI端子の変換アダプタなども販売されています。

 ディスプレイの位置関係を変更

MacBookと外部ディスプレイの位置関係を変更するには、移動する方のディスプレイをドラッグします。上下左右どの方向にも配置ができるので、使いやすい場所に設定しましょう。

1 ディスプレイを長押し　　**2** ドラッグして移動

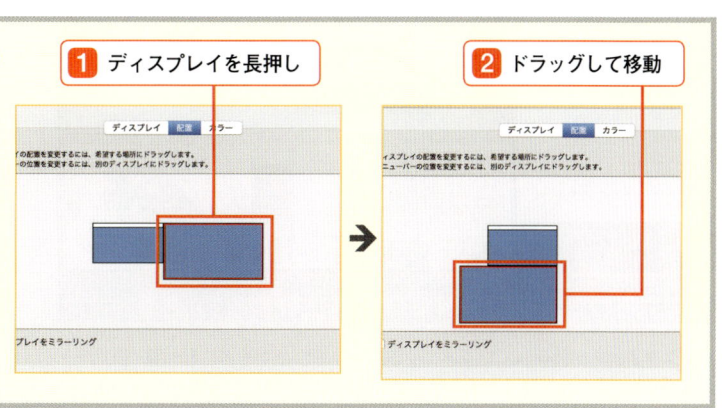

04

MacBookをカスタマイズする

Mission Controlで画面を追加

Macには開いているアプリウィンドウをまとめて表示したりアプリの切り替えを行える Mission Controlという機能が用意されています。MacBookのデスクトップだけでは作業が困難な場合などは、Mission Controlの仮想デスクトップ機能を利用して、新たにデスクトップ画面を作成することができます。

使おう   Mission Controlで仮想デスクトップを作成する

仮想デスクトップとはスマホのホーム画面のような感覚でデスクトップ画面を追加する機能です。Mission Control画面で新たなデスクトップを追加してみましょう。

1 [Launchpad]をクリック

2 [Mission Control]をクリック

❓ ヒント Mission Control の呼び出し方

Mission Control画面は、トラックパッドの場合は3本or4本指で上にスワイプ、キーボードは[control]＋[↑]のショートカットキーで呼び出すことができます。

Mission Controlが開いた

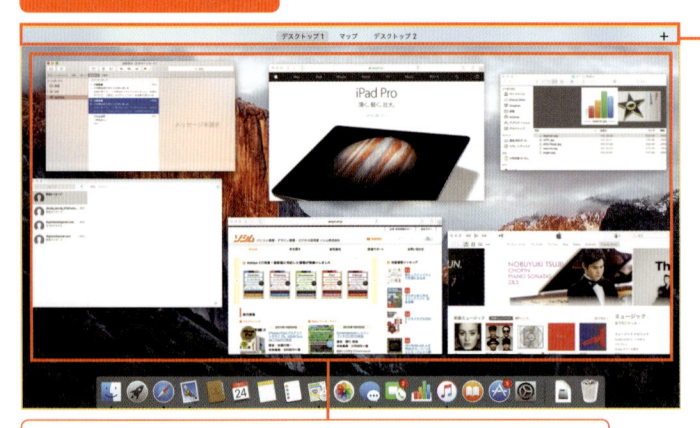

3 マウスポインタを画面上部に合わせる

❓ ヒント 同一アプリを まとめるには

ウィンドウを一覧表示させる際に、同一アプリのウィンドウをひとまとめにすることができます。システム環境設定で[Mission Control]を選択し、[ウィンドウをアプリケーションごとにグループ化]にチェックを入れると、設定が適用されます。

デスクトップに開かれているアプリのウィンドウがすっきりと一覧表示され、クリックするとそのウィンドウを前面に表示します。

デスクトップのサムネイルが表示される

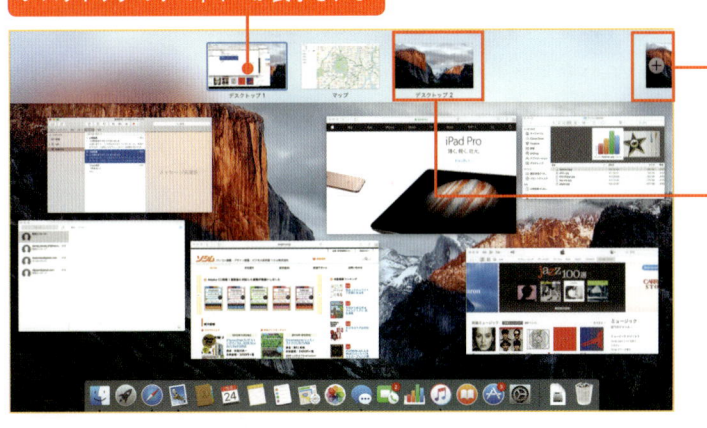

4 [+]をクリック

新規デスクトップ
が作成された

5 [デスクトップ 2]
をクリック

作成したデスクトップに切り替わる

> **ヒント**
> **? Mission Control**
> **の呼び出し方**
>
> デスクトップの切り替えは、トラックパッドの場合は3本or4本指で左右にスワイプ、キーボードは [control] + [←] [→] のショートカットキーで行うこともできます。

デスクトップ上に保存されているファイルやフォルダのアイコンは、すべてのデスクトップに表示されます。

> **イラスタ**
> **💡 ウィンドウの移動やデスクトップの順番を変える**
>
> Mission Control では、デスクトップの表示順を変更したり、デスクトップ画面で開いているウィンドウを、ほかのデスクトップ画面に移動させるなどの操作が行えます。いずれもドラッグ操作で簡単に行うことができるので、覚えておきましょう。

デスクトップの並びを変える

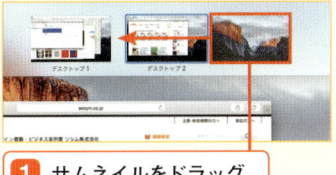

1 サムネイルをドラッグ

⬇

デスクトップの位置が入れ替わった

アプリウィンドウを移動させる

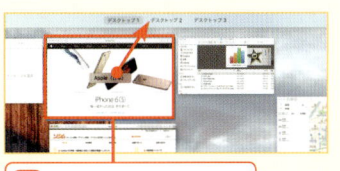

1 ウィンドウをドラッグ

⬇

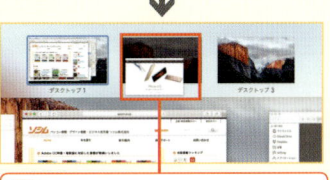

2 移動先デスクトップにドロップ

chapter 10
chapter 11
chapter 12
chapter 13
chapter 14
chapter 15
chapter 16
chapter 17
Appendix

05 プリンタを利用する

MacBookをカスタマイズする

MacBookで開いているWebやマップなどのページを印刷するには、プリンタの設定が必要です。OS X El Capitanではプリンタを使用するためのドライバアプリが自動で取得されるため、手間もかからずに設定できます。USB対応のプリンタはもちろん、無線LAN対応のプリンタも同じように設定ができます。

使おう　プリンタの設定を行おう

プリンタの設定は、システム環境設定を開き［プリンタとスキャナ］から行えます。USBやネットワークでつながったプリンタが自動的に検出されるはずです。

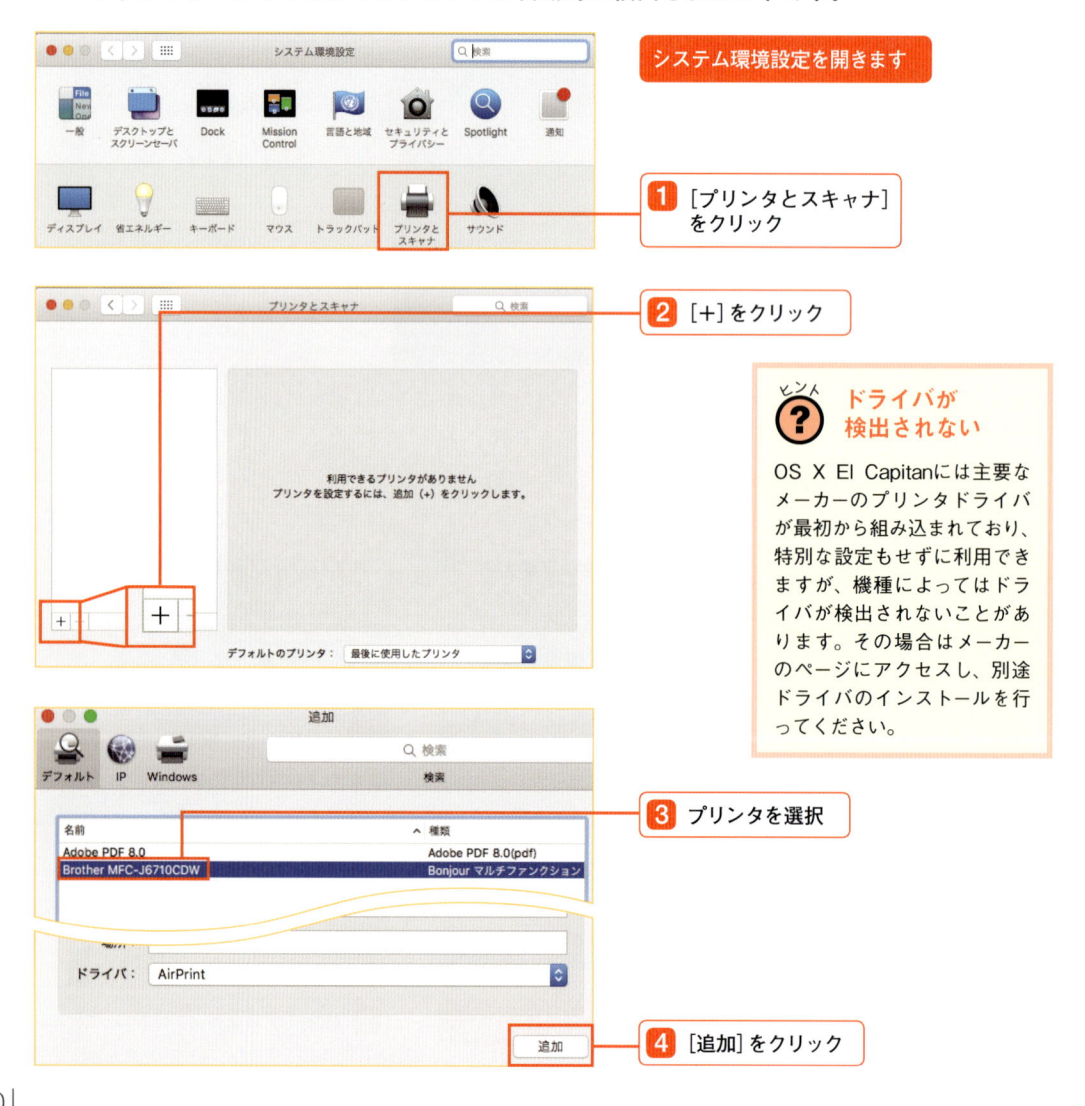

システム環境設定を開きます

1 ［プリンタとスキャナ］をクリック

2 ［+］をクリック

3 プリンタを選択

4 ［追加］をクリック

ドライバが検出されない

OS X El Capitanには主要なメーカーのプリンタドライバが最初から組み込まれており、特別な設定もせずに利用できますが、機種によってはドライバが検出されないことがあります。その場合はメーカーのページにアクセスし、別途ドライバのインストールを行ってください。

プリンタが設定された

プリンタが登録されているのを確認

使おう プリンタで印刷をしてみよう

プリンタの設定が済んだら、早速印刷をしてみましょう。[ファイル]メニューから[プリント]を選ぶと印刷のプレビューが確認できます。

1 [ファイル]をクリック

2 [プリント]を選択

3 [プリント]をクリック

プレビューを確認

 PDFファイルで保存もできる

プリント画面で左下にある[PDF]をクリックすると、PDFの各種メニューが表示されます。[PDFとして保存]をクリックすると、開いているページがPDF形式で書き出され、保存ができます。

06 外付けディスクの初期化を行う

新しく外付けHDDやUSBメモリを使用する場合など、ディスクの初期化を行うときにはディスクユーティリティを使用します。ディスクユーティリティはアプリフォルダの[ユーティリティ]か、Launchpadの[その他]フォルダから呼び出すことができます。

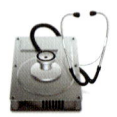

使おう　ディスクユーティリティでディスクを初期化

ディスクの初期化では、Windowsとも併用するかなど、利用条件により、ディスクに適用するフォーマットが異なってきます。用途によって使い分けましょう。

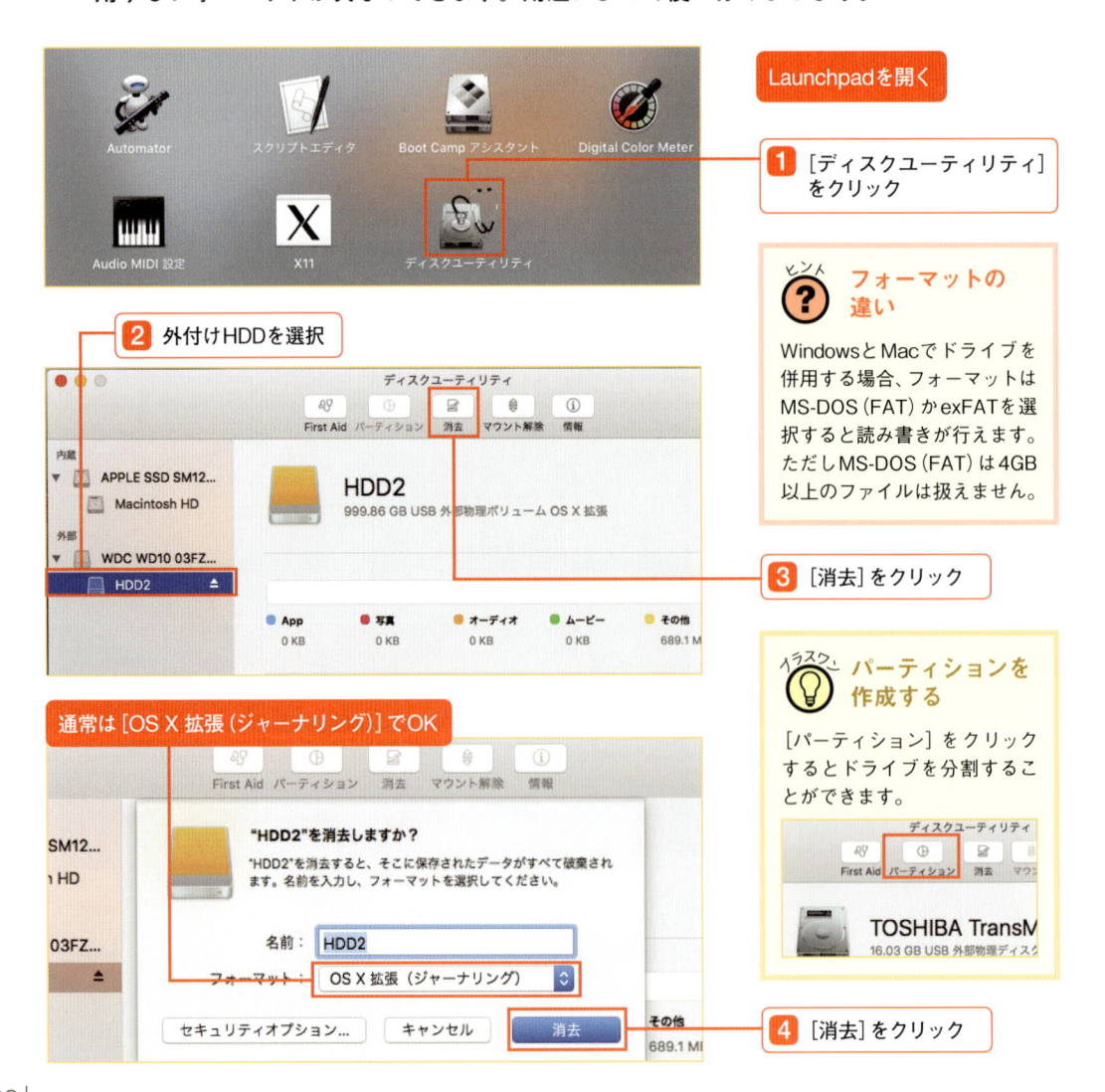

Launchpadを開く

1 [ディスクユーティリティ]をクリック

ヒント フォーマットの違い

WindowsとMacでドライブを併用する場合、フォーマットはMS-DOS (FAT)かexFATを選択すると読み書きが行えます。ただしMS-DOS (FAT)は4GB以上のファイルは扱えません。

2 外付けHDDを選択

3 [消去]をクリック

イラスト パーティションを作成する

[パーティション]をクリックするとドライブを分割することができます。

通常は[OS X 拡張 (ジャーナリング)]でOK

4 [消去]をクリック

chapter 17

07

MacBookをカスタマイズする

新しいユーザーを追加する

複数ユーザーでMacBookを共有する場合、誰でもMacBookが使える状況に抵抗がある人もいるかと思います。そのような場合にはログインアカウントの追加を行いましょう。ユーザーの種別には、システムの更新が行える管理者のほか、通常、共有のみ、など制限のあるユーザーが選択できます。

使おう　MacBookにログインできるユーザー種別を設ける

新たなユーザーの追加は［ユーザとグループ］から行います。使用する人により権限を変えておけば、複数人でのMacBookの共有も安心して行えます。

システム環境設定を開く

ユーザと　ペアレンタル　App Store　音声入力と　日付と時刻　起動
グループ　コントロール　　　　　　読み上げ　　　　　　ディスク

1 ［ユーザとグループ］を
クリック

2 ［カギ］をクリック　　　**3** ［+］をクリック

4 権限を選択

5 ユーザー名・パスワード
を設定

6 ［ユーザを作成］をクリック

アカウントが作成された

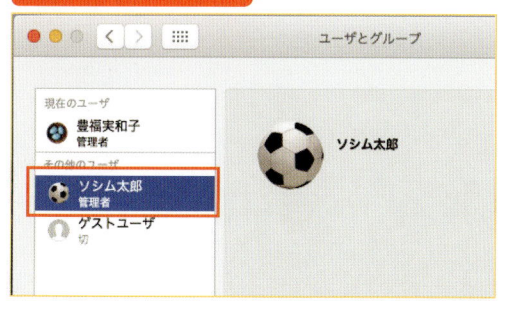

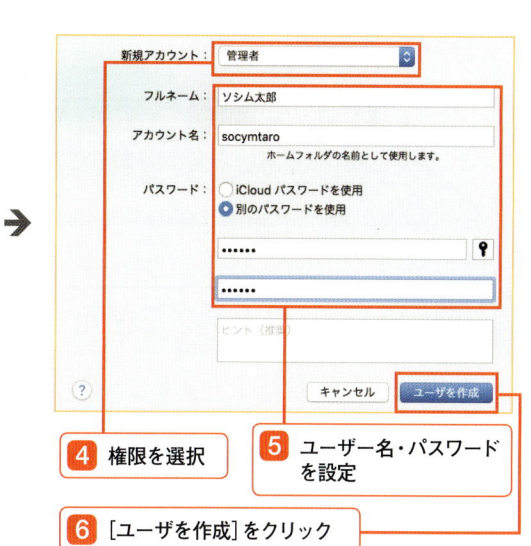

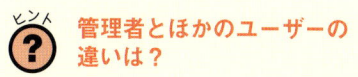

> **ヒント**
>
> ### 管理者とほかのユーザーの違いは？
>
> アプリのインストールやシステムの変更などは管理者しか行えず、通常ユーザーがそれらの操作を行うには管理者のパスワードが必要になります。複数人で使用する場合、管理者は限定しておくとよいでしょう。

08

MacBookをカスタマイズする

Time Machineでバックアップ

Macには開いているアプリウィンドウをまとめて表示したりアプリの切り替えを行える Mission Controlという機能が用意されています。MacBookのデスクトップだけでは作業が困難な場合などは、Mission Controlの仮想デスクトップ機能を利用して、新たにデスクトップ画面を作成することができます。

知ろう　定期的にMacBookをバックアップしてくれる

MacBookにはUSBやThunderboltなどの端子が搭載され、外付けHDDなどの外部ストレージを接続することができます。ここではUSBで外部ストレージに接続してみましょう。

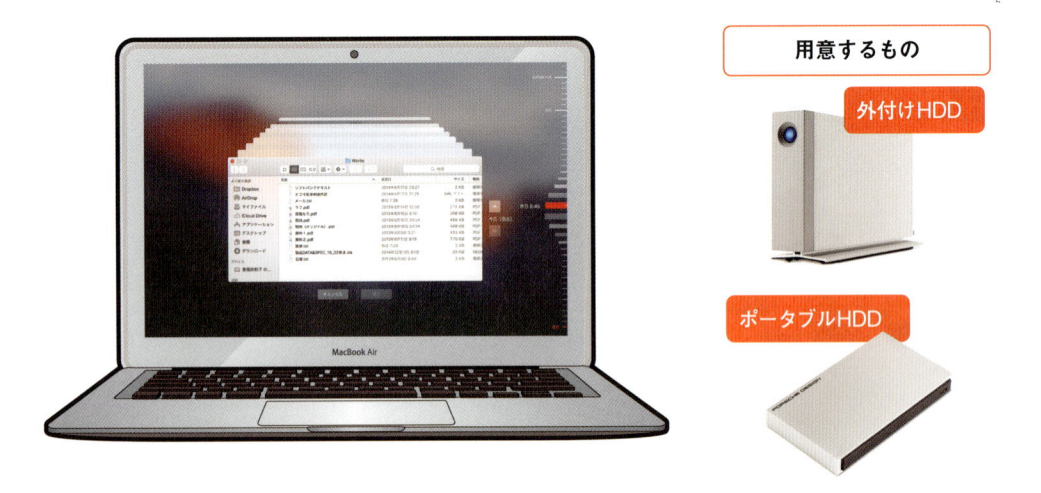

用意するもの

外付けHDD

ポータブルHDD

使おう　バックアップを開始する

まずはバックアップに使用するハードディスクをMacにつなげてみましょう。はじめて接続する機器の場合、Time Machineに使用するかを尋ねられます。そのまま使用を開始することもできますが、ここでは手動での設定方法を紹介します。

システム環境設定を開く

1 [Time Machine] をクリック

Time Machineの設定画面が表示される

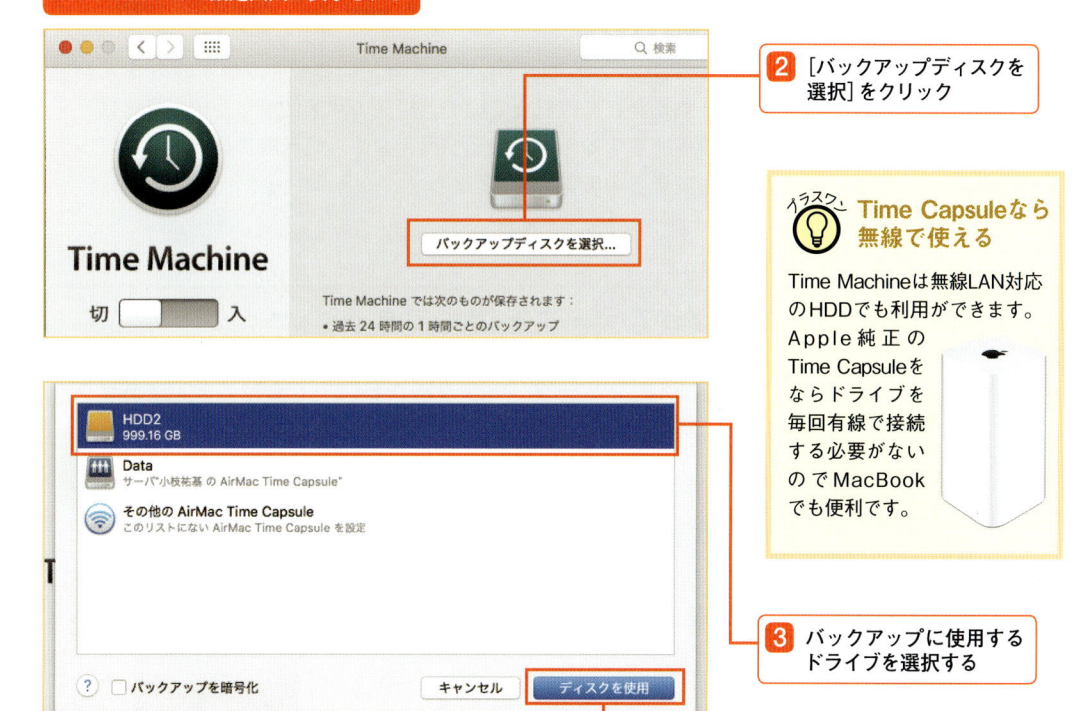

2 [バックアップディスクを選択] をクリック

3 バックアップに使用する ドライブを選択する

4 [ディスクを使用] を選択

💡 イラスト Time Capsuleなら 無線で使える

Time Machineは無線LAN対応のHDDでも利用ができます。Apple純正のTime CapsuleをならドライブをMacBookでも便利です。毎回有線で接続する必要がないのでMacBookでも便利です。

Time Machineが設定完了

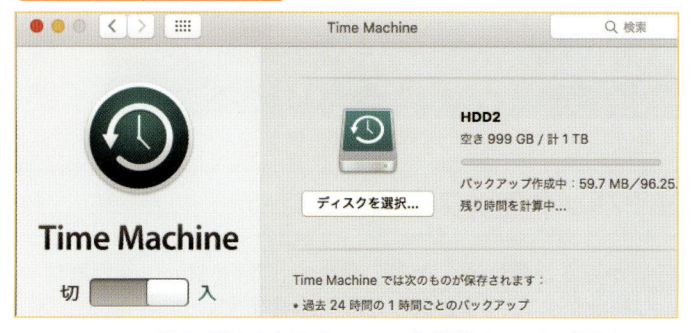

⚙ 設定 バックアップを 暗号化する

Time Machineバックアップを暗号化するには、ドライブを選択する際に [バックアップを暗号化] にチェックを入れます。

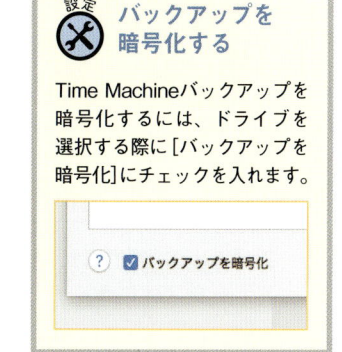

Time Machineの設定が済むと初回バックアップが開始されます。使用するマシンやドライブにもよりますが、初回のみ数時間程度かかることもあります。

⚙ 設定 Time Machineを手動で 開始するには

システム環境設定の [Time Machine] で、左下にある [Time Machineをメニューバーに表示] にチェックを付けておくと、ステータスメニューから Time Machineバックアップを任意のタイミングで行うことができます。

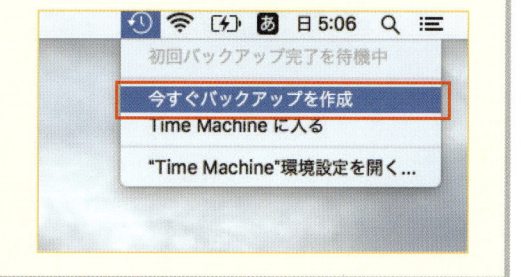

MacBookをカスタマイズする

Time Machineからデータを復元

Time Machineにデータをバックアップしておくと、いつでもファイルの復元ができるようになります。書類などを作成していて、以前の状態に戻したいときには、その地点のバックアップを選択するだけで復元が行えます。復元時には現在のオリジナルを残しておくこともできるので安心です。

知ろう　時間をさかのぼってデータを復元できる

Time Machineからのデータ復元は、ステータスメニューからいつでも行えます。バックアップした日付と時間が細かく表示され、いつの状態に戻すのかが選べます。

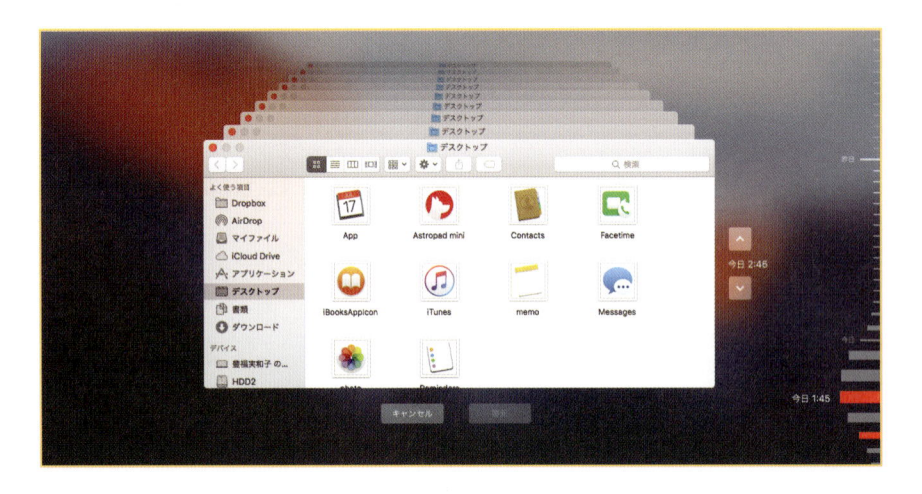

使おう　時間や日付単位でバックアップをさかのぼる

ファイルの復元では、履歴をこまかくさかのぼることができます。Time Machine履歴はステータスメニューから［Time Machineに入る］を選ぶと呼び出せます。

1 復元したいファイルの保存先フォルダを開く

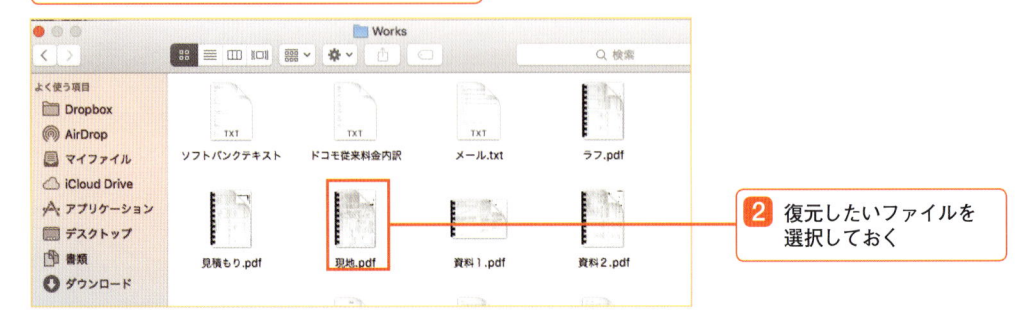

2 復元したいファイルを選択しておく

③ [Time Machine] を
クリック

④ [Time Machineに入る] をクリック

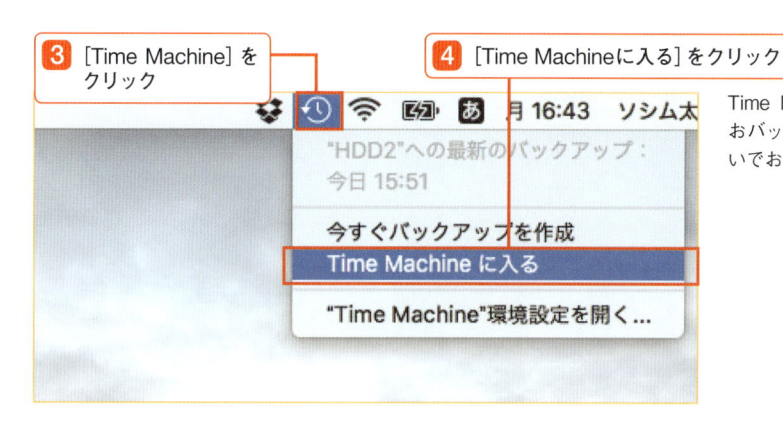

Time Machineに入るを選択します。な
おバックアップした外付けHDDをつな
いでおきます。

Time Machineが開かれた

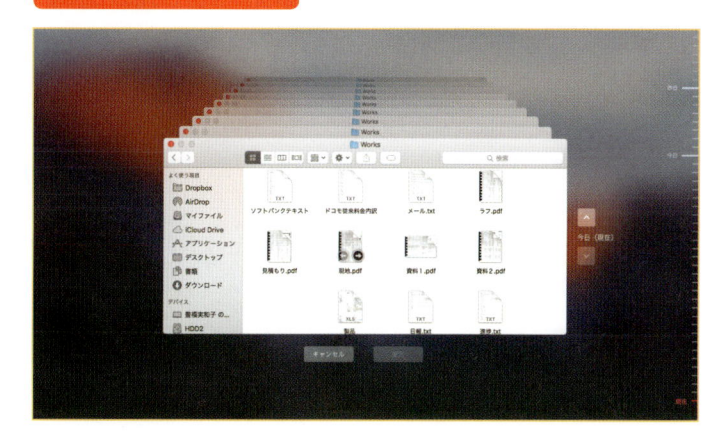

ヒント

? **バックアップが
見つからない**

バックアップ先のファイルが
溜まりHDDの容量が少なくな
ると、古いデータから削除さ
れていきます。また直近の30
日間は毎日バックアップされ
ますが、以後は1週間ごとのデ
ータのみとなります。

使おう **過去のデータから復元する**

ファイルの復元は画面の右側に表示された日付を選択します。復元の際にデータを上書
きせずに、オリジナルのデータも残せるようになっています。

マウスポインタを合わせた箇所の日付が表示される

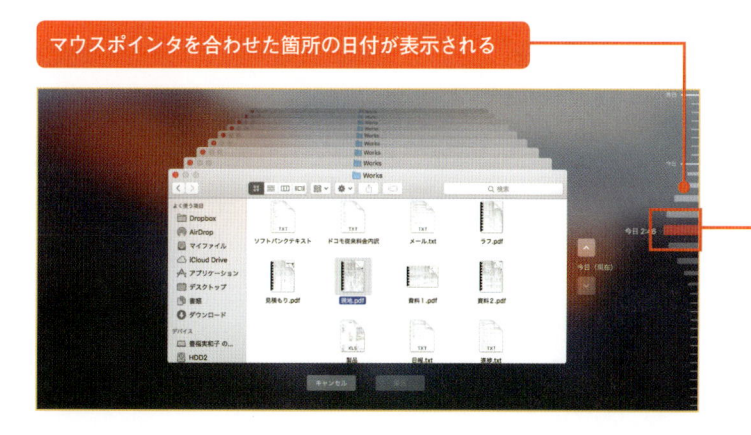

① 過去の日付をクリック

復元したいファイルが選択されているかを確認

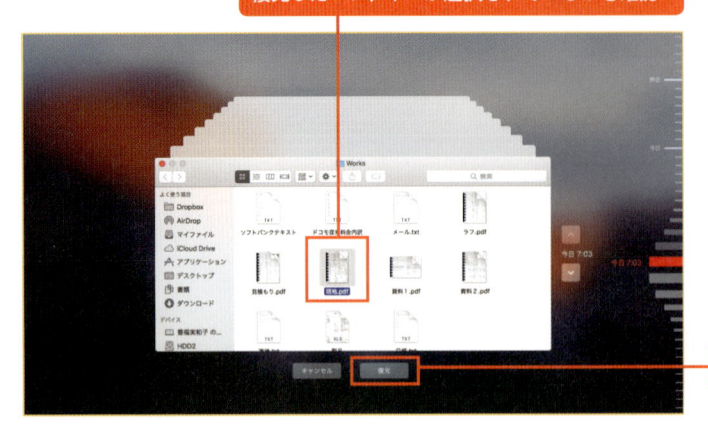

2 [復元] をクリック

3 [両方とも残す] をクリック

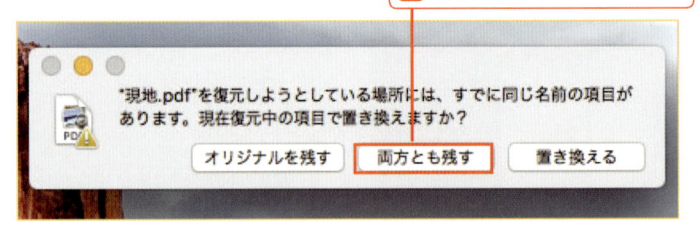

"現地.pdf" を復元しようとしている場所には、すでに同じ名前の項目があります。現在復元中の項目で置き換えますか？

オリジナルを残す　両方とも残す　置き換える

> **ヒント**
> **❓ 置き換えを選んだ場合は**
>
> [置き換える] を選んでオリジナルを書き換えてしまった後でも、Time Machineの方にデータが残っていればすぐに元に戻すことができます。

ファイルが復元された

[両方とも残す] を選択した場合は、復元前のデータを残したまま復元ファイルが作成されます。

イラスワン ▼ Time Machineから Macの移行もできる

Time Machineのもうひとつの機能として、Macそのものの復元機能があります。新しくMacを設定する際、メニューでTime Machineバックアップからの転送を選択すると、新しいMacに、これまでのマシンのデータや環境が復元されます。

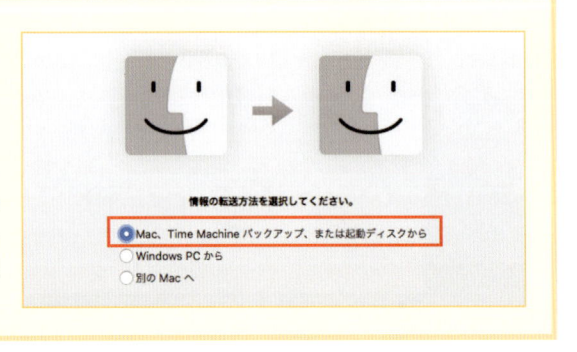

Appendix

付録

chapter 10

chapter 11

chapter 12

chapter 13

chapter 14

chapter 15

chapter 16

chapter 17

Appendix

MacBookで使える
キーボードショートカット

Mac OS Xには、キーを組み合わせてさまざまな操作が行えるキーボードショートカットが多数
あります。ここでは効率的に作業をするうえで欠かせない、使用頻度の高いショートカットを中
心に紹介します。

≫ システム、Finderのショートカット

キーボードショートカット	機能
[command] + [control] + 電源ボタン	Mac を強制的に再起動する
[command] + [option] + 電源ボタン	Mac をスリープ状態にする
[shift] + [control] + 電源ボタン	ディスプレイをスリープ状態にする
[option] + 電源ボタン	Mac の起動中に起動ボリュームを選択できる
[shift] + 電源ボタン	セーフモードで起動する
[C] + 電源ボタン	起動可能なメディアから起動する
[取り出し] or [F12] or [マウスボタン] or [トラックパッドボタン] + 電源ボタン	リムーバブルメディアを取り出す
[control] + [space]	Spotlight検索の表示／非表示を切り替える
[command] + [option] + [D]	Dockの表示／非表示を切り替える
[command] + [shift] + [N]	新規フォルダを作成する
[command] + [delete]	選択した項目をゴミ箱に移動する
[command] + [shift] + [delete]	ゴミ箱を空にする
[command] + [D]	選択したファイルを複製する
[command] + [I]	選択したファイルの [情報を見る] ウィンドウを表示する
[command] + [shift] + [C]	[コンピュータ] ウィンドウを開く
[command] + [shift] + [D]	[デスクトップ] フォルダを開く
[command] + [shift] + [Q]	OS Xユーザアカウントからログアウトする
[option] + ドラッグ	ドラッグした項目をコピーする

≫ スクリーンショットのショートカット

キーボードショートカット	機能
[command] + [shift] + [3]	画面全体をコピーしデスクトップに保存する
[command] + [shift] + [control] + [3]	画面全体をコピーしクリップボードに保存する
[command] + [shift] + [4]	画面の選択範囲をコピーしデスクトップに保存する
[command] + [shift] + [control] + [4]	画面の選択範囲をコピーしクリップボードに保存する

≫ 基本のショートカット

キーボードショートカット	機能
[command] + [C]	選択したデータをコピーする
[command] + [V]	コピーしたデータを貼り付ける
[command] + [X]	選択したデータを切り取って、クリップボードに保存する
[command] + [A]	すべてのデータを選択する
[command] + [Z]	直前の操作を取り消す
[command] + [shift] + [Z]	直前の操作をやり直す（取り消し操作を取り消す）
[command] + [S]	ファイルを保存する
[command] + [shift] + [S]	ファイルを別名で保存する
[command] + [N]	新規のファイルを作成する
[command] + [O]	選択した項目を開く
[command] + [W]	最前面のウィンドウを閉じる
[command] + [option] + [W]	すべてのウィンドウを閉じる
[command] + [P]	印刷設定画面に移動する
[command] + [Q]	アプリケーションを終了する
[command] + [option] + [esc]	アプリケーションを強制終了する
[command] + [M]	最前面のウィンドウを最小化してDockにしまう
[command] + [option] + [M]	すべてのウィンドウを最小化してDockにしまう

≫ ブラウザで使うショートカット

キーボードショートカット	機能
[command] + [+]	表示を拡大する
[command] + [−]	表示を縮小する
[command] + [0]	表示を実際のサイズに戻す
[delete]	戻る
[shift] + [delete]	進む
[command] + [↑]・[↓]	画面の一番上・一番下に移動する
[control] + [tab]	次のタブに移動する
[control] + [shift] + [tab]	前のタブに移動する
[command] + [D]	現在のページをブックマークに追加する
[command] + [F]	ページ内を検索する
[command] + [T]	新規タブを開く
[command] + [H]	Safariを隠す
[command] + [R]	Webページを更新する
[space]	一画面分下にスクロールする

Index
機能別インデックス

Index
索引

■著者

小枝祐基 （こえだ ゆうき）
プロフィール／1979年生まれ。スマートフォンやPC関連の取材・記事執筆を精力的に行うライター。白物家電やデジタルガジェットなどのレビューもこなす。共著に『docomo iPhone 6 Plus 完全活用マニュアル（ソシム）』『Pepper スタートブック（SBクリエイティブ）』など。

古作光徳 （こさく みつのり）
プロフィール／1980年生まれ。パソコン関連誌の編集部を経て、2006年にライターとして独立。主にパソコンやスマホ、家電関連誌などを中心に活動中。近年は車やバイク、将棋など、趣味関連誌の執筆や編集にも携わっている。

岡安学 （おかやすまなぶ）
プロフィール／1971年生まれ。ゲーム情報誌編集部を経て、フリーランス・ライターに。デジタル機器を中心にWebや雑誌、Mookなどで活躍中。アニメ、マンガ、ゲームなどにメディア関係もこなす。『初音ミク マジカルミライ2015』では公式パンフレットを制作。

■カバー・本文デザイン

米倉英弘 （株式会社 細山田デザイン事務所）

■DTP

浦谷康晴 （G8 ジーエイト）

■編集協力

豊福実和子

今日から使える
MacBook Air & Pro
OS X El Capitan対応

2015年11月25日　初版第1刷発行

著者	小枝祐基　古作光徳　岡安学
発行人	片柳秀夫
編集人	佐藤英一
発行	ソシム株式会社

http://www.socym.co.jp/
〒101-0064 東京都千代田区
猿楽町1-5-15猿楽町SSビル
TEL：03-5217-2400 （代表）
FAX：03-5217-2420

印刷・製本　シナノ印刷株式会社

定価はカバーに表示してあります。
落丁・乱丁本は弊社編集部までお送りください。
送料弊社負担にてお取替えいたします。